Die Evolution hydraulischer Konstruktionen

Wolfgang Friedrich Gutmann

Die Evolution hydraulischer Konstruktionen

Organismische Wandlung
statt
altdarwinistischer Anpassung

Waldemar Kramer (K) Frankfurt am Main

Nachweis der Abbildungen

Die Abbildungen 1, 2, 6 (in veränderter Form), 16, 18, 19, 24, 26 sind in der Buchdarstellung Gutmann & Bonik, Kritische Evolutionstheorie, 1981 im Gerstenberg-Verlag, Hildesheim, erschienen.

Die Abbildungen 11, 12, 13 in Teilen, stammen aus dem Konzepte-Heft Nr. 21 des Instituts für leichte Flächentragwerke.

Abbildung 27 erschien in dem Aufsatz: Peters, D. S. & Gutmann, W. F., 1985, Constructional and Functional Preconditions for the Transition to Powered Flight in Vertebrates. In: Hecht, M. K., Ostrom, J. H., Viohl, G & Wellenhofer, P. (ed): The Beginnings of Birds.

Die Quellenangabe für die übrigen Abbildungen werden eingespart; sie sind in vielen verschiedenen Zeitschriften vorwiegend in Natur und Museum erschienen.

Die Deutsche Bibliothek – CIP-Einheitsaufnahme

Gutmann, Wolfgang Friedrich:
Die Evolution hydraulischer Konstruktionen : organismische
Wandlung statt altdarwinistischer Anpassung / Wolfgang Friedrich
Gutmann. – Frankfurt am Main : Kramer, 1995
(Senckenberg-Buch; 65)
ISBN 3-7829-1112-1

Senckenberg-Buch 65
Herausgegeben von der Senckenbergischen Naturforschenden
Gesellschaft zu Frankfurt am Main durch Prof. Dr. Willi Ziegler.

© 1989 Verlag Waldemar Kramer, Frankfurt am Main
2. durchgesehene und erweiterte Auflage 1995
ISBN 3-7829-1112-1
Einbandgestaltung: Antje Siebel
Gesamtherstellung: W. Kramer & Co. Druckerei-GmbH
in Frankfurt am Main

Inhalt

Vorwort des Herausgebers

Im Vorwort zur ersten Auflage hatte ich als Herausgeber für faire Diskussion des Senckenberg-Buches 65 geworben, das die besonders von außen so genannte »Frankfurter Theorie« entfaltet. Inzwischen ist nicht nur die erste Auflage vergriffen, es haben beträchtliche Verschiebungen und unübersehbare Entwicklungen im Wissenschaftsbetrieb stattgefunden. Im Rahmen des Frankfurter Konzeptes sind neue Beiträge zur Phylogenese der Organismen entstanden. Die Erklärungsprinzipien der auch von der Paläontologischen Gesellschaft empfohlenen Konstruktionsmorphologie beginnen sich in Darstellungen des Schaumuseums niederzuschlagen. Eine breite Diskussion über Fragen der Organisation und Evolution hat eingesetzt. Die Neuauflage des Buches kann in dieser Umbruchsituation ihre Breitenwirkung entfalten.

So gebe ich der Neuauflage einen Stoß in eine hell erscheinende Zukunft und wünsche ihr nicht billigen Erfolg im Sinne einer unkritischen Zustimmung, sondern angemessene und wohlwollende Beachtung, die sich auch in kritisches Weiterwirken umsetzt. Die Tragweite der neuen Ansätze besonders aber auch die Grenzen der neuen Erklärungsprinzipien können nur bei Prüfung in möglichst weiten Feldern der Biologie und Paläontologie herausgearbeitet werden.

W. Ziegler
(Herausgeber)

A clash of doctrines is not a disaster — it is an opportunity.

A. N. WHITEHEAD.
Science and the modern world
(1928)

Vorwort

Mit Darwins Werk wurde Evolutionsdenken voll ins allgemeine Bewußt-sein gehoben. Darwins und Wallaces Theorie verdrängte wohl endgültig die Idee der Konstanz der Arten, forderte die Vorstellung von der Wandel-barkeit der Organismen. Die Grundannahme der Darwin-Wallaceschen Theorie, daß die Organismen ungerichteten und zufälligen Wandlungen unterliegen und die Lebens- und Umweltbeziehungen eine Auslese be-wirken, die die geordnete Weiterentwicklung der Lebewesen sichert (An-passung an die Umwelt), hat das bis heute dominierende Evolutionsden-ken begründet.

Ein neues Evolutionsdenken baut auf einem Grundverständnis des Orga-nismus als Energiewandler, mechanische Arbeit leistendem Selbstversor-ger und Reproduktion bewirkender Konstruktion auf. Angesichts der festen Bindung des Lebens an wässrige Lösungen in flexiblen membranö-sen Abschlüssen stellen lebende Organismen hydraulische Konstruktio-nen auf der Grundlage einer spezifischen Biotechnologie dar. Organismi-sche Konstruktionen solcher Art können sich nur nach Maßgabe inter-ner konstruktiver Bedingungen evolutiv verändern und entwickeln. Es sind durchweg und fast total die internen biomechanischen Konstruk-tionsgefüge-Beziehungen, die die Bahnen möglicher evolutiver Transfor-mation festlegen, die Richtung bestimmen und die Sequenz konstrukti-ver Stadien determinieren.

Lebewesen dringen nach Maßgabe der Leistungsfähigkeit ihrer Kon-struktion in die Lebensbereiche der Erde vor, bestimmen durch ihre Kon-struktion, was möglicher Lebensraum und Umweltbedingung für sie sein kann. In verschiedenen Lebensräumen kommt es unter bestimmten Be-dingungen zu transformierenden Weiterentwicklungen, die immer durch die Vorläuferkonstruktion bestimmt bleiben.

Die neue Theorie beruht auf eigenständigen postdarwinistischen Prämis-sen; Anpassung gibt es als Erklärung lebender Konstruktion nicht. Die Rekonstruktion der Stammesgeschichte und ihre Begründung geschieht in einer Weise, die völlig von der Arrangierung von Homologien-Reihun-gen und der dendrogrammhaften Aufstaffelung systematischer Einheiten geschieden ist.

Von der neuen postdarwinistischen und organismus-zentrierten Theorie von Evolution her gesehen erscheint der darwinistische Ansatz grundsätzlich falsch konzipiert, nur Teilelemente der darwinistischen Vorstellung bleiben im Rahmen der neuen Theorie erhalten. Deskriptive und komparative Morphologie werden außer Kraft gesetzt, weil nur abstrakte Konstruktionserklärungen und -begründungen für Konstruktionstransformation zählen.

Von der neuen organismisch-konstruktiven Erklärung lebender Organisation und Evolution her wird deutlich, daß die bisherige Morphologie eine Methode darstellt, die in strikter und sehr zuverlässiger Weise ein Verstehen und die Erklärung lebender Organisation ausschließt. Die altdarwinistische Sichtweise von Evolution, die Erklärung von Evolution als Umweltanpassung, macht in absolut verläßlicher Weise die Erklärung von Evolution und die Begründung organismischer Transformation unmöglich. Die bisherigen Vorstellungen in Morphologie und Evolutionsforschung sind nicht-organismische, ja die organismischen Grundlagen der Biologie aufhebende Theorien. Sie zerstören in widersinniger und unverantwortlicher Weise die Gegenstände der Biologie.

Da der traditionelle Darwinismus im allgemeinen Bewußtsein fest verankert und mit dem vermeintlich gesicherten Wissen eine unlösbare Verbindung eingegangen ist, und da weiterhin eine theoretische Betrachtungsebene gar nicht mehr existiert, von der aus eine kritische Prüfung möglich wäre, ist das vorgelegte Buch als harter Angriff in Thesenform entwickelt. Es besteht kein Anlaß, den Darwinismus und die synthetische Theorie wohlwollend zu kritisieren und sie in ihren argumentativen Verästelungen zu verfolgen. Es ist nötig, sie als grundlegend fehlkonzipiert darzustellen und durch zwingende Grundtheoreme zu ersetzen. Rationalität ist so überhaupt erst zu begründen.

Die Zielsetzung der vorgelegten Darstellung, lebende Organisation zu erklären und so taxonomisch-systematische Ordnung und reine Beschreibung zu transzendieren, ist in einer Tradition zu sehen, die im Senckenberg-Museum durch die funktionsmorphologischen und aktuopaläontologischen Schriften von Rudolf Richter und Wilhelm Schäfer begründet wurde. Der Verfasser hat in diesem Traditionsstrang seine ersten wissenschaftlichen Anregungen und Anstöße erfahren und in der Institution des Senckenberg über einen langen Zeitraum den bitter benötigten Schutz für seine Arbeiten gefunden.

Die kritische und organismus-zentrierte Evolutionstheorie, die im folgenden dargestellt wird, ist primär in Zusammenarbeit mit Kollegen und Freunden im Forschungsinstitut Senckenberg, Dr. J. L. Franzen, Dr. M. Grasshoff, Dr. D. Mollenhauer, Professor Dr. D. S. Peters entwickelt, in Kooperation mit Dr. K. Bonik zur kritischen und organismisch-zentrierten Theorie der Evolution vertieft worden. Eine Anwendung der Theorie und Methode erfolgte in Zusammenarbeit mit den gleichen Kollegen anhand von vielen Beispielen.

Eine klärende Kooperation und Abgleichung der theoretischen Positionen auch in der Anwendung auf Fossilbeispiele erfolgte mit konstruktions-morphologischen Ansätzen, wie sie von Prof. Dr. K. Vogel erarbeitet wurden. Mit ihm besteht eine schon über lange Jahre währende Zusammenarbeit, die besonders paläontologische Fragen und Probleme der Skelett-Entstehung betrifft.

Es gibt enge Beziehungen zu den Bestrebungen von Prof. Dr. Dr. h. c. D. Starck und Prof. Dr. Wolfgang Maier[1], eine Evolutionsmorphologie zu entwickeln. Wolfgang Maier (1981) hat eigenständig eine organismische Begründung der Evolutionstheorie und eine Begründung der Richtung des Evolutionsgeschehens gefordert. Von ihm stammt auch der Begriff »Paläodarwinismus«, den ich gerne statt des Terminus »Altdarwinismus« verwende.

Nicht geringer sind die Affinitäten zu den theoretischen und methodischen Bestrebungen von Prof. Dr. W. Bock (Columbia University, New York) und Prof. Dr. D. Homberger (Louisiana State University, Baton Rouge). W. Bock hat zusammen mit Prof. Dr. G. von Wahlert schon in den 60er Jahren entscheidende Voraussetzungen für eine Neubegründung der Evolutionstheorie erarbeitet und seine eigenen Konzeptionen in weitgehend paralleler Weise mit dem im Senckenberg-Museum entwickelten Ansatz ausgebaut.

Ganz entscheidende methodisch-theoretische Präzisierungen, sowie eine Beleuchtung der biologiegeschichtlichen Problematik hat die Arbeit des Philosophen M. Weingarten gebracht. Nach der Publikation seiner wertvollen Dissertation hat er (1993) unter dem Titel »Organismische Objekte oder Subjekte der Evolution« eine wissenschaftstheoretische und philosophische Studie vorgelegt, die Hintergründe und Grundlagen von Evolutionsdenken darstellt und die Begründung von Organismen als Subjekte der Evolution vertieft. Inzwischen hat mit Dr. Weingarten und Dipl.-Biol. Mathias Gutmann die Kooperation sich vertieft und beginnt Früchte zu tragen. Unter günstigen Bedingungen wird innerhalb der nächsten Jahre eine sehr stabile operationale Absicherung der Frankfurter Theorie und der rekonstruierenden Modellierung von Evolution vorliegen.

Kritische Bearbeitungen der Artproblematik, der Biodiveristätsfragen und des historisch-kladistischen Vorgehens laufen an. Wesentliche geschichtliche Aspekte, die Rektifizierung der Geschichte des Evolutionsdenkens mit neuer Bewertung auch der Person Darwins, werden in Angriff genommen. Es ist, im Kontrast zum Kohärenzkonzept der Frankfurter Theorie, der die Genetik bestimmende Atomismus sowohl geschichtlich wie systematisch zu bearbeiten.

Die theoretischen Analysen und die Prüfung des historischen Zustandekommens des Darwinismus aus einer recht absurden Agglomeration von Theoremen und naturalistischen Annahmen haben mich in die Lage versetzt, die hier vorgelegte Darstellung gleichsam im Vorgriff auf andere Einsichten von M. Weingarten und gemeinsame Arbeiten in aller Härte zu entwickeln.

Kürzlich hat Dr. K. Edlinger (Wien) wichtige theoretische Anstöße und Beispiele geliefert. Seine noch unpublizierten Modelle zur Mollusken-Evolution bilden den Beleg dafür, daß die phylogenetischen Rekonstruktionen erfolgreich in kleinere systematische Einheiten weitergetrieben werden können. Überhaupt ist zu betonen, daß eine große Anzahl von erklärten phylogenetischen Rekonstruktionen für zoologische und paläontologische Beispiele in Zusammenarbeit mit verschiedenen Kollegen schon vorliegen.

Viele wichtige Hinweise auf ökologische Aspekte der Bauplanerklärung erhielt ich von meinem Freund und Kollegen Dr. Michael Türkay. Er hat mich überzeugt, daß in weiten Bereichen des Tierreiches, vor allem auch bei Echinodermen, die phylogenetischen Rekonstruktionen weit bis in taxonomische Untergruppen weitergetrieben und so lebende Organisationsformen bis in Details konstruktionsmorphologisch erklärt werden können.

Ein besonderer Dank ist meinem Freund und Kollegen Dr. Dieter Mollenhauer abzustatten, der als erster die überaus wichtige Einsicht beisteuerte, daß Vielzeller nicht vielzellige Aggregate sind, sondern Gesamtgefüge, in denen sich zelluläre Kompartimente ausdifferenziert haben. Dieser Grundgedanke wurde von Professor Dr. Wolfgang Hagemann für höhere Pflanzen eingehend begründet und nachhaltig untermauert.

Eine besondere Hervorhebung erfordert die Affinität der entwickelten Konstruktions- und Evolutionsmorphologie zu dem von Frei Otto und seinen Mitarbeitern erarbeiteten Pneu-Prinzip. Die Arbeitsgruppe von Professor Otto hat von den ingenieurwissenschaftlichen Grundlagen her die formativen Mechanismen z. T. in Modellversuchen geprüft und untermauert. Der Gruß an Frei Otto erscheint umso mehr angebracht, weil seine Bestrebungen ebenfalls auf eine Abwehrfront gestoßen sind.

Allen meinen Freunden und Kollegen gilt mein Dank für wichtige Hinweise und Einsichten, die in klärender Diskussion mit manchmal harten Auseinandersetzungen errungen wurden. Es war oft an der Intensität der Diskussion abzulesen, wie wichtig und erfolgreich die jeweils behandelte Problematik war.

Ich hoffe, daß meine Freunde und Kollegen möglichst viele der hier entwickelten Einsichten und Begründungen mit mir teilen, und sie als gemeinsame Überzeugungen empfinden, will aber gerne alle Fehler auf die eigene Kappe nehmen.

Ich weiß jedoch, daß sie viele Aspekte weniger radikal sehen und eine weichere Überleitung, etwa aus der Homologienforschung in die organismische Konstruktionslehre bevorzugen würden, indem Homologien als Ergebnis von Rekonstruktion Anerkennung finden.

Der Dank wäre unvollständig, würde er nicht auf die Mithilfe meiner Diplomanden und vieler skeptischer Studenten verweisen. Ihre Einwände, Hinweise und Präzisierungen haben mich sehr oft zur Klärung der vorgelegten Positionen gezwungen.

Meiner Frau danke ich für das mehrfache Schreiben und Korrigieren des Textes, meiner Familie für die Nachsicht, die sie einem unentwegt schreibenden, nachdenkenden und diskussionsgierigen Mitglied entgegenbrachte.

Für die freundliche Unterstützung bei der Drucklegung danke ich dem Direktor des Forschungs-Institutes Senckenberg als dem Herausgeber der Senckenberg-Bücher, Herrn Professor Dr. Willi Ziegler und dem Verleger Dr. Waldemar Kramer.

Nach dem plötzlichen Tode von Herrn Dr. Waldemar Kramer übernahm Frau Dr. Henriette Kramer die Fertigstellung des Buches. Dafür sei hier Dank abgestattet. Frau Dr. Henriette Kramer danke ich zudem für die Vorbereitung der Neuauflage.

Die Abbildungen zeugen für die graphischen Fähigkeiten und die Kompetenz von Frau Renate Klein-Röder, Frau Antje Siebel und Frau Renate Tschapka. Frau Siebel hat auch das Titelbild entworfen und ausgeführt. Auch konnte eine Abbildung von Frau Susanne Zoschke übernommen werden. Allen Damen danke ich für die Mühe bei der Visualisierung der abstrakten Inhalte und bei der diagrammatischen Darstellung von phylogenetischen Modellen.

1. Einleitung

Evolution als Grundprinzip allen Lebens ist keine Vorstellung, die man auf einer Weltreise mit der Beagle, durch Schmetterling- und Fossilsammlung, oder durch Goethesche Anschauung von biologischen Objekten gewinnen kann. Auch hilft nicht die Beteuerung von Naturfreunden, Lebewesen seien gar wunderbar an die Umwelt angepaßt. Wie in allen erklärenden und strikten Wissenschaften sind theoretische Begründung und abstrakte Erklärung als Grundlage der Argumentation gefordert. Nur abstrakte Theoreme können die Annahmen von Evolution zwingend machen und den Vorgang der Evolution als naturwissenschaftlich erklärbar darzustellen gestatten.

Das vorliegende Buch begründet radikal, von grundlegenden theoretischen Voraussetzungen ausgehend, die Konzeption von Evolution in postdarwinistischer Weise. Es wird gezeigt, daß Evolution im Transformationsprozeß energiewandelnder hydraulischer Konstruktion besteht und nur in abstrakten biomechanischen Termen beschrieben und begründet werden kann.

Von einer heute zu fundierenden Evolutionstheorie aus muß der Darwinismus einschließlich seiner modernen Variante, der synthetischen Theorie, als eine für angemessene Evolutionsbegründung sehr nachteilige und Erkenntnis hemmende Fehlentwicklung bezeichnet werden. Mit der Vorstellung der Anpassung an die Umwelt ist jedes sinnvolle Organismus-Verständnis zerstört. Die bisher üblichen Homologien-Reihungen und die Arrangierung von systematischen Einheiten in Stammbaumform haben eine völlig beliebige und nach Privatansichten wechselnde »Organisation« der stammesgeschichtlichen »Kenntnisse« bewirkt.

Die kritische und organismus-zentrierte Evolutionstheorie wird auf abstrakte, theoretische und physikalische Prinzipien und Gesetzmäßigkeiten des Lebens und der lebenden Organisation begründet und nicht einfach vordergründig mit Bezug auf Vorstellungen einer naturalistischen Betrachtung von Lebewesen untermauert. Sobald die Theorie auf ihren Prämissen feststeht, kann sie auf Naturobjekte auf Reisen, in freier Wildbahn oder auf Bestände in Museen in Anwendung gebracht werden. Eine

Umkehr der Argumentation und der theoretischen Begründung, eine Ableitung von Theorien aus gesammelten Beständen muß ausgeschlossen sein.

Auf der Grundlage eines organismischen und evolutionären Verständnisses erhält die Morphologie eine neue Basis. Morphologie, die sich auf Organismen als Konstruktionen bezieht, kann mit ihrer physikalischen Begründung wieder ins Zentrum der Biologie rücken und die bedeutende Rolle einer Bezugswissenschaft gewinnen.

Wie jede Wissenschaft, die eine Entwicklung zu strikter Erklärung durchmacht, muß die Morphologie, die Lehre von Form und Organisation der Lebewesen, den Zustand ihrer Reife dadurch erreichen, daß sie auf höhere Grade der Abstraktion gehoben und auf theoretische, meist physikalische, Prinzipien begründet wird. Die Erklärungsschemata werden bei der Neubegründung theoretisch immer strenger durchgebildet. Dabei steigt ihre Abstraktheit. Im Rahmen der neuen Morphologie wird Evolution als Sequenz aufeinanderfolgender notwendiger Stadien der Organisation erscheinen. Dabei stellt sich der Prozeß der Evolution nicht als Reihung von Konstruktionen, sondern als ein Geschehen dar, in dem präzedente Organisation evolutiv über sich hinausgreift und die Vorbedingungen der subsequenten Organisationsstadien schafft.

Indem Morphologie als Konstruktionslehre der Organismen konzipiert wird, indem sie die evolutive Bedingtheit von lebender Organisation auf der Grundlage der Hydrauliknatur darstellt, bringt sie in der Natur kausale Aspekte und Prinzipien der Organisation von Naturobjekten zum Vorschein, die rein beschreibend nicht zu ermitteln waren.

Entmorphologisierung der Morphologie, also das Abstreifen der Form- und Gestaltbetrachtung, ist unvermeidlich, weil mit der Konstruktionsbegründung alle Anschaulichkeit und Unmittelbarkeit zum lebenden Objekt und seiner gestaltlichen Ausformung verlorengeht; der Gewinn liegt in der Allgemeinheit und der Stringenz der Erklärungen und Aussagen.

Die bisherige Morphologie ist auf der Stufe eines statischen Naturverständnisses stehen geblieben. Morphologie begründet das sogenannte natürliche System, das gar nicht existiert, weil beliebig viele künstliche Einteilungen der Lebewelt möglich und ausgeführt sind. Die Morphologie und Systematik haben das Wissen in eine Verfassung gebracht, die phylogenetische Rekonstruktion als Ermit_lung der stammesgeschichtlichen Abläufe nicht mehr zuläßt. Evolution und Stammesgeschichte können nur von neuen theoretischen Voraussetzungen her begründet werden.

Die vorliegende Schrift geht davon aus, daß die Idee, es könne ein natürliches System geben, es sei sinnvoll Lebewesen als Naturobjekte über Beschreibungen und vorgezogene Klassifikation begreifen zu wollen, die rationale Grundlage von Morphologie und Evolutionsverständnis zerstört. Damit wird zum Ausdruck gebracht, daß Evolution mit organismischer Gestalt und systematischer Einteilung nichts zu tun hat.

Wie die alte Astronomie versteht die Morphologie die Ordnung der Naturgegenstände als gesetzmäßig bestimmt und als in ihrer Organisation gefroren. Evolution wurde bisher als reine Aufstaffelung von statischen Zuständen verstanden. Die Astronomie, um sie noch einmal als Beispiel neuerer Entwicklung anzuführen, erscheint heute dynamisch begründet und prozeßhaft dargestellt. Im Rahmen kosmologischer Begründung repräsentiert die alte Astronomie nur eine Aspektbeschreibung im begrenzten Rahmen. Die Radioastronomie rekonstruiert eine eigenständige Darstellung des kosmischen Geschehens, in der die stellaren Körper nur noch einen Teilaspekt vertreten; durch eine Erforschung der Gravitationswellen zeichnet sich heute eine nochmals veränderte Sicht des Weltalls ab.

Sollte man nicht denken dürfen, daß auch die Morphologie zu immer neuen Begründungshorizonten vorstößt und eigene konstruktive und evolutive Aspekte des Organismischen und Organischen erarbeitet? Die organismische Natur würde so in ihrem Kern dynamisiert und prozessual verstanden.

Die Dynamisierung des Naturgeschehens ist von nicht geringerer Bedeutung in einer auf die Theorie der Plate tectonics begründeten Geologie. Die Beispiele aus der Physik und anderen Wissenschaften ließen sich vermehren. Bedarf es angesichts dieser das Gesamtklima der Naturwissenschaften revolutionierenden Ereignisse einer Legitimierung des Versuches, Morphologie im Rahmen der Evolution kausal zu begründen, sie dynamisch-prozeßhaft, also in postdarwinistischer Weise zu verstehen? Kann und darf das in klassifikatorischer Ordnung Erstarrte, die gefrorene Weltsicht der Homologienforschung dominant bleiben und als Ausdruck einer im Entwicklungsablauf angehaltenen Welt auch die Grundlage des neuen biologischen Verständnisses abgeben? Darf das Gewesene vom Neuen die Legitimierung verlangen?

Wie soll Morphologie in einem neuen Klima der Naturwissenschaften bestehen können, ohne auch in ihrem Gegenstandsbereich die Dynamik und Prozeßhaftigkeit herauszustellen? Dies sind die Fragen, die sich bei einer Neubegründung des Organismus- und Evolutionsverständnisses stellen.

Natürlich läßt sich die Zukunft der Morphologie nicht von der bisherigen Forschung her bestimmen. Es ist notwendig, die Dynamik und Prozeßhaftigkeit als Prämissen der Behandlung der Objekte vorzugeben, die Organisation der Lebewesen nur noch als Station im Geschehen, als Anhalten eines Filmbildes zu begreifen. Eine vorteilhafte Konsequenz der neuen theoretischen Begründung liegt darin, daß die Ideologien der Biologie zurückgedrängt werden: Es ist keine Begründung von Leben, seiner Entwicklung und organisatorischen Natur von den Grundlagen einer reduktionistischen Physiologie, Molekularbiologie und Physik aus mehr möglich. Es kann auf der erweiterten Grundlage des Lebens der die organismischen Eigenheiten negierende traditionelle Darwinismus überwunden werden.

Abgeschnitten werden Allgemeinverständlichkeit und das Mitreden des Publikums durch neue theoretische und immer abstrakte Begründung. Klärend ist auch der Wegfall von Begriff und Konzeption der Umweltanpassung; die Begrifflichkeit des Paläodarwinismus wird im heutigen Wissenschaftsbetrieb vor allem wegen der vorab geleisteten Zustimmung nur dazu benutzt, eine Revision des Evolutionsdenkens nicht aufkommen zu lassen. Evolution von Organismen hat mit vorwissenschaftlichem Geraune nichts, nur mit molekularbiologischer, physiologischer und biomechanisch begründeter Rekonstruktion von Entwicklung zu tun. Die Legitimierung (oder Ablehnung) dieser wissenschaftlichen Behandlung des Evolutionsproblems spielt sich außerhalb des Verständnishorizontes ab, den der Paläodarwinismus mit einer vorwissenschaftlichen Sichtweise aufgezogen hat.

Vorrangiges Ziel muß es also sein, Organismen naturwissenschaftlich zu bestimmen, der Biologie eine organismische Grundtheorie zu verordnen. Vom hier entwickelten Ansatz aus, vom Verständnis der Organismen als Energiewandler und mechanischer Konstruktionen erscheinen die bisherigen Versuche, Evolution zu begründen und zu verstehen, insgesamt als hochgradig verfehlt. Sie wurden unternommen, ohne die Gegenstände der Biologie, die Organismen, in naturwissenschaftlich strikter Weise zu bestimmen. Formenreihen und Serien von Fossilien mögen zwar die Probleme der phylogenetischen Entwicklung aufwerfen, die zeitliche Staffelung der Fossilien mag die Annahme von Evolution, also die Geschichtlichkeit des Lebens, zwingend erscheinen lassen, die Mechanismen der Evolution aber und die Stadien der Phylogenese können nicht von Formenreihen und Fossilsequenzen abgelesen werden.

Natürlich ist es möglich, daß in manchen Fällen Makrofossilien in dichter Folge evolutionäre Phasen spiegeln. Fossilien geben als enge Reihen zusammengestellt Hinweise auf das Feinspiel der Evolution und belegen darüber hinaus, welche Organisationstypen in welchen Formationen schon ausgebildet waren. Bei Mikrofossilien ist die Dichte der Belege in manchen Fällen in ihrer direkten Belegnatur nicht zu bezweifeln. Auch morphologische Formenreihen nach Homologiekriterien können in irgendeiner Weise phylogenetisch repräsentativ sein. Es ist aber immer die Begründung des Ablaufes, die entscheidet, um welche Abwandlung es sich handelt und ob eine Reihung wirklich einen phylogenetischen Ablauf beschreibt.

Mit dem neuen theoretischen Ansatz und der Begründung von Evolution auf der Leistung energiewandelnder Konstruktionen reißt die Verbindung zum überkommenen evolutionistischen Denken ab. Auch werden Pseudophylogenesen, die auf Reihen von ähnlichen Formen beruhen, nicht mehr zur Kenntnis genommen. Total und durch nichts gemildert ist die Distanzierung zu Methoden und Resultaten der Homologienforschung, wie sie vor allem im deutschen Sprachraum entfaltet wurde.

Auch die von Hennig begründeten Methoden und Schematisierungen werden nicht genutzt, weil sie von Merkmalsbezügen ausgehen. Lebende Konstruktionen und Energiewandler können nicht von Merkmalen aus verstanden und in ihrem Evoluieren begriffen werden. Evolution geschieht durch Transformation eines organismisch-konstruktiven Gefüges.

Nicht verzichtet wird auf die Fossilien und rezenten Naturobjekte als Evidenzen und Belege der Theorie und Erklärungen, doch gehen die Objekte nur nach Maßgabe der neuen Konstruktionsprinzipien und evolutionären Erklärungen in den Kontext ein. Ihre morphologisch-systematische Umhüllung ist abgestreift, sie werden als Energiewandler und Konstruktionen, nicht als Gegenstände der Morphologie und Systematik genutzt. Indem so vorgegangen wird, stellt sich die normale Situation in einer (nicht-induktionistischen) Wissenschaft her. Theorie und Erklärung regieren die Objekte, geben ihnen ihren Stellenwert. »Natürlich« ist im Rahmen dieser strikt theoretischen aber sachbezogenen Betrachtungsweise keine systematische Einteilung, keine gestalthafte Beschreibung. Natur stellt sich alleine als das prozeßhafte evolutionäre Geschehen in seinen Ausprägungen, den als Konstruktionen wirkenden, lebenden Organismen, dar.

Als in der Natur gegebene Aspekte werden die Organisationstypen, die bisher als Baupläne bezeichnet wurden, eingeführt. Sie gehen in den Argumentationszusammenhang nicht als Formen und Gestalten, sondern als Ausdruck des Formbestimmungsgeschehens ein und stellen somit die Realisierung von organisatorischen Prinzipien dar, deren Gültigkeit in der Natur behauptet, von den physikalischen Bedingungen aus begründet wird.

Im Zusammenhang mit den Homologisierungsverfahren, deren Kriterien das Vergleichen von Formen und Gestalten von Organismen und ihrer Strukturen und Organe vorschreiben, ist ein entscheidender Punkt zu betonen. Es fehlt Homologiekriterien jeder Ansatz, Polarität, also ein zeitliches Nacheinander festzustellen (PETERS & GUTMANN 1971). Aus statischem Vergleich, wie ihn die Homologiekriterien fordern, ergibt sich keine gerichtete Reihung oder stammbaumartige Aufspaltung. Geht man von Merkmalen und deren Verteilung aus, so kann man bei einer Gruppe von organismischen Formen zwar eine (von der jeweiligen Merkmalswahl abhängige) enkaptische Ordnung erstellen, aber diese kann nicht ohne zusätzliche Bewertung in einen bestimmten Stammbaum umgesetzt werden.

Durch Vergleich und Merkmalsanalyse kann auch keine Feststellung von Plesiomorphie und Apormorphie, von urtümlichen und abgeleiteten Merkmalen, geleistet werden (PETERS & GUTMANN 1971).[2] Man kann also aus simplen logischen Gründen durch Anwendung der Homologiekriterien mit Sicherheit keinen die Phylogenese nachzeichnenden Stammbaum erstellen. Daraus ergibt sich der Schluß, daß alle schon vorhandenen Stammbäume anders, nicht durch die Homologiekriterien zustande gekommen sein müssen. Homologienforscher arbeiten also nach methodischen Kriterien, die sie selbst nicht kennen. Würde man den Vertretern eines Fachgebietes vorwerfen, sie wären nicht in der Lage, logisch so einfache Dinge zu begreifen, wie die Tatsache, daß man durch synchronen Vergleich keine Diachronie erstellen kann, so würde man in den Verdacht geraten, Polemik zu betreiben. Es ist der geradezu unglaubliche und im Rahmen einer Wissenchaft unerträgliche Mangel an Intellektualität herauszustellen, der noch nicht einmal die logischen Voraussetzungen normaler diskursiver Argumentation akzeptiert.

Da bisher nur wenige inselhafte konstruktionsmorphologisch begründete Rekonstruktionen der Phylogenese von Bauplänen in der traditionellen Literatur vorliegen, ist in Bezug zur Erklärung lebender Organisation ein Neuanfang gemacht. Eine kritische Diskussion der ubiquitären homologie-untermauerten Vorstellungen ist unnötig, da man weder Aufbau noch evolutiven Wandel energietransformierender Konstruktionen von morphologischer Beschreibung aus oder durch Formenvergleich ermitteln kann. Alte Vorstellungen werden nur nach Maßgabe neuer Erklärung, also auf einer veränderten theoretischen Grundlage genutzt. Der Leser kann jedoch dem Literaturverzeichnis die Schriften entnehmen, die in Ablehnung des vorgelegten Entwurfes verfaßt wurden. Auch auf die älteren phylogenetischen Vorstellungen zur Metazoen-Evolution ist verwiesen.

2. Der wissenschaftstheoretische Hintergrund

Eine Neubestimmung von Organismus und Evolution setzt Freiheit der Theoriebildung voraus, kann in einem induktiv verfaßten Wissensgebiet nicht gelingen. Induktiv aber ist die Vorgehensweise der Biologie, speziell der Morphologie. Es wird Beschreibung und Ordnung als vermeintliche Sachaussage vorgezogen, Erklärung und Theorie dürfen nur nachgeschoben werden.

Folgt man den Konzeptionen der modernen Wissenschaftstheorie, der Vorstellung des Hypothetiko-Deduktionismus (POPPER, KUHN, LAKATOS, STEGMÜLLER u.a.), so kann Wissenschaft nur als Theoriendynamik und somit als Prozeß der Formulierung, Prüfung und Wandlung von Theorien verstanden werden. Jedes Wissen wandelt sich im Laufe der Zeit, vermeintlich zuverlässiges Wissen veraltet, konfirmierte Theorien werden durch korrodierende Kritik unansehnlich und verlieren ihre Überzeugungskraft, während neue theoretische Vorstellungen die Oberhand gewinnen und die Forschung in veränderter Weise ausrichten. Dieses Umgruppieren der Theorien und der Prozeß der Neuformulierung von Ideen zeigt die gesunde Entwicklung in einer Wissenschaft an. Anhaltende Stabilität in Wissenschaft signalisiert keineswegs Sicherheit und Reife, sondern kann Stagnation bedeuten.

Größere Schübe im Grundverständnis von Wissenschaften, Revisionen und Neubestimmungen von zentralen Theorien bezeichnet man im Anschluß an Th. Kuhn als Paradigmawechsel. Nach immer wieder eintretenden Ruhepausen mit sogenannter normaler Forschung stellen die Paradigmawechsel die spannenden und höchst belebenden Phasen in der Entwicklung von Wissenschaften dar.

Mit einem Paradigmawechsel entstehen harte wissenschaftliche Kontroversen; neue Forschung wird absehbar. Der Zusammenstoß von Ideen — und wissenschaftliche Theorien sind gedankliche Konzeptionen — ist, wie der berühmte englische Mathematiker und Philosoph A. N. Whitehead betont, kein Unglück, sondern eine Gelegenheit, eine Chance zur Gewinnung neuer Erkenntnis.

Dennoch wird Theorienwandel, der immer auch die alten Objekte in neuem Licht erscheinen läßt, das Gefühl für Stabilität der Verhältnisse und für die Verläßlichkeit von Fakten verletzt, meist als irritierend und störend empfunden. Es ist — wie in allen Bereichen des Lebens — leichter, so weiterzumachen, wie man es gewohnt war. Das Vertraute und Bewährte wird zum Gesicherten und Verläßlichen erklärt, dem Neuen leicht der Weg verstellt, weil die revidierte theoretische Sicht Denkaufwand benötigt und eine Kräfte fordernde Neubestimmung des Vorgehens nötig macht.

Das neue Paradigma in einer Wissenschaft zwingt nicht nur zum Umdenken, sondern vor allem zur Neubegründung der älteren Fakten, zur Relativierung von akzeptierten Beweisen; es fordert somit eine neue Rationalität ein, die von veränderten theoretischen Annahmen getragen wird. Der Schock, den ein Paradigmawechsel auslöst, ist umso größer, je mehr eine Fachwissenschaft im Induktivismus verhaftet ist, je mehr die Ansicht dominiert, es gebe sicheres Faktenwissen und konfirmierte Vorstellungen in theoriefreier Form.

Im induktivistischen Verständnis herrscht die Ansicht vor, die Theorien seien den Beobachtungen nachgeordnete aber unsichere und wenig vertrauenswürdige Folgerungen. Ein neues Paradigma wirft ein blendendes Schlaglicht auf die theoretische Fundierung auch des älteren Wissens und läßt oft ganz plötzlich seine Zweifelhaftigkeit im Lichte eines neuen Paradigma mit klaren Konturen hervortreten. Bei einem Paradigmawechsel wird spätestens deutlich, daß vermeintlich sichere Kenntnisse auf Theorien beruhen, also eine Grundlage haben, die nicht für alle Zeiten gesichert sein muß.

Alles spricht dafür, daß die Evolutionstheorie, eine in wichtigen Anstößen auf Charles Darwin zurückgehende Vorstellung von der Wandelbarkeit der Lebewesen, von der Dynamik des Erkenntnisfortschrittes eingeholt wurde und durch neue Theorien bedrängt ist. Das neue Paradigma heißt »Organismus und Evolution von Organismen«. Organismen als Konstruktionen lassen eine Behandlung nach Maßgabe der komparativen Verfahrensweisen nicht zu. Um die Frage, wie Organismen der Evolution unterliegen, oder in welcher Weise sie aktive und richtungsbestimmende Teilnehmer des Evolutionsgeschehens sind, kreist die Diskussion heute dort, wo die traditionelle darwinistische Orthodoxie die Neustrukturierung von Evolutionsdenken zuläßt, oder wo ihr das abweichende

Theoretisieren unterbindender Einfluß nicht hinreicht. Die Kontroverse um die Evolutionsprobleme hat sich in den letzten Jahren extrem zugespitzt.

Eine neue Vorstellung von Evolution muß in Übereinstimmung mit den Vorstellungen des Hypothetiko-Deduktivismus entfaltet werden. Es ist entsprechend der hypothetischen Komponente ein theoretischer Zusammenhang, ein neuer Erklärungsansatz zu lancieren. Die neue Theorie-Grundlage muß auf ihre inhaltliche und logische Stimmigkeit geprüft werden. Auch ist zu beachten, daß keine Widersprüche zu gut konfirmierten Theorien der Physik oder anderer Bereiche der Naturwissenschaft entstehen. Die Stichhaltigkeit der neuen Theorie und ihre weitere Prüfung, sowie ihre Anwendung muß dann in Bezug auf ältere empirische Kenntnisse und neuere Beobachtungen geschehen. Dabei ist es nötig, entsprechend der Deduktionserfordernisse zu ermitteln, ob Folgerungen auf dem Theorienansatz an Beobachtungen eine Stützung erfahren.

Die Bestimmung dessen, was ein Organismus im naturwissenschaftlichen Sinne sein kann, und wie er in Beziehung zur Evolution steht, bildet den Kern der neuen Diskussion. Die Einsicht, daß Evolution anders und neu aufzufassen ist, fordert ein verändertes Umgehen mit den biologischen Objekten, erzwingt deren Behandlung nach ganz unerwarteten methodischen Prinzipien. So unklar sich noch in der internationalen Diskussion die neuen theoretischen Konturen abzeichnen, die Diskrepanz zum überkommenen Denken ist unübersehbar, und die neue Begründung alter Kenntnisse wird zwingend notwendig. Der Wandel im Evolutionsparadigma muß in einer Biologie sehr schockierend wirken, in der man sich angewöhnt hat, Evolution als Folgerung aus Sachverhalten darzustellen, Beweise für Evolution vorzuführen und eine theoretische Begründung der evolutionären Interpretation von Fakten und Beobachtung für unnötig zu erklären. In der Biologie, wie sie sich heute darstellt, herrscht die Meinung vor, die lebenden Objekte verrieten selbst die Mechanismen der Evolution, spiegelten in unmittelbarer Weise, in Form klassifikatorischer Ordnung und in Gestalt von fossilem Material, die Stammesgeschichte. Die Objekte und die Theorie erscheinen als eins, die Theorie stellt sich als den Fakten nachgeordnet oder aus ihnen abgeleitet dar. Es wird ganz der Anschein erweckt, evolutionäre Einsichten ließen sich durch theoriefreies Herangehen an die Natur gewinnen.

Das Problem relativ zur heutigen Biologie, die hochgradig induktionistisch verfaßt ist und in der der Induktivismus, die Ansicht, man könne aus Beobachtungen die Natur der Objekte unmittelbar erarbeiten, besteht gar nicht darin, nur eine neue Evolutionstheorie zu etablieren. Mit dieser neuen Theorie muß auch der Induktivismus, die Theorienfeindlichkeit selbst, beseitigt werden. Es ist die Hoffnung aufzuheben, die Objekte lieferten die Theorie und es gebe so etwas wie gesicherte Beobachtungen oder Fakten vor jeder Theorie.

In dieser Lage müssen mit der Veränderung der Theorie die Objekte ihre Bedeutung wandeln. Für einen Induktionisten ergibt sich die falsche Deutung, daß die Objekte so jeden Wert verlieren. Die neue Theorie erscheint dagegen als theoretisch konstruiert, künstlich und nicht faktisch begründet. Diese Deutung ist gleichermaßen richtig und falsch; die Objekte geben zwar nicht das her, was man bisher glaubte, aber sie gewinnen eine neue, nicht weniger große Bedeutung im Rahmen der strikt begründeten Theorie, ohne daß deswegen diese Theorie durch Fakten bewiesen würde. Die Beobachtungen und das Material werden zu Evidenzen im Rahmen der theoretischen Begründungen.

Daß es Evolution gegeben hat und noch geben muß, kann heute nicht mehr bezweifelt werden. Wie Evolution verläuft, wie sie von ihren Wirkmechanismen her zu begründen ist und welchen Weg die Entwicklung der lebenden Organismen genommen haben muß, dies sind die Gegenstände heftiger Kontroversen.

Man kann heute im Bereich der Biologie drei Gruppierungen unterscheiden. Eine erste, die die Theorie von Darwin für voll gültig bestätigt und vor allem nicht für revisionsbedürftig ansieht. Die zweite Gruppe von Autoren sieht größere Schwierigkeiten und glaubt an die Notwendigkeit einer Revision der überkommenen darwinistischen Evolutionstheorie, an die Erfordernis der Ausweitung der Theorie um wichtige Punkte. Radikal ist der Anspruch einer Reihe von Autoren, die eine völlige Neubegründung der Evolutionsmechanismen und der Evolutionsabläufe fordern. Offenbar gewinnt derzeit die letzte Gruppierung an Boden.

Die Neubegründung im Rahmen der kritischen und organismuszentrierten Theorie bezieht sich nicht alleine auf die Evolutionsmechanismen, sondern auch und zwar in vollem Maße auf die Rekonstruktion der Stammesgeschichte. In der Reihung von rezenten und fossilen Organismen, wie sie bisher üblich war, kann nach der kritischen und organismus-zentrierten Evolutionstheorie nur ein unverbindliches Arrangement von Formen, aber keine Begründung der Evolution als Ablauf und Prozeß gesehen werden; es sind nur alte vorevolutionäre Kenntnisse neu arrangiert. Systematische Ordnung und morphologische Beschreibung erklären zudem nichts. Es wird daher bezweifelt, daß die darwinische Evolutionstheorie eine wissenschaftliche Revolution war, weil sie sich in der Reihung von taxonomischen Einheiten und morphologischen Formen erschöpfte, aber gar nicht zu einer Erklärung der Transformation lebender Organisation vordrang.

Grundlegend fehlkonzipiert erscheint also nicht nur der Erklärungsmodus der darwinistischen Evolutionstheorie, der Versuch, lebende Organisation über Anpassung an die Umwelt zu erklären, sondern auch die Verfassung des biologischen Wissens, vor allem in den klassischen Fächern der Biologie. Gemessen an den Erfordernissen eines organismischen Verständnisses von Evolution muß der Vorwurf gegen die traditionelle darwinistische und die neuere synthetische Theorie noch verschärft werden. Von ihrem Grundverständnis der Evolution als Umweltanpassung her ist es grundsätzlich nicht möglich, Evolution als Prozeß der Transformation lebender organismischer Gefüge zu begründen. Es wird sogar zu zeigen sein, daß die seit Darwin und Wallace entwickelte evolutionäre Vorstellung, besonders die synthetische Theorie, trotz ihrer geradezu genialen Anfangsbegründung mit Sicherheit das Verständnis der Evolution von Organismen ausschließt, also eine schädliche, die Objekte der Biologie verzeichnende, ja ihre Bedeutung unterschätzende Theorie ist.

Im Gegensatz zu dem im folgenden zu umreißenden neuen Verständnis von Evolution gilt die Formulierung der darwinistischen Evolutionstheorie als eine der größten wissenschaftlichen Revolutionen, wenn nicht als der bedeutendste Einschnitt in der Entwicklung der Biologie. Es gibt nicht wenige Biologen, die in der Evolutionstheorie darwinistischen Zuschnittes sogar eine Neubegründung der Philosophie, den radikalen Abbruch des traditionellen Denkens überhaupt sehen (RIEDL, LORENZ, MAYR). Angesichts dieser heute verbreiteten Sichtweise, muß es wie ein Sakrileg wirken, wenn darauf verwiesen wird, daß in weiten Kreisen der Wissenschaft sich Zweifel eingeschlichen haben, daß Revisionen, ja radikale Neubegründungen, ja postdarwinistische Evolutionsbegründung

26

gefordert wird. Die derzeit wie eine Wahrheit gehandelte traditionelle Evolutionstheorie, die von zunehmend mehr Menschen verstanden und für richtig befunden wird, stellt sich in neuer Sicht als in ihren sachlichen Bezeugungen hochgradig defekt und verfehlt dar und muß in ihren völlig verbogenen naturphilosophischen und theoretischen Grundlagen als unhaltbar bezeichnet werden.

Unsicher geworden sind die Mechanismen der Evolution, die Erklärungsprinzipien der Veränderung der Lebewesen und die Methoden, wie man die nie direkt sichtbare stammesgeschichtliche Entwicklung rekonstruieren kann und welche Stadien sie notwendigerweise durchlaufen haben muß. Aber der Schock im Hinblick auf diese Fragen, die Kritik der Evolutionserklärungen, die Möglichkeit einer Revision betrifft sehr wohl den Kern der Theorie und stellt Evolution als Mechanismus zur Disposition, läßt die Evolutionsproblematik wieder offen erscheinen.

Diese Lage muß aber Irritation auslösen, denn die traditionelle Evolutionstheorie wurde und wird nicht nur als eine von der Wissenschaft bestätigte Einsicht, ja als Sachaussage verstanden, sondern viele Menschen, Laien, Philosophen, ja Wissenschaftstheoretiker glauben den Mechanismus von Evolution als Anpassung an die Umwelt verstanden zu haben, meinen den Erklärungsmodus der Theorie nachvollziehen und als einleuchtend, durch Sachverhalte bestätigt auffassen zu können.

Nun ist es aber nirgends in der Wissenschaft ein Unglück, wenn eine Theorie, eine zentrale und wichtige zumal, ins Gerede kommt. Es läßt schon das Beharren an sich, die Verteidigungshaltung von Anhängern der darwinistischen Theorie und ihrer modernen Version, der synthetischen Theorie, Zweifel an deren Stabilität aufkommen.

Diese Zweifel werden verstärkt, wenn man die populäre Akzeptanz dieser Theorie, ihre Verbreitung durch allgemeinverständliche Schriften ins Auge faßt. Kann eine breite Öffentlichkeit in ihrem Verständnis Richtmaß für einen Erklärungsansatz sein, der sich auf die kompliziertesten Objekte unserer Welt bezieht, auf die Lebewesen in ihrer Vielfalt? Muß hier nicht der Naturwissenschaftler warnen, der von der theoretischen Fundierung der Wissenschaft weiß, der Unsicherheiten kennt und der aus seiner Kenntnis der Geschichte heraus nur sagen kann, daß bisher keine wirkliche wissenschaftliche Erkenntnis unverändert geblieben ist?

Bevor nun Evolution als Mechanismus des Verharrens von lebender Organisation und des Wandels der Organismen im Zeitablauf neu begründet wird, sei auf einige zentrale Kritikpunkte hingewiesen, auf Aspekte der Unsicherheit, die die heute sich wie ein Steppenbrand ausbreitende Diskussion ausgelöst haben.

a) Als zentraler Defekt, als Insuffizienz an der Basis des Evolutionsdenkens stellt sich immer klarer heraus, daß eine angemessene Vorstellung vom Organismus fehlt, daß also eine tragfähige Grundlage dafür nicht existiert, daß Evolution stattfinden muß und wie dies geschieht. Solange von einem überzeugenden Organismus-Verständnis nicht Evolution als theoretisch notwendig begründet werden kann, läßt sich nicht einmal feststellen, ob ältere Vorstellungen, so auch die darwinistische Theorie, sinnvoll sind.

b) Ein weiteres, organismisches Verständnis zerstörendes Moment bildet die moderne Molekularbiologie. Nicht ihr Verdienst ist in Zweifel zu ziehen, das darin besteht, daß die molekularen Mechanismen der Vererbung, Mutation und der Beeinflußung des Stoffwechsels angemessen beschrieben werden, es ist ihr Anspruch zurückzuweisen, auf der Ebene der Gene lägen die Informationen für die lebende Organisation und die Mechanismen, die das Evolutionsgeschehen richten. Die Eigengesetzlichkeiten des Organismus und die Richtung der Evolution durch die lebende Konstruktion werden so abgestritten.

c) Schwere Bedenken ergeben sich, weil heute auf breiter Front die Vorstellung vorherrscht, man müsse Evolution nicht als Theorie begründen, sondern könne sie an Fossilien direkt oder durch Formenvergleich bzw. durch die Betrachtung der Embryonal-Entwicklung ermitteln. Solches Argumentieren im Sinne des Induktionismus und Naturalismus ist beim Stand der Wissenschaftstheorie und angesichts der sophistizierten Begründungen aller erklärenden Wissenschaften nicht mehr haltbar. Es gibt seit Jahrzehnten eine Wissenschaftstheorie, die die theoretische Grundlage aller Wissenschaft herausgearbeitet hat und die die Annahme nicht mehr zuläßt, es könne möglich sein, durch reine Sacharbeit aus Fakten und Beobachtungen Folgerungen, vor allem solche theoretischer Art zu ziehen. Der Induktionismus ist durch die Entwicklung des Hypothetiko-Deduktionismus in keiner Wissenschaft mehr als mögliche Legitimierung des methodischen Vorgehens anzusehen.

d) Im Rückblick wird zudem immer deutlicher, daß in vieler Hinsicht die Evolutionstheorie gar kein Einschnitt, keine Revolution, war. Es wurden mit dem Aufkommen der Evolutionstheorie nur die Ordnungsschemata der Lebewesen, die Systematik und Formenbeschreibung umgedeutet, indem man gerade ohne Begründung Formen und systematische Gruppierungen reihte. Von heute aus ist deutlich, daß die Theorie gar keine Erklärung der Abläufe und Entwicklungsstadien zuläßt.

e) Zweifel sind auch an der Auffassung der Geschichte des Evolutionsdenkens angebracht. Die heute vorherrschende Panegyrik stellt die Person von Darwin in den Mittelpunkt, belobigt gegen jedes normale Verständnis von wissenschaftlicher Dynamik Darwins jahrzehntelanges Zögern, seine Theorie zu veröffentlichen, findet es richtig, daß er in dem Moment seine Priorität durch Publikation untermauern wollte, als Wallace seine Vorstellung von Evolution zum Druck einreichte. Vergessen wird in der die frühen Fortschritte feiernden und unkritischen Geschichtsschreibung der organismische Ansatz von Evolution, den P. L. Moreau de Maupertuis (1698—1759) schon in der ersten Hälfte des 18. Jahrhunderts entwickelt hatte. Lamarcks Erstformulierung von Evolution als allmählicher Prozeß findet keine angemessene Berücksichtigung. Außerdem wird übersehen, daß Darwin selbst, die Unzulänglichkeit seiner Theorie bemerkend, eine lamarckistische Vorstellung entwickelte.

f) Signifikant für die theoriefeindliche Begründung von Evolution ist der unablässige Verweis auf die Beagle-Reise Darwins und die Sicherung seiner Theorie durch Beispiele. Es tritt die Banalität des Naturalismus und in der Überfrachtung mit Beispielen die induktive historische Last zutage, die im Hinblick auf theoretische Begründung alle stringenten Ansätze erdrückt haben.

g) Es ist herauszustellen, daß die heute in den Lehrbüchern weitergegebenen, Schülern und Studenten zuerst vermittelten Vorstellungen von Evolution so ausgebildet sind, daß sie grundsätzlich das Verständnis von Evolution unmöglich machen. Wer Lebewesen als durch Umweltanpassung sich verändernd vorstellt, kann ihre organismisch konstruktive Eigenständigkeit nicht verstehen und die Dynamik des Evolutionsprozesses nicht auffassen. Wer nach der Homologienforschung Lebewesen und ihre Organisation erst einmal gestalthaft konfigurativ gelernt hat, tut sich schwer, Lebewesen als Energiewandler und Konstruktionen zu begreifen. Wer in der alle Lehrbücher bestimmenden Haeckelschen Tradition stehend, Lebewesen als Aggregate von Zellen auffaßt, ist nicht in der Lage, die Hydraulik-Natur lebender Konstruktionen überhaupt zu erfassen. Wer sich einmal auf das biogenetische Grundgesetz eingelassen hat, wer in der Embryonalentwicklung eine mögliche Abbildung von Stammesgeschichte sieht, hat grundsätzlich die Chance verspielt, die Embryonalabläufe als energetisch getriebene Selbsterstellungsprozesse zu begreifen.

h) Wer von Fossilien ausgehend, gestalthafte Reihungen vornimmt und diese für Phylogenese hält, hat mit diesem Vorgehen die Möglichkeit verspielt, Evolution als fossil belegbaren Ablauf zu begreifen, weil bei Vorwegnahme der Reihung die Vorbedingungen der Skelettbildung und die die Skelettstruktur bestimmenden Momente des Wandels beseitigt sind.

j) Wer der bisherigen Homologienforschung folgt und einfach erscheinende Lebewesen, wenig gegliederte und ungegliederte Organismen als urtümlich akzeptiert, hat das Verständnis des Konstruktionswandels schon verspielt. Einfache Hohltiere, einfache Coelomaten (festsitzendtubikole zumal) als phylogenetisch urtümlich anzusehen, zerstört alle weiteren Voraussetzungen einer Erklärung der Evolution von Bauplänen, weil die extrem simplen Organismen nicht urtümlich sein können und von extrem simplifizierten Seitenlinien aus eine Erklärung der komplizierten Organisation nicht gelingen kann.

k) Wer Organismen als Phänotypen und somit als Ausdruck der genetischen Konstituierung auffaßt, wer an die Informationstheorie der Gene glaubt, gibt die Einsicht in die Eigenprinzipien lebender Organisation auf und kann Evolution von Organismen nicht begreifen.

l) Die methodischen Grundvorstellungen der Morphologie, der Molekularbiologie und der traditionellen Evolutionsvorstellung schließen, wenn man sie wie bisher als Theorien akzeptiert, die Begründung von Evolution als organismisches Geschehen aus. Die Aufstaffelung von fehlkonzipierten Theorien und Methoden macht bei der theoretischen Neubegründung zudem eine revidierende, sprunglos korrigierende Vorgehensweise, ein schonendes Revidieren unmöglich.

m) Gegenüber dem Revisionsbedarf sind alle heute vorliegenden Lehrbücher, KAESTNER, HADORN & WEHNER[4], GRUNER[5], REMANE, STORCH & WELSCH[6] u. a. Hindernisse. Viele neuere Schriften, die Zellenlehre und Zellaggregation im Sinne von Haeckel, biogenetisches Grundgesetz, Homologienforschung und Reihung von einfacher zur komplexen Höhlen-Organisation vertreten, bleiben als Indoktrinationen sehr wirksam, ja stringent, um das Verständnis der organismisch-konstruktiven Natur von Lebewesen zu verdecken und den evolutiven Wandel der organismischen Konstruktionen nicht verständlich werden zu lassen. Die Hindernisse für ein angemessenes Organismus- und Evolutionsverständnis sind im Aufbau des biologischen Wissens, seiner Grundtheorien und Methoden selbst zu sehen. Die Revision der Evolutionstheorie bedeutet Neustrukturierung der Biologie insgesamt.

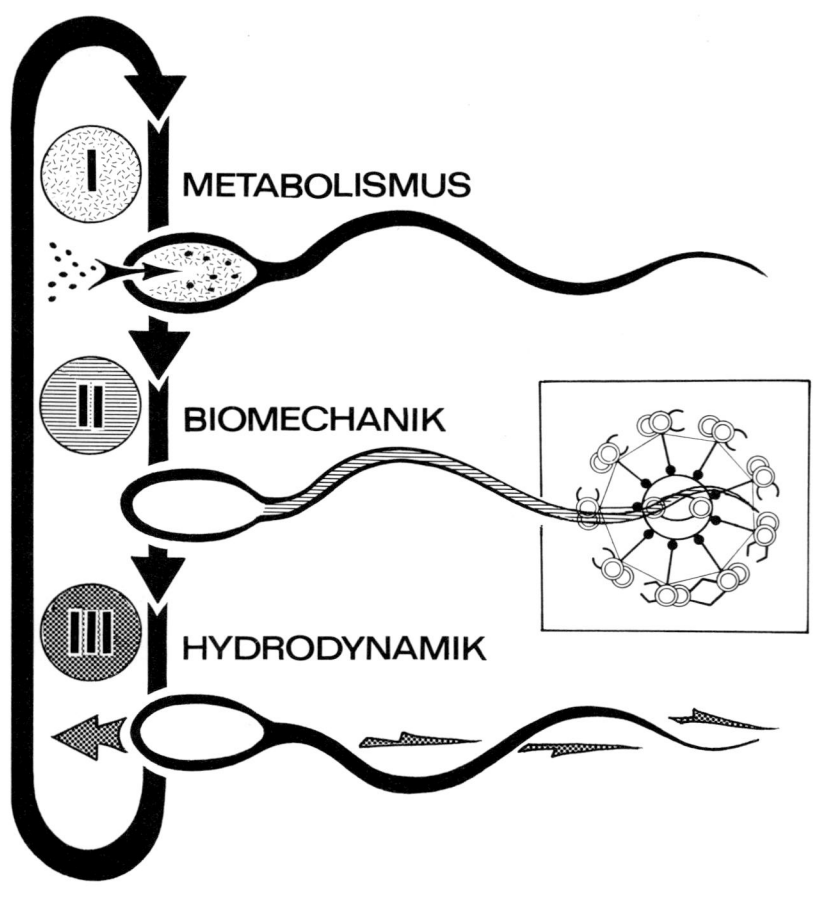

Abbildung 1
Bionomie-Modell eines fingierten Lebewesens.
Als Selbstversorger setzt es sich durch seine Aktionen in den Besitz von Energie und
Material. Auf der Ebene des Metabolismus (I) gelten chemische Gesetze (in mecha-
nischem Rahmen). Die morphologisch-mechanische Apparatur (II) transformiert
chemische in mechanische Energie (gezeigt am Beispiel der Flagellum-Organisation).
Durch die Bewegung des kraftschlüssigen Gefüges wird Antrieb bewirkt, der beim
Schwimmen nach Maßgabe hydrodynamischer Gesetze geschieht (III). Die gerichtete
Leistung sorgt im Rahmen der energetisch-materiellen Selbstversorgung für erneuten
Input. Die Erbringung der Reproduktionsleistung ist nicht dargestellt.

Die Ganzheitlichkeit der lebenden Organisation wird durch die mechanische Kohärenz der Konstruktion und durch die Verkoppelung allen Partialgeschehens im Energie- und Materialfluß des mechanischen Verbandes bestimmt. Organismische Autonomie findet in der Energiewandler- und Konstruktionsnatur ihre naturwissenschaftliche Bestimmung.

Ein solches Organismusverständnis erzwingt eine postdarwinistische Evolutionstheorie, weil evolutiver Wandel nur nach Maßgabe der Organisation und der in ihr gültigen Naturgesetze und Konstruktionsprinzipien verlaufen kann.

Darstellung: R. Tschapka

3. Was sind Organismen?

Nun aber sind die organismischen und konstruktiven Prämissen zu entfalten, die zwingend das Postulat untermauern, daß eine neue postdarwinistische und organismus-zentrierte Evolutionstheorie mit Einschluß von Teiltheoremen der alten Theorie zu fordern ist. Es müssen neue Prämissen, also Grundeinsichten eingeführt werden. Sie sollten so gestaltet sein, daß es unmöglich ist, sie in Zweifel zu ziehen, sie als wissenschaftlich beliebig anzusehen, es darf nicht gestattet sein, sie nach freier Wahl zu übergehen oder zu akzeptieren. Die Prämissen müssen so beschaffen sein, daß derjenige, der sie zurückweist, seine wissenschaftliche Seriosität verliert.

Organismen, die die Erde bevölkern, sind durchweg und ausnahmslos mechanische Gebilde und als solche maschinelle Konstruktionen. Sie halten als Gebilde mechanisch zusammen, vollbringen alle ihre Lebensleistungen durch den Betrieb einer mechanischen Konstruktion. Alle Lebensleistungen bestehen letztendlich in der Bewirkung mechanischer Arbeit. Mittels der Arbeitsleistung erobern Organismen in der Umwelt einen Material- und Energie-Input, mit dem sie den Stoffwechsel ihrer Körperapparatur füttern. Im Körper erfolgt eine vielstufige Wandlung von Materie und Energie. Es wird mit der Nahrung chemischer Betriebsstoff gewonnen, durch den über weitere Energiewandlungsschritte die mechanische Konstruktion angetrieben wird. Gleichzeitig wird das eigene organismische Gefüge auf- oder umgebaut, wobei das Baumaterial ausgetauscht wird. Organismen sind also Energiewandler, die alle ihre Lei-

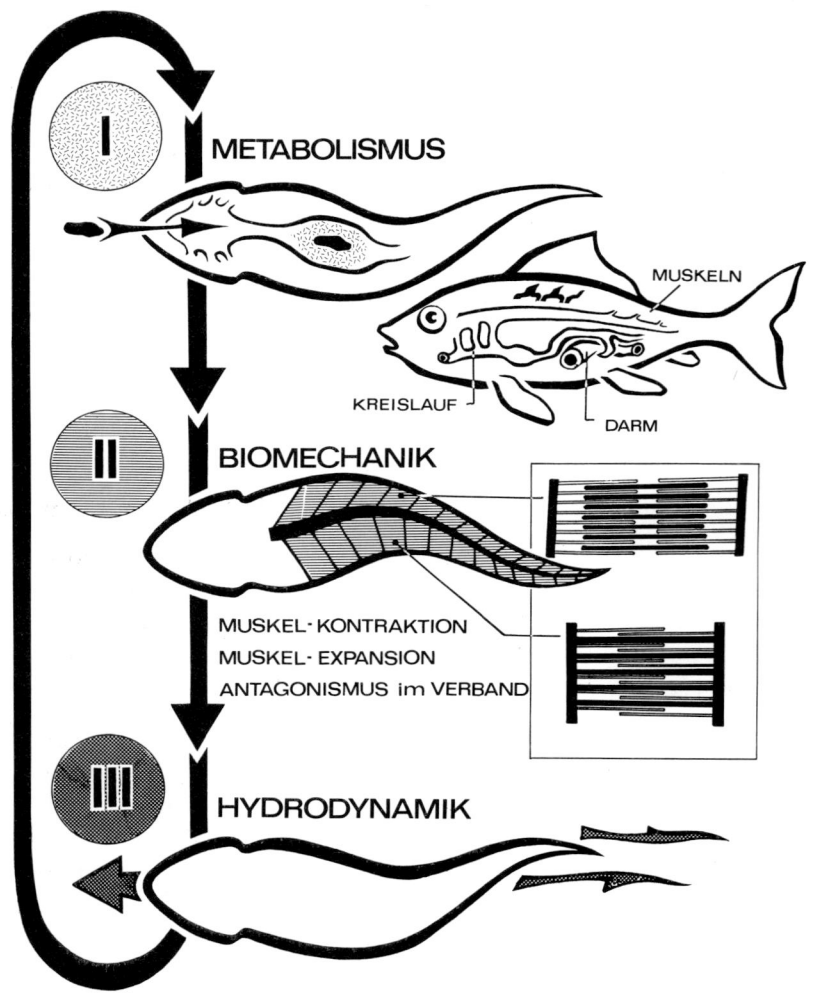

Abbildung 2

Die Bionomie einer lebenden Konstruktion an einem fischartigen Organismus vorgeführt.

I. Aufgenommene Nahrung wird nach chemischen Prinzipien aufgearbeitet und
genutzt. Schon die Aufnahme und Verteilung von Nahrung und den gewonnenen
chemischen Betriebsstoffen wird durch motorische Einrichtungen, Darm, Gefäße
etc. bewirkt.

II. Im Rahmen der Konstruktion erfolgt auf der biomechanischen Ebene Wandlung der chemischen in mechanische Energie, etwa durch das Gleiten von Aktin- und Myosin-Fasern aneinander. Bewegung besteht aus Deformationen der Konstruktion. III. Die Deformation muß in Antrieb und Verhalten umgesetzt werden, indem koordinierende Organe (etwa das Zentralnervensystem) steuernd eingreifen. Das Durchlaufen des Bionomiekreises führt zur erneuten Aufnahme von Materie und Energie und zur (nicht dargestellten) Reproduktion.

Auf jeder Ebene der Konstruktion gelten eigene Prinzipien und Gesetzmäßigkeiten. Jede Ebene begrenzt in der Evolution und auch schon bei verharrender Entwicklung die Möglichkeiten des Geschehens. So ist die mechanische Apparatur und ihr Betrieb vom Geschehen auf Ebene I abhängig. Das Schemabild darf also nicht so verstanden werden als sei der Organismus von den molekularen Mechanismen über steigende Komplexität aufgebaut. Die verschiedenen Ebenen limitieren die Möglichkeiten im Verband wechselweise. Die mechanischen Erfordernisse legen über Selektion auch Begrenzungen für die Ebene I fest. (Es ist zu beachten, daß die Gliederung in die drei Ebenen eine extreme Vereinfachung eines viel komplexeren Energie-Kataraktes darstellt und die wechselseitigen Selektionswirkungen sehr kompliziert sind.)

Darstellung: R. Tschapka

stungen mittels Energiewandel, der ein mechanisches Gefüge treibt, durch innere oder äußere mechanische Arbeit erbringen. Indem sie arbeiten, verhalten sie sich als Selbstbeweger, Automobilität und materiell-energetische Selbstversorgung sind essentielle Aspekte der Organismen.

Im Verlaufe der Lebensaktion wird in beweglichen Zellen, in Muskeln und in Cilien vor allem die chemische Energie in mechanische verwandelt. Mit ihr wird der mechanische Apparat bei den Bewegungen verformt. Arbeitsleistung kommt dadurch zustande, daß in geordneter Form ein Großteil der mechanischen Energie gezielt und unter Vermeidung von zu großer Energie-Dissipation (etwa in Form von Wärme) auf die Umwelt übertragen wird. Bei ihrer Lebensleistung wirken die Organismen mechanisch arbeitend auf die Außenwelt ein, übertragen Energie auf diese, stoßen sich von ihr ab.

Diese Leistung der Konstruktion führt im Rahmen der Bionomie, der Fähigkeit zur selbstversorgenden energiewandelnden Aktion (GUTMANN & BONIK 1981) zu erfolgreichem Überleben durch immer neuen Input von Materie und Energie.

Ein Teil der durch Selbstversorgung aquirierten Materie und Energie wird ebenfalls durch mechanische Aktion in die Produktion von Nachkommen umgesetzt und so gleichsam in die Folgegeneration investiert,

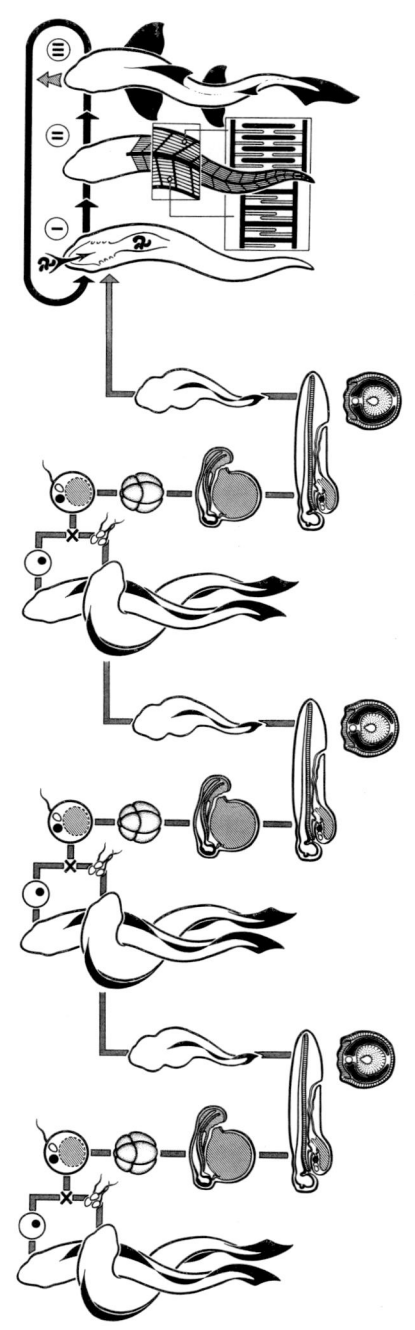

Abbildung 3
Die Bionomie ist, wie in der voranstehenden Abbildung, an einem fischartigen Organismus aufgezeigt, der durch Energiewandel über die Ebene I — III seine materiell-energetische Selbstversorgung durch Automobilität betreibt. Alle biologische Leistung besteht in der Erbringung mechanischer Arbeit bei Selbstversorgung, sexueller Aktion und Reproduktion; die Erzeugung von Reproduktionsstadien, die Befruchtung und der ontogenetische Aufbau durch Autoformation erfolgt als energetisch getriebene Leistung eines kraftschlüssigen mechanischen Verbandes.

Die Reihe immer neuer Produktion von Generationen im Ablauf sexueller Aktion, ontogenetischer Durchgliederung und Wachstum ist von unten her zu lesen. In jeder Generation fertiger Organismen gelten die für das oberste Stadium angegebenen Mechanismen.

Ontogenese ist ein Geschehen, bei dem autoformativ ein mechanisches Gefüge durch energetische Powerung aus dem Stoffwechsel umgebaut wird. Auch die Erzeugung der Generationenfolge sowie die Ontogenese stellen energetisch gepowerte mechanisch-morphologische Aktionen dar. In der Generationenfolge wird die mechanisch kohärente Konstruktion samt ihren inneren energetischen Mechanismen und Steuerungen weitergegeben.

Darstellung: A. Siebel

so daß eine zeitübergreifende Generationenfolge entsteht. Die Propagationsstadien und die sich entwickelnden Embryonen sind selbst wieder mechanische Gebilde, die energiewandelnd funktionieren und sich durch mechanische Arbeit aufbauen. Es ist somit deutlich, daß auch die Folge der Generationen durch mechanische Arbeitsleistung produziert, energiewandelnd erstellt wird.

Es bedarf kaum der Begründung, daß eine solche Sicht der Lebewesen durch den Energie-Erhaltungssatz der Physik vorgeschrieben ist. Lebewesen können selbst keine Energie erzeugen, alle ihre Leistungen hängen von Energiezufuhr und Energiewandel ab; ihre Energie besorgen sich Lebewesen im Gegensatz zu Maschinen durch eigene Aktion, die mittels Energiewandel betrieben wird. Die vorgestellte Theorie des Organismus ist physikalisch erzwungen; sie darf nicht als feuilletonistisch beschreibend oder sonstwie unverbindlich mißverstanden werden.

Welcher Natur lebende Konstruktionen sind, welche Maschinerie sie darstellen, ergibt sich aus der Beachtung der so simplen Tatsache, daß Leben an wässrige Lösungen gebunden ist und diese Lösungen mit allen biochemischen Elementen des Lebens immer in flexible Membranen

37

eingebunden bleibt. Die Kombination von wässriger Lösung mit flexibler Membran konstituiert eine hydraulische Apparatur (GUTMANN 1972; BONIK, GRASSHOFF, GUTMANN 1977). Diese wird im Falle von Tieren durch mechanische Bauelemente, fasrige Verspannungen, Bandagen, Muskeln und Bindegewebe in Form gehalten und bei den Bewegungen durch Energiewandel in Aktion gebracht.

Organismen (und im engeren Sinne vor allem Tiere) sind chemisch-mechanische Energiewandler, die als mechanische Apparate ihre Selbstversorgung betreiben und für Nachkommenproduktion ebenfalls durch Energiewandlung sorgen. Auch die Entwicklung und Selbsterstellung der Organismen in der Ontogenese erfolgt durch energiewandelnden Betrieb mechanischer Konstruktionen, die in jeder Phase einen kohärenten Konstruktionsverband darstellen, durch Energiewandel und mechanische Arbeit wachsen, sich intern differenzieren, also Elemente einbauen und als mechanische Gefüge ausformen.

Die energetische Powerung der mechanischen Arbeitsprozesse bei innerer Bewegung und nach außen wirkender Aktion sowie beim Wachstum geht vom molekularen Geschehen aus, das sich im geschlossenen Rahmen des Organismus abspielt. Die gewonnene mechanische Energie wird über das mechanisch kohärente Gefüge auf die durch Bewegung von innen formierten Teile und auf den ganzen, als Propulsor arbeitenden Körper weitergeleitet.

Solchen Konstruktions- oder Maschinen-Theorien wird oft entgegengehalten, sie übersähen, daß Organismen sich neu bilden und entwickeln. Dabei bleibt unbeachtet, daß nach Befruchtung der Eizelle durch Spermien, also durch die Interaktion mechanischer Gebilde, wieder mechanisch, durch Sexualakte vermittelte und mechanisch durchgeführte Aktion, eine embryonale Entwicklung abläuft, bei der aus einer Zelle durch Teilung ein vielgliedriges und zunehmend sich differenzierendes Gebilde wird. Dieses ist in allen Stadien ein mechanischer Apparat; die Erzeugung jedes Stadiums geht auf mechanische Prozesse zurück. Die Embryonal-Entwicklung wird durch Energiewandel bewirkt, der das mechanische Gebilde erstellt und in sich verändernde Formen zwingt.

Form und Architektur entstehen also durch Energiewandel und Betrieb eines mechanischen Gefüges, jede Form ist durch mechanische Bauteile und Energieaufwand und -wandel erzwungene Gestalt. Bestehen der Gestalt und Form ist immer schon mechanische Arbeit, autoformative Aktion. Der Organismus erzeugt seine Organisation durch chemo-mechanischen Energiewandel selbst im Ablauf mechanischer Arbeit.

Für das rechte Verständnis des Energiewandels ist wichtig, daß auf jeder Stufe eigene Gesetze gelten, so die chemischen bei Aufarbeitung der Nahrung und im Stoffwechsel. Mechanische Gesetze und physiologische Zwänge bestimmen den Aufbau der morphologischen Apparatur, die zwar durch Energie aus dem Stoffwechsel betrieben wird, selbst aber den Rahmen und die Behältnisse für die Biochemie bereitstellt. Der Umbau des Gefüges erfolgt mit Hilfe von Material aus dem Stoffwechsel. Dieses Material wird immer in ein schon bestehendes kraftschlüssiges Gefüge eingebaut. Die Ausweitung, Differenzierung und Ausformung erfolgt nach mechanischen Gesetzen, ohne sie ist die autoformative Leistung nicht zu beschreiben. Hinter jeder umformenden Aktion, jedem Gestaltwandel, jeder Größenzunahme steht eine energetische Powerung aus dem Stoffwechsel.

So sehr die naturwissenschaftlichen Beschreibungen und Erklärungen auf den verschiedenen Ebenen auseinanderfallen, so sehr erscheint der Organismus dennoch als Einheit. Als mechanische Konstruktion ist er gleichzeitig abgegrenzt und intern strukturiert. Die Strukturierung legt Energiewandlungsorte, Energiekanalisierung und intern getriebene Deformation fest. Der Energiefluß und die energetische Powerung der kohärenten Konstruktion stellt die Verkoppelung dar.

Dem Energiefluß und der Energiekanalisierung entspricht die mechanische Kohärenz, der lückenlose Zusammenhang der lebenden Konstruktion. Die Kohärenz ist in lebenden Systemen immer die Voraussetzung mechanischer Aktion, ohne Kohärenz läßt sich der Zusammenhang nicht sichern und die Energie nach der chemo-mechanischen Wandlung nicht auf die mechanische Konstruktion übertragen.

Dies bedeutet aber, daß eine einfach reduktionistische Beschreibung von Lebewesen und ihrer Leistung, also eine Begründung alleine aus chemischen und molekularen Mechanismen nicht möglich ist. Supramolekulare Prinzipien und Gesetzmäßigkeiten sind unverzichtbare und konstitutive Aspekte von Leben und Organisation, die die Molekularbiologie

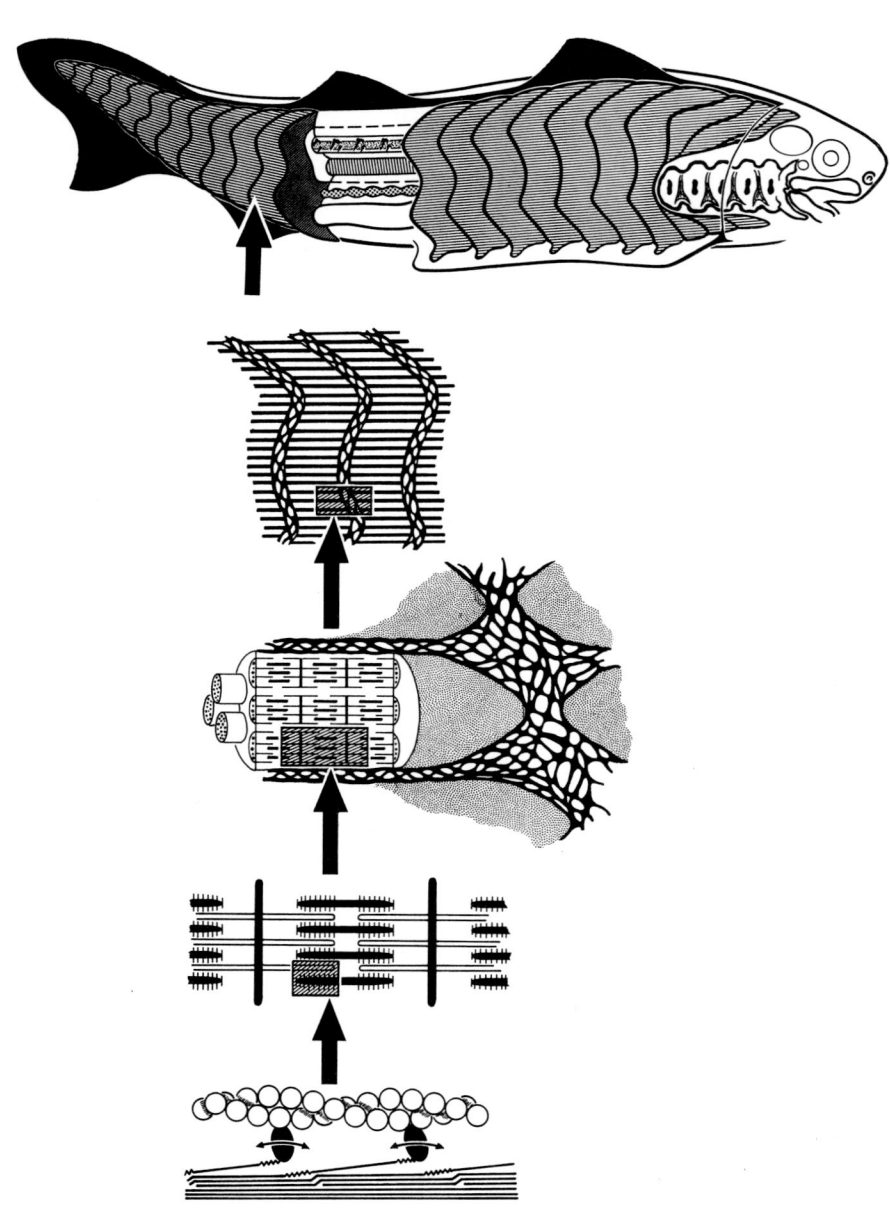

nicht behandeln kann. Jede lebende Konstruktion ist als Energiewandler und mechanische Arbeit leistende Maschinerie auf gezielte Aktion, die Selbstversorgung und die Nachkommenproduktion angelegt. Die Intentionalität der Organismen, ihre Teleologie, ist in der Apparatur und ihren Eigenheiten angelegt. Teleologie im Sinne der Bionomie stellt sich als Vollzug der Arbeitsleistung einer lebenden Konstruktion durch Energiewandel dar.

Telelogie in weitgehender Übereinstimmung mit dem Terminus Bionomie wird als notwendiges Konzept hier eingeführt. Ohne Erfassung von Bionomie und entsprechender Teleologie lassen sich in der unüberschaubaren Welt Organismen nicht kennzeichnen oder abgreifen. Sie treten gar nicht auf. Im Gegenzug zu einer verwaschenen und nicht-naturwissenschaftlichen Rede von Teleologie im Rahmen spätaristotelischen Philosophierens wie bei Löw und Spaemann & Löw[7] ist Teleologie als Bionomie an mechanische Konstruktionen gebunden. Ihre Eigenbeweger-, Selbstversorger- und Reproduktionsleistungen erbringen sie durch energetisch gepowerte mechanische Arbeit, deren Ausrichtung durch die Konstruktion Teleologie konstituiert. Teleologie muß auch im Horizont der Evolutionsbegründung wieder auftauchen. Man kann nur so argumentieren, daß energiewandelnd betriebene mechanische Arbeit keine Teleologie im Sinne der überkommenen Philosophie sei. Aber sie ist auch keine Teleonomie, wie sie der Traditionsdarwinismus beschwört, der das Funktionieren der lebenden Konstruktion in seiner Bedeutung für die Evolution nicht begreift.

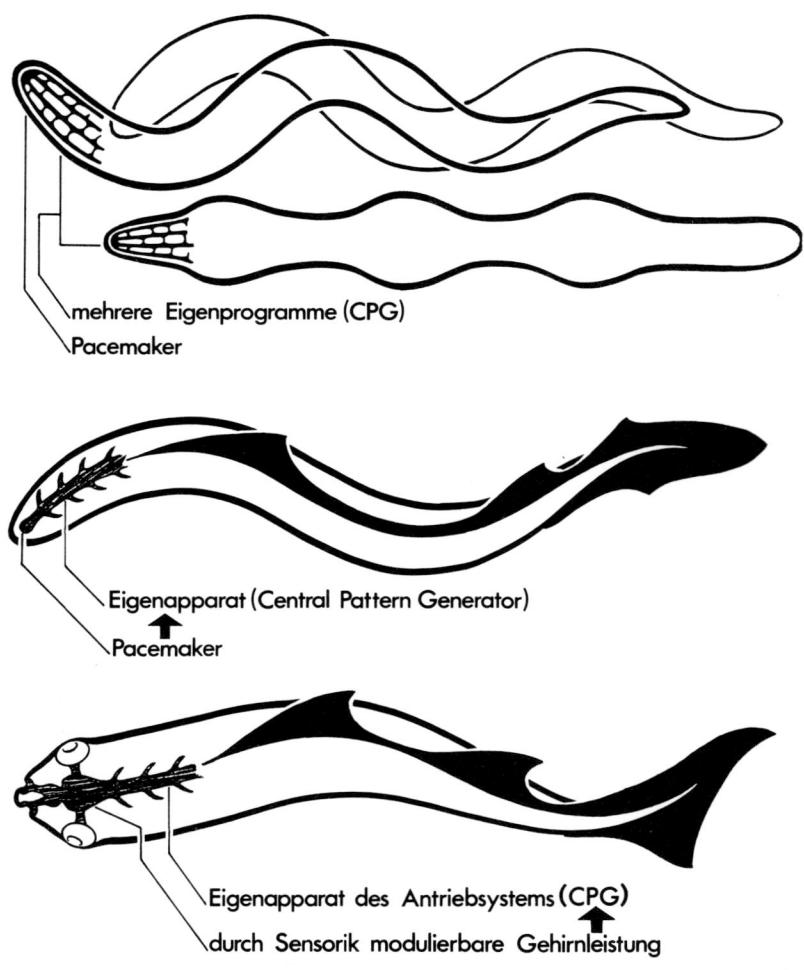

mehrere Eigenprogramme (CPG)

Pacemaker

Eigenapparat (Central Pattern Generator)

Pacemaker

Eigenapparat des Antriebsystems (CPG)

durch Sensorik modulierbare Gehirnleistung

Abbildung 5

Motorische Aktion von Organismen erfordert Steuerung und Koordination der mechano-motorischen Aktion. Organismen sind automobile Konstruktionen, deren Autonomie sich auch in der Erzeugung der spatio-temporalen Aktionsmuster beim Betrieb der Konstruktion zeigt. Die Adjustierung von biomechanischer Konstruktion und neuronalem Koordinationsmuster erfolgt durch (interne) Selektion.

Darstellung: A. Siebel

4. Die Evolution von chemo-mechanischen Energiewandlern

Wenn nun die umrissene Vorstellung des Organismus richtig ist, so muß sie auch die theoretischen Grundlagen der Evolutionstheorie liefern können und für das Verständnis von Evolution als eines Prozeßgeschehens bestimmend sein. Ja, Evolution ist als der Wandel von zu Selbstversorgung und Reproduktion befähigten chemo-mechanischen Energiewandlergefügen darzustellen, wobei das Persistieren der organisatorischen Grundeigenheiten für alles evolutionäre Geschehen bestimmend bleibt.

Evolution ergibt sich dadurch, daß die Bionomie der Lebewesen, ihre Fähigkeit zu energiewandelnder Selbstversorgung, nicht automatisch gesichert, sondern wandelbar und störbar ist. Durch Erbeinflüsse, ungerichtete Mutationen und genetische Rekombination, die immer neue Verkoppelung des Erbgutes der Geschlechtspartner, werden Veränderungen bewirkt, die alle Ebenen der lebenden Organisation betreffen und alle Stärkegrade der Veränderung zeigen.

Das Auftreten von erbbedingten Veränderungen ist wegen der Ununterdrückbarkeit von Mutationen unvermeidlich; die Tendenz des genetischen Apparates, Fehler zu erzeugen, muß als konstitutiv für alles Leben der Erde angesehen werden. Wandel erzeugende genetische Einflüsse wirken auf die lebende Organisation ein. Die Chance, daß so erzeugte Veränderungen schädlich sind, ist groß. Es kommt dann zu Störungen auf den verschiedenen Stufen des Energiewandels. Es kann der Stoffwechsel Abwandlungen erfahren; solche Störungen heißen Stoffwechselkrankheiten. Störungen der mechanischen Apparatur nennt man Mißbildungen. Auch die Steuerungs- und Koordinationsmechanismen können nachteilig beeinflußt werden. Hormonstörungen und erblich bedingte Nervenstörungen bilden Beispiele.

Wenn dennoch die Lebewesen geordnet bestehen bleiben, so kann dies nur auf dauerndes Absterben oder Behinderung der dysfunktionalen Varianten zurückgehen. Ihr Erbgut wird dauernd aus der Generationenfolge eliminiert: Selektion.

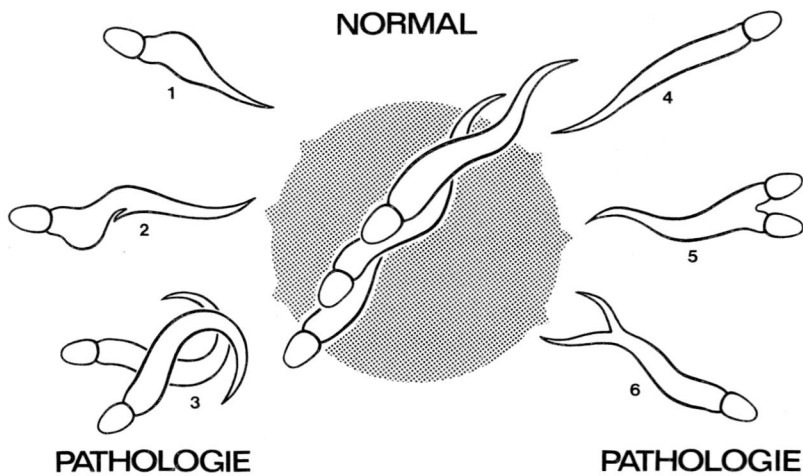

NORMAL

1

4

5

2

3

6

PATHOLOGIE   **PATHOLOGIE**

Abbildung 6
Stabilisierende Selektion sorgt für das Persistieren der Ordnung und Organisation der Lebewesen. Die meist im Ablauf der Ontogenese eintretenden Entgleisungen der Organisation auf allen Ebenen der lebenden Konstruktion führen zu mehr oder minder starker Dysfunktion und Destruktion, wobei diejenigen genetischen Varianten untergehen, die Disposition zur Mißbildung oder Krankheit enthalten. Normalität ist in allen Phasen des Lebensgeschehens von einer Marge von Dysfunktion und Destruktion begleitet, die in Form von stark abweichenden Typen angedeutet wird. Persistieren lebender Ordnung stellt sich nicht als Zustand, sondern als Geschehen dar, spiegelt das Auf-der-Stelle-Treten der Evolution, die in ihrer Prozeßhaftigkeit nie stillzustellen ist. Die Stabilisierung wird durch die internen Organisations- und Konstruktionsprinzipien in der Weise reguliert, daß diese die Constraints bestimmen, deren Überschreitung mit Untergang oder Behinderung in Überleben (bis zur gehemmten Reproduktion) bestraft wird.

Darstellung: R. Tschapka

Angesichts der Kompliziertheit und Differenziertheit der lebenden Organisation muß jede genetische Veränderung, die größere Abwandlungen im Lebewesen bewirkt, zerstörerisch sein. Nur kleinschrittige Abwandlungen sind mit der Perpetuierung des Lebens vereinbar. Wenn es also Evolution gibt, kann es nur kleinschrittigen, gradualistischen Wandel geben. Diese Einsicht ist durch das Verständnis der Organismen erzwungen. Keineswegs also gibt es nur kleinschrittige Veränderungen durch Mutationseinfluß. »Großmutationen« sind bestens in Form erschreckender Abweichungen und Monstrositäten bekannt, nur haben sie keine Chance, in Lebewesen in Existenz zu bleiben.

Für den Bestand der Organismen und den Grundaufbau jeder Art bedeutet der aufgezeigte Mechanismus von Wandel und Selektion, daß die geordnete Struktur der Organismen nicht garantiert ist, sondern immer wieder durch das Absterben und die Behinderung von in ihrem Grundaufbau gestörten Varianten neu gesichert wird. Jeder Ordnungszustand des Lebens ist der Tendenz zur Degradation abgerungen, Ausdruck bestätigender stabilisierender Selektion. Nichts an lebender Formgebung und Ordnung ist garantiert. Teleologie erweist sich nicht als Grundeigenheit von Leben und Organismus, sondern als Ergebnis eines Ordnung schaffenden und gegen die Degradation schützenden Prozesses.

Jede Struktur, jede Teilleistung, aller Aufwand an Material und Energie muß durch nicht endende Selektion bestätigt werden. Ohne Bestätigung verschwindet jedes organismische Gebilde, baut sich jede komplexe Struktur ab, weil jede Struktur Energieaufwand reflektiert. Natürlich wird auch die exzessive Vergrößerung jeder Struktur durch die Selektionswirkung behindert. Alle Organe werden in Beziehung zueinander gebracht und ohne daß je Optimalität herrschen könnte, aufeinander abgestimmt. Selektorische Regelung bestimmt auch den proportionalen energetisch-materiellen Aufwand, der in die Überlebensmaschine und in die Reproduktionseinrichtung investiert wird. Diese Relation ist variabel, prekär und nur durch dauernde Selektion bestimmbar.

Wichtig ist nun, daß der Untergang von intern gestörten Varianten nicht durch die Umwelt (darwinistisch) besorgt wird, sondern durch die Wirkung der lebenden Organismen selbst; diese sind also auch autodestruktive Systeme. Ohne den Aspekt der Autodestruktion ist organismische Autonomie nicht zu denken. Selbst die Grundorganisation der energiewandelnden Konstruktion ist nicht nur dauernd bedroht, sondern wird nur im Verlaufe einer in der Generationenfolge nicht endenden Selektion in Existenz gehalten.

Die Belege für diesen internen, immer auch mit Stabilisierung verbundenen Aspekt von Selektion bilden die Stoffwechselkrankheiten, die Miß-

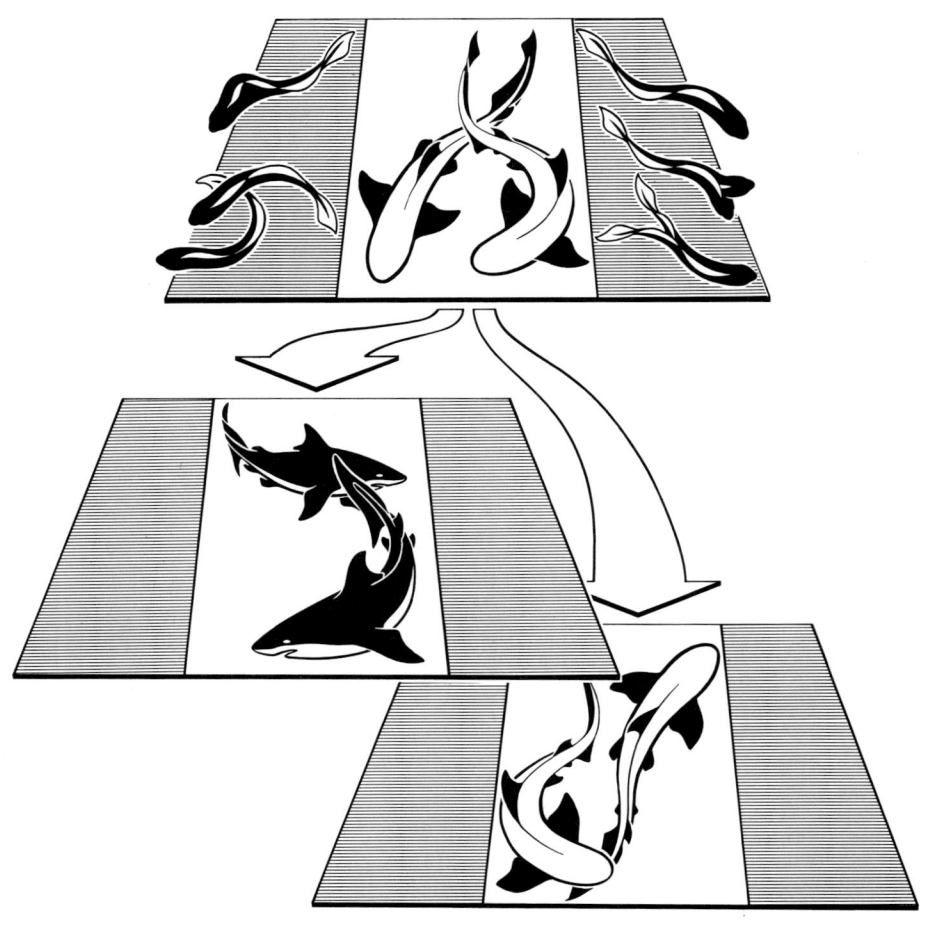

Abbildung 7
Evolutive Transformation ist in ihrem Ablauf durch eine Marge der Dysfunktion
und Destruktion begleitet (seitliche gerasterte Felder), die der Situation der Stabilisierung entspricht. Jede mögliche Transformation wird durch die Organisation der Vorstadien und die organisatorischen Prinzipien der energiewandelnden Apparatur, im
Hinblick auf die Morphologie durch die biomechanischen Bedingungen bestimmt,
die als Constraints den Rahmen der Entwicklung abgrenzen und auch die notwendige Folge der Transformation determinieren. Ursprünglich einheitliche Populationen können sich, Differenzierungen in der Organisation hervorbringend, in verschiedene (nicht mehr kreuzbare) Arten zerlegen. Die Vorbedingtheit und die Marge von
Dysfunktion und Destruktion bleibt bestehen.

46

An den Konstruktionsprinzipien der Organisation alleine ist auch die Irreversibilität von Transformationen zu begründen. Alles Transformationsgeschehen findet in Populationen statt. Die Grenzen der Population sind nicht nur und nicht vorrangig geographisch-ökologische, sondern die durch Mißbildungen markierten organisatorisch-konstruktiven Limitationen.

bildungen bis zur Monstrosität und die sonstigen krankhaften Störungen. Deutlich wird so, daß primär nicht die Umwelt, sondern die organismische Struktur selbst über die internen Selektionsmechanismen die Überlebensfähigkeit bestimmt. Die Mißbildungen und Krankheitsfälle zeigen, daß es interne Zwänge, Zwangswege der Entwicklung gibt, die von den Außen- und Umweltbedingungen her nicht erfaßbar, aber von höchster organisatorischer Bedeutung sind. Erste Aufgabe der Evolutionstheorie ist nicht Erklärung des phylogenetischen Wandels, sondern die Begründung des Persistierens der organisatorischen Grundordnung der energiewandelnden, sich selbst versorgenden mechanischen Konstruktion. Das Gleichbleiben von Arten, das Verharren aller organisatorischen Eigenheiten ist nicht Zustand, sondern Prozeß, Geschehen, das nur der menschlichen Betrachtung wie gefroren sich darstellt.

Die Mißbildungen demonstrieren erstens, daß die Variabilität richtungslos verläuft, also nicht auf ein Ziel ausgerichtet ist; zweitens beweisen sie, daß es Organisationsformen gibt, die auf der genetischen und der Stoffwechselebene funktionieren, aber zu Energiewandel auf der mechanischen Ebene nicht befähigt sind. Sie markieren die internen Constraints, die sehr wohl, allerdings mit der Sanktion des Unterganges überschritten werden können.

Da im Normalfall Organismen eine Überproduktion von Nachkommen erstellen, muß der aufgezeigte interne Mechanismus von Selektion immer im Zusammenhang mit der Konkurrenz gesehen werden. Nur im Aussterben begriffene Formen zeigen keine Überproduktion, weil sie nach Maßgabe einer negativen Zinsesrechnung verschwinden. Überproduktion von Nachkommen führt unvermeidlich zur Konkurrenz von Energiewandlern. Allerdings setzt die Konkurrenz schon ein, bevor der Lebensraum »voll« ist und die Begrenzung der Ressourcen Limitationen setzt. Es findet immer eine Konkurrenz um die Produktion von Nachkommen statt, wobei die Verteilung von Materie und Energie auf den

Betrieb der lebenden Maschine und für die Investition in die Nachkommen in der Konkurrenz bewirkt wird. Die Ergebnisse der Konkurrenz sind im energetischen Aspekt der Selektion strikt begründbar.

Auch in der Konkurrenz muß jede grobschlächtige Veränderung zum Untergang führen; weiterhin stellt sich die Selektion in der Konkurrenz unverändert als intern bedingte Autodestruktion dar. In der Konkurrenz haben nur kleine Veränderungsschritte eine Chance sich festzusetzen. Wichtig ist aber, daß alle Strukturen und Organe, die ihre Funktion verloren haben (oder dabei sind, sie zu verlieren), mehr oder weniger schnell verkleinert, also weniger Energie zehrend gestaltet und schrittweise, aber recht schnell, ausgeschaltet werden. Jede komplexe Ordnung ohne Überlebenswert muß in der Generationenfolge zerfallen, weil die Beseitigung von organisierenden Prozessen Selektionsvorteile schafft. Einsparen von Energie für Aufbau und Betrieb ist immer selektorisch vorteilhaft.

Dies geschieht dadurch, daß in der Population von konkurrierenden Organismen die Varianten, die nicht belastet sind, weil durch Mutationen die nicht benötigten Strukturen verkleinert wurden, einen Vorteil durch materiell-energetische Entlastung erfahren. So müssen in der Generationenfolgen vor allem alle komplexen Strukturen, deren Aufbau viel Energieaufwand kostet, durch Selektion relativ schnell beseitigt werden, wenn sie keinen Beitrag zu Überleben und Reproduktion leisten. Wieder ist es nicht die Umwelt, die dies besorgt. Konkurrenz ist das Ergebnis der organismischen Tätigkeit, ihrer Reproduktionsleistung. Jede nicht dauernd durch Überleben und Reproduktionschance bestätigte Ordnung und Organisation in Lebewesen wird zerfallen. Alle nicht hilfreichen Strukturen, die nicht die Überlebens- und Fortpflanzungschance verbessern, stehen zur Eliminierung an; an ihnen hobelt die Selektion. Es herrscht als Ergebnis der Konkurrenz der Energiewandler ein Ökonomisierungszwang. Dieser Schluß ist durch den Energie-Erhaltungssatz erzwungen. Ökonomisierung im Sinne von Leistungsverbesserung und/oder durch Vereinfachung setzt sich im Zeitablauf durch, realisiert sich in der Generationenfolge im Rahmen von Populationen.

Die Konkurrenzsituation und der Ökonomisierungszwang sind nicht so zu verstehen, daß jederzeit ein Gerangel um Energie-Input eintritt. Jede Konstruktion kann verschiedene Wege der Entwicklung auch in weniger aktive Lebensweisen hinein einschlagen. In jeder Entwicklung gelten andere Ökonomisierungszwänge, es komplizieren sich differente Teilstrukturen, andere verfallen der Reduktion oder werden einfacher. Jeder Ökonomisierungszwang ist nur aus dem Vorverständnis der Konstruktion bei Erfassung möglicher Transformationswege zu bestimmen. Es gibt keine Ökonomisierung an sich.

Natürlich ist auch die Vorstellung, es könne selektionsneutrale Strukturen geben, energetisch absurd. Jede Struktur, jede Leistung spiegelt ja Material- und Energieaufwand, für den der Organismus selbst sorgen muß. Es gibt selektionsnachteilige Strukturen, an denen die Selektion gleichsam mit dem Ziel der Beseitigung raspelt und vorteilhafte, sich meist auch komplizierende Strukturierungen, die den Trägern Überlebens- und Reproduktionsvorteile gewähren. Alle in Existenz bleibenden Organe, Strukturen und Leistungen bedürfen der dauernden Bestätigung durch Selektion, ja zeugen für die permanente, sie in Existenz haltende Selektionswirkung.

Die Annahme des Optimierungs- und Ökonomisierungszwanges ist auf der Grundlage zweier Prämissen verbindlich. Die erste Prämisse ist die, daß durch genetische Einflüsse alle Strukturen zu allen Zeiten der Individualentwicklung verändert werden können, also dauernd verändernden Einflüssen in den Populationen unterliegen und daß Organismen Energiewandler und Selbstversorger sind. Die Reproduktionschance der Lebewesen muß als durch die organismische Apparatur, den Energiewandler, vermittelt gedacht werden. Man kann nicht Selektion unmittelbar auf die Reproduktion beziehen, es ist nötig, die energiewandelnde Reproduktionsmaschine mitzudenken. Da ein dauernder Nachstrom von störenden Mutationen in jede Population hinein geschieht, da zudem genetische Rekombination immer neue Varianten schafft, kann nie Optimalität erreicht werden, weil dauernd die Tendenz der Ökonomisierung gestört wird.

Die zweite Prämisse ist die, daß es von vielen erreichten Niveaus der Organisation aus möglich ist, daß neue Optimierungswege beschritten werden. Es kommt zu immer neuen Phasen der Transformation und zur Aufspaltung in verschiedene Entwicklungswege.

Gleichfalls denknotwendig ist, daß keine komplexe Struktur ohne Selektionsvorteil bestehen oder bestehen bleiben kann und daß keine geordnete Struktur sich ohne selektorische Prämie aufbauen kann. Diese Einsicht vermittelt dazu, daß Ökonomisierungszwang nicht nur als Trend zur Vereinfachung lebender Organisation zu verstehen ist, sondern auch als

Komplexität stiftend. Unter den schon genannten Konkurrenzbedingungen müssen auch Vorteile gewährende Komplizierungen der lebenden Apparatur Raum gewinnen. Generelle Leistungsteigerungen durch Komplizierungen (aber auch durch ökonomisierende Vereinfachungen), Verbesserungen der Konstruktion im Sinne effektiver Energie- und Materienutzung können Überleben und Nachkommenproduktion erhöhend sich durchsetzen.

Der Ablauf der Komplizierung setzt immer die Abstimmung von Teilmechanismen voraus. Diese Abstimmung erfolgt durch das Abgleichen von verschiedenen Varianten, wobei die Träger von geordneten und komplexeren Strukturen obsiegen. Die integrierend Ordnung schaffende Wirkung der Selektion entfaltet sich in der Folge der Generationen. Selektion muß die dann entstandene Ordnung bestätigend in Existenz halten.

Vom Grundmechanismus der Evolution her ist es nicht möglich, nur Komplexitätssteigerung als Evolutionsverlauf zu erwarten. Es sind im Rahmen konstruktiver Gefüge Vereinfachungen und Komplizierungen meistens unlösbar verquickt. Es kommen auch starke übergreifende Vereinfachungen vor. Aber kein Transformationsgeschehen bildet eine Mosaik-Entwicklung, sondern den gesteuerten und kanalisierten Umbau des organismischen Gefüges. Vermeintliche Mosaik-Entwicklung ist nur unverstandene Transformation; jede Wandlung erfolgt geordnet und im Rahmen der Ökonomisierungsmechanismen.

All dies Ökonomisierungsgeschehen kann in völlig unveränderter Umwelt oder vor dem Hintergrund instabiler Umwelten vor sich gehen. Es ist also nicht die Umwelt, sondern die Überproduktion der Energiewandler, die die ökonomisierende Konkurrenzsituation bewirkt. Jede Ökonomisierung in Form von Vereinfachung und Rückbildung, wie auch im Falle der Komplizierung der Organisation kann nur im Rahmen der vorliegenden Konstruktion nach Maßgabe vorher erreichter Organisation geschehen. In jedem Evolutionsstadium der lebenden Organisation bestimmt die Energiewandler-Konstruktion selektorisch die Organisation mit. Jedes vorangehende Stadium bestimmt durch seine organisatorischen Zwänge die folgenden Stadien entscheidend. Von vielen erreichten Stadien der Organisation aus entstehen divergierende Entwicklungswege, Perspektiven der Transformation bleiben jederzeit offen.

Die Ausrichtung des evolutiven Geschehens, die Gerichtetheit und die Irreversibilität, werden durch die Konstruktionseigenheiten bedingt und bestimmt. Molekulare, chemische und physiologische Abläufe sind recht variabel gestaltbar, können Hin- und Herentwicklungen unterliegen. Nur die Konstruktionseigenheiten legen die Richtung und die Bandbreite der konstruktiven Transformation fest. Die Irreversibilität kann ebenfalls nur konstruktiv gesichert sein, indem im Wandel alte Ordnung in neue übergeht, die alte Struktur aber sich auflöst, vom System vergessen wird. Eine Rückentwicklung ist dann nicht denkbar, weil die Umkehrung nur eine Möglichkeit in einem riesigen Feld von vielen wäre und die Rücktransformation nicht alte Zustände wieder treffen kann, weil der Bezugspunkt der früheren Ordnung beseitigt wurde.

Teleologie oder Bionomie als energiewandelnd bestimmte Gerichtetheit und Geordnetheit lebender Organisation unterliegt im Ablauf der Evolution einem Wandel, kann und muß sich über viele Stadien der Teleologie geordnet wandeln. Teleologie ist instabil, prekär in jeder Phase; Transformierbarkeit besteht nach Maßgabe der konstruktiven Internbedingungen. Jede realisierte Organisiertheit ist vorbedingt, Teleologie gibt es in anderer Form als derjenigen der organisatorisch-konstruktiven Bedingtheit in den präzedenten lebenden Konstruktionen nicht.

Evolution ist in keinem Stadium ohne den Bezug auf gleichbleibende Grundorganisation verstehbar. Selbstverständlich treten Außen- und Umweltbedingungen ebenfalls selektorisch wirkend hinzu und lassen nicht jeden konstruktiv möglichen Wandel passieren. Die Umwelt hat einen negativen, manche Varianten behindernden und unterdrückenden Einfluß. Die positive Lösung ist aber immer nur vom Organismus und dem Verständnis seiner Konstruktion her zu bestimmen. Jede Umweltsituation läßt mehrere bis viele Lösungen zu, die allesamt organismisch konstruktiv zu bestimmen sind. Auch die Destruktion durch Umweltbedingungen kann nur von der Apparatur und ihrer organismisch erklärten Wirkungsweise her verstanden und begründet werden.

Überproduktion treibt die Mitglieder der Populationen in neue Bereiche hinein, wo sie je nach ihrer vorher erreichten organismischen Ausstattung überleben oder untergehen. Wieder ist es die energetisch gepowerte Produktion der Organismen, die das Geschehen treibt. In den neuen Umweltbedingungen können sich bei weiterem Angebot von Mutationen tiefgreifende Veränderungen durchsetzen, weil nun die Konstruktion

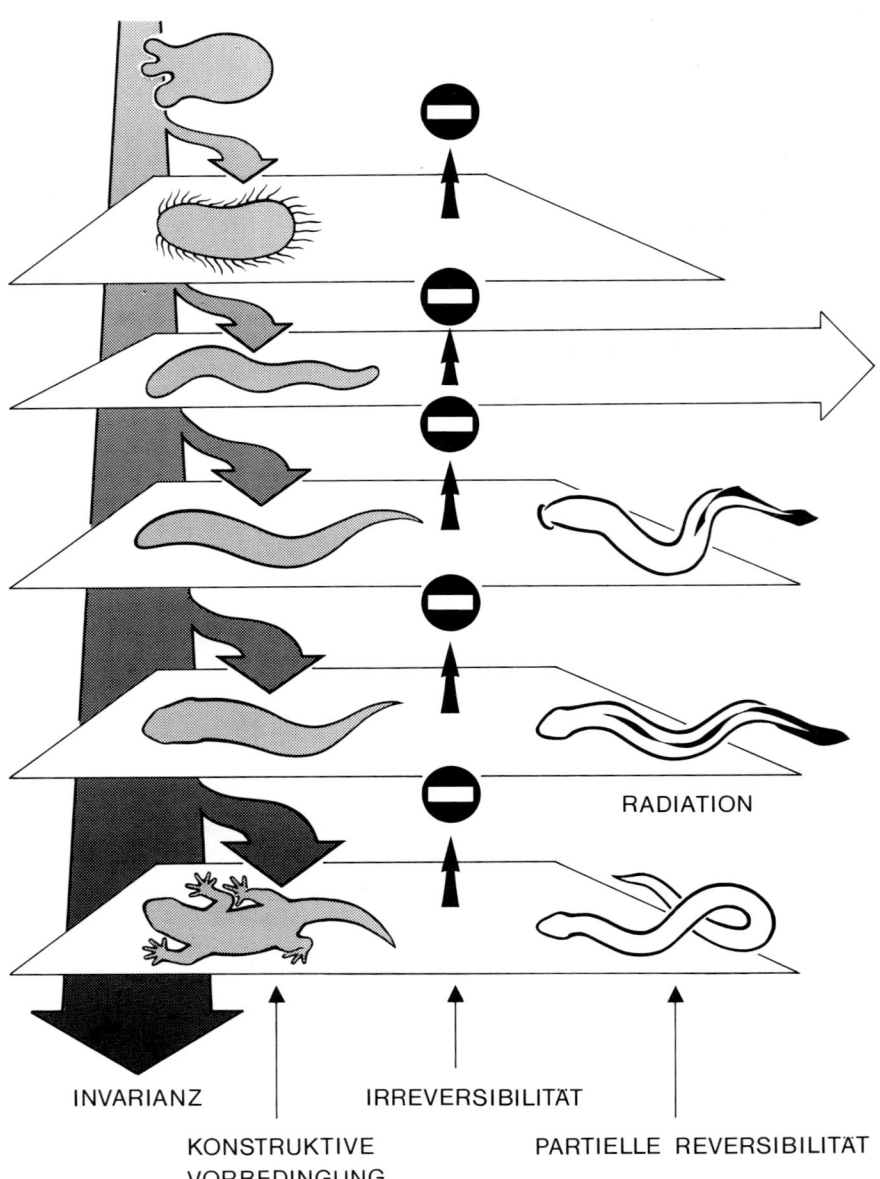

RADIATION

INVARIANZ   IRREVERSIBILITÄT

KONSTRUKTIVE   PARTIELLE REVERSIBILITÄT
VORBEDINGUNG

sich neue Möglichkeiten, etwa von Nahrung und Lebensbedingungen, erschließen kann. Jederzeit ist natürlich die Entwicklung in neuen Lebensräumen intern durch die konstruktiven Eigenheiten der Lebewesen, die Organisation der Vorläuferkonstruktionen, kanalisiert. Der Ökonomisierungszwang läuft auf allen Ebenen der Konstruktion weiter. Zwar gäbe es manche organisatorischen Wandlungen nicht, wären nicht bestimmte Umweltbedingungen vorhanden gewesen. Wie jedoch neue Lebensbedingungen erschlossen werden und wie der organisatorische Umbau geschieht, bleibt immer durch die Vorkonstruktion und die Erfordernisse der energiewandelnden Konstruktion bestimmt.

Die Außen- und Umwelt kann nur manche Varianten eliminieren. Natürlich bringen diese sich durch ihre unzulängliche Lebensaktivität selbst um Fortexistenz und Reproduktionschance. Welche Varianten untergehen, erklärt sich alleine aus dem Verständnis der lebenden Konstruktion. Was an erfolgreichen Formen erhalten bleibt und sich weiterentwickelt, ist nur von der Vorkonstruktion und deren Wandlungen her zu begründen. Jede Erklärung geht also vom Organismus aus und nimmt von ihm aus Bezug auf Außen- und Umweltbedingungen. Insofern ist jede Aussage über Evolution organismuszentriert und bleibt organismusabhängig.

Bilden sich in den neuen Lebensbedingungen Strukturen und Organe aus, die direkt Umweltbeziehungen haben, so sind diese primär immer »Randverzierungen« der komplexen Grundorganisation, werden von ihr gebildet und getragen. Die Grundorganisation bleibt immer im Sinne der vorgeordneten Organismus-Theorie autonom und bestimmend, auch für Dinge, die gemeinhin als Anpassungen bezeichnet werden.

Gerade wenn man von Strukturen und Formbildungen ausgeht, die eine adaptive Entsprechung zwischen Organismus und Umwelt zeigen, ergibt sich ein falsches Bild. Meist werden solche Außen- und Umweltanpassungen als Festlegung der Organismen auf bestimmte Außenbedingungen begriffen und es wird vermutet, die adaptiven Strukturen verankerten die Lebewesen wie in einem Netz von Umweltrelationen. Dem sind folgende Punkte entgegenzusetzen. Spezielle »Umweltanpassungen« legen Organismen nicht ökologisch fest, sind praktisch nie für die tiefergreifenden organisatorischen Veränderungen verantwortlich. Selbst die perfekteste Mimikry läßt die internen Konstruktionsbedingungen unangetastet, ein wandelndes Blatt ist ein perfekter konstruktiver Arthropod. Die Vorstellung er könne und müsse nur leben, wo es Blätter gibt, die mit ihm verwechselt werden, ist falsch. Er lebt leichter, wo solche Blätter vorkommen. Dringt er in neue Lebensräume vor, so geschieht dies unter Nutzung seiner Grundkonstruktion, die die Blattform simulierenden Strukturen verschwinden restlos. Spezifische Umweltanpassungen schließen Übergang zu neuen Lebensräumen nicht aus, bestimmen die Folgekonstruktionen nicht und sind durchweg restlos eliminierbar. Anpassung an die Umwelt liefert gerade keine Erklärung für evolutive Transformationen der Organismen, die über periphere Strukturierungen hinausgeht.

Die grundlegenden Eigenheiten der lebenden Organisation sind überhaupt nicht von den Außen- und Umweltbedingungen her zu begründen und zu verstehen. Es ist die Konstruktion, die das Eindringen in neue Habitate ermöglicht; sie bestimmt auch, welche Umweltbedingungen in der neuen Situation relevant werden können. Die Körperkonstruktion läßt nur bestimmte Lokomotionsformen und auch deren Weiterentwicklungen zu. Was Nahrung für eine Konstruktion ist, bestimmt sich vom vorher existierenden Apparat, das Aufschließen neuer Energiequellen geschieht immer nach Maßgabe der lebenden Organisation und deren konstruktiven Bedingungen. Organisatorischer Wandel, also der mehr oder weniger tiefergreifende Umbau lebender Konstruktionen, ist nicht direkt mit Umweltbedingungen und deren Wandel verbunden. Es kann sowohl in gleichbleibenden Umweltbedingungen tiefgreifende Wandlungen in der Organisation geben oder im Zusammenhang mit Habitatswechseln. Wechsel des Lebensraums kann ohne tiefgreifende Abwandlungen geschehen und muß auch keine bedeutenden organisatorischen Spätfolgen haben.

Evolution ist ein von den Organismen und deren Reproduktivität bestimmtes Geschehen; die Autonomie des Organismus bleibt im Evolutionsgeschehen erhalten, indem Organismen immer nach Maßgabe ihrer Konstruktion und ihrer Leistungsfähigkeit in Lebensräume eindringen. Alle Entwicklungen bleiben durch die Grundorganisation mit ihren Invarianzen und durch die je erreichte Vorkonstruktion bestimmt.

5. Die Differenzen zum bisherigen Evolutionsdenken

5.1 Die übernommenen Aspekte des Paläodarwinismus

Gemessen an der vorgelegten Konzeption ist die darwinistische Vorstellung von Evolution als hochgradig ungenügend, defizient, im Hinblick auf den Organismus als stark, ja total unterbestimmt, in ihrer externalistischen Sicht der Umweltwirkung schlicht als falsch zu bezeichnen. Es ist nur ganz wenig überzogen, wenn man feststellt, daß die darwinschen Erklärungsschemata vom Kopf auf die Füße gestellt werden müssen; nicht der Außen- und Umweltbezug erklärt durch Selektion von der Umwelt her den Aufbau der Lebewesen, sondern vom Aufbau und der Leistungsfähigkeit der Organismen her wird begründet, wie sie in welche Umwelten eindringen und in ihnen sich entwickeln; die geforderten Umweltbeziehungen bestimmen sich von der lebenden Organisation her.

Einzig verwunderlich ist im historischen Rückblick, warum sich eine solche Theorie so lange hat halten können. Die Defekte sind in der synthetischen Theorie, die für den Organismus die Vokabel »Phänotyp« erfunden hat, so komplex aufgestaffelt, daß die Theorie als Ganzes nicht zu retten ist. Entwickelt man das Verständnis von Evolution von der physikalischen unwiderlegbaren Annahme aus, daß Organismen Energiewandler und hydraulische Maschinen sind, so ist wegen der neuen theoretischen Grundlagen von vornherein klar, daß eine neue Theorie entsteht. Die neue Theorie ist eine Evolutionstheorie energiewandelnder und miteinander konkurrierender hydraulischer Konstruktionen. Zwar werden Teilaspekte, wie Vererblichkeit, Variabilität, Überproduktion von Nachkommen und Selektionsnotwendigkeit in den neu begründeten, in sich nichtdarwinistischen Rahmen übernommen, aber alle Evolutionsmechanismen werden von der energiewandelnd erbrachten Produktionsleistung der Organismen abgeleitet. Alle diese »älteren« Mechanismen werden neu definiert und auf den Organismus bezogen.

Der weitere Gebrauch des Begriffes Selektion ist eine reine Konzession. Selektion, die durch die konstruktiven Erfordernisse und Konstruktionseigenheiten der Lebewesen bewirkt wird, ist nicht die Selektion der synthetischen Theorie der Evolution.

5.2 Die Schwierigkeiten mit dem Ökonomie-Aspekt

Eine besondere Schwierigkeit scheint das Problem der Ökonomisierung auf energetischer Grundlage im Rahmen der organismisch zentrierten Evolutionstheorie darzustellen. Obgleich die überkommene Evolutionstheorie nicht von Organismen als Energiewandlern ausgeht, die Konkurrenz von Energiewandlern nicht beschreiben kann, vereinnahmt Sanders[8] das Ökonomisierungsprinzip in das traditionelle Evolutionsverständnis. Er übersieht die Kritik, die das Ökonomie-Prinzip gefunden hat, die Mißinterpretation etwa durch Ax (1984)[9]. Der Vereinnahmung durch Sanders stehen die Aussagen von[10] Erben gegenüber, der sich als traditioneller Evolutionist versteht, aber die Ökonomisierungs-Annahme schlicht lächerlich macht. Wie exzeptionell das Energie- und Ökonomisierungs-Prinzip tatsächlich ist, wird man erkennen, wenn man die Neutralitätsproblematik der Selektion in der Literatur verfolgt. Es ist einer von ihrer materiell-energetischen Grundlage abgehobenen Evolutionsdiskussion bisher nicht möglich gewesen einzusehen, daß es neutrale Merkmale nicht geben kann, bzw. daß die Annahme, es könne neutrale Strukturen geben, dem Energie-Erhaltungssatz widerspricht.

Große Schwierigkeiten hat im Rahmen von altdarwinistischen Vorstellungen Markl (1986: 95, 96)[11] mit dem Prinzip der Ökonomisierung und Optimierung. Er fordert explizit Selektionsneutralität, ohne sich des Widerspruchs gegen den Energie-Erhaltungssatz bewußt zu werden und unterscheidet zwischen historischen Resten früherer Konstruktionspläne und Funktionserfordernisse.

Nun sei hier angeführt, daß es vor der Formulierung des Hydraulik-Prinzips gar keine Konstruktionspläne gab, sondern nur Gestalten, an denen man keine Zwänge aufzeigen kann. In rekonstruiertem Konstruktionswandel ergibt die Rede von »Resten früherer Konstruktionspläne« keinen Sinn. In der Evolution können Organismen nur nach Maßgabe der Innenbedingungen transformiert werden. Die Konstruktionen bestimmen den Ablauf, begrenzen ihn, lassen manche Transformationen nicht zu. Das Limitierende sind keine historischen Reste, sondern biomechanische und physiologische Prinzipien und Mechanismen, deren Entstehung und Vorliegen nur von den Vorläuferkonstruktionen her begründbar ist.

Ökonomisierung im Sinne der organismus-zentrierten Evolutionistik findet durch Wegfall nicht benötigter Strukturen in der Konstruktion statt, kann nur an ihr aufgezeigt werden; es gibt keinen Grund zur Annahme, daß Optimalität von Konstruktionen erreicht wird. Markl (1986) vermutet wie Roth (1987)[12], daß Optimalität gefordert wurde. Dies ist aber nicht der Fall.

Selbst die Organismus-Theorien, die eine radikale Neubegründung von Evolution fordern, die die Defektheit des Darwinismus und der synthetischen Theorie der Evolution kennen, besitzen nicht die biophysikalische Grundlage für eine angemessene Revision. Aus diesem Grunde, wegen ihrer hochgradigen Harmlosigkeit, finden Theorien wie die von Maturana, Varela, Alberch, Wake und anderen keinen Widerstand. Der traditionelle Darwinismus braucht sich um sie nicht zu kümmern.

Es dürfte in der organismischen Energetik nicht nur eine oberflächliche Problematik von Physik und Biologie vorliegen. An sich ist es leicht einzusehen, daß Organismen Energiewandler sind, nichts ohne Energiewandel geschieht und Überproduktion Konkurrenz von Energiewandlern bewirkt. Was also wirft die Probleme auf? Es ist wohl die Geschichte der Physik selbst, in der seit der Ermittlung der Energie-Äquivalenzen der Energiebegriff an partikulare reduktionistisch beschriebene Mechanismen gebunden ist. Übergreifende Energie-Aussagen über ganze Maschinen, das Interagieren von maschinellen Gefügen, der energiezehrende Aufbau und die Erstellung von Konstruktionen, auch lebenden, fallen aus dem Verständnis einer auf Partikular-Mechanismen reduzierenden Physik heraus.

Dennoch gilt das Energie-Prinzip so generell wie hier angewandt. Durch das Haften an physikalischen Abstraktionen und physikalischen Teilmechanismen wird das Energie-Prinzip so heruntertransformiert und nur noch im molekularen Zusammenhang für relevant erachtet, sodaß es für Lebewesen und ihre Evolution nicht mehr nutzbar ist. Von hier stammen die Schwierigkeiten. Sie lassen sich erst beheben, wenn energetische Teilmechanismen immer im Organismus als Teil seiner Energiewandlerleistung in dem von ihm bestimmten mechanisch kohärenten Verband als wirksam gedacht werden. Energetik ist also organismisch zu fundieren und neu zu bestimmen; dabei ist es erforderlich, die Reduktion von Leben und Organismus auf partikulare Mechanismen, etwa solche der Molekularbiologie und Biochemie, aufzuheben. Erst eine gesamtorganismische Sicht des Energiewandlers, sein Verständnis als mechanisch kohärente Konstruktion kann dann in die Evolutionstheorie eingebracht bzw. ihr zugrunde gelegt werden.

Da die Physik mit ihrer Begründung auf nicht-organismische Einheiten und der thermodynamischen Untermauerung die organismisch-energetische Grundlage nicht erarbeiten kann, auch nicht in der Thermodynamik offener Systeme (PRIGOGINE, HAKEN), vermag sie eine Revision der paläodarwinistischen Theorie nicht zu vollziehen. Dieser Verweis auf ihre biologische Harmlosigkeit gilt, obgleich Prigogine & Stengers die Falschheit der darwinistischen Theorie klar konstatiert haben.

5.3 Das Problem der Anpassung

Aller evolutive Wandel ist Transformation eines organismisch-konstruktiven Gefüges, einer chemo-mechanischen Energiewandler-Konstruktion. Alle Veränderung kann nur nach Maßgabe der organismischen Eigenheiten vor sich gehen, diese setzen die dominierenden Limitationen. Dies gilt auch, wenn extern-umweltbestimmte Zwänge einen Einfluß gewinnen und nicht alle konstruktiv möglichen Abwandlungen zulassen. Selektion ist mit ihren internen, energetischen und extern-environmentalen Teilaspekten neu zu verstehen, anders als im Altdarwinismus, nämlich immer intern von der niemals als Anpassung zu begründenden Energiewandler- und Konstruktionsnatur der Lebewesen her. Die für den Altdarwinismus zentrale Vorstellung der Umwelt-Anpassung verliert ihren Sinn.

Diese Einsicht ist offenbar schwer zu vermitteln. E. Mayr[13] bemerkt, daß es in der organismischen Theorie der Evolution praktisch nur interne, also organismisch vermittelte Selektionszwänge gibt und stellt dies als Kennzeichnung der Absurdität heraus. J. Remane[14] ist offensichtlich gar nicht fähig, Selektion organismisch vermittelt zu verstehen und wirft der Senckenbergischen Gruppe Vernachlässigung der Umwelt als selektionsbeeinflussend vor. Gleichzeitig hat er Schwierigkeiten, die Bedeutung von Mißbildung als interne Zwänge beweisend zu verstehen. Wuketits (1985)[15] möchte die Anpassungsvorstellung retten, aber auch dem Organismischen gerecht werden; er meint, es gebe Dispositionen, die in neuer Umwelt zum Tragen kommen. Er übersieht, daß es angesichts von Energiewandlern und hydraulischen Konstruktionen überhaupt keinen Sinn hat, von Anpassung zu reden. Organisation läßt sich nicht durch Dispositionen begründen, sondern nur von ihren Konstruktionseigenheiten her. Diese sind bekannt, sie werden aber weder von Wuketits noch von Kaspar[16] zur Kenntnis genommen. In seiner neuesten Darstellung hat Wuketits (1988) die organismuszentrierte Theorie zwar als eigenständig charakterisiert, aber nicht deutlich werden lassen, daß die Konstruktionsaspekte nicht mittels Homologieargumentationen abgedeckt werden können.

Organismische Konstruktionen sind immer ökologisch vielfältig einsetzbar, sie als angepaßt zu verstehen, ist sinnlos, erklärt nichts und blendet ihre organismisch-konstruktive Autonomie aus. Je besser man lebende Konstruktionen versteht, umso klarer sieht man, daß es nicht möglich ist, Lebewesen und ihre organisatorischen Eigenheiten auf enggefaßte Umweltbedingungen festzulegen. Man kann Organisation nur als ökologisch breit einsetzbar denken. Wachsendes Organisations- und Konstruktionsverständnis wird genau diese Einsicht vertiefen und so neue Aufklärung über Leben und lebende Organisation bewirken. Vom Verständnis der Anpassung gibt es keinen Weg zum Organismus als Konstruktion und Energiewandler. Der Organismus ist in seinen zentralen Eigenheiten gerade nicht extern bedingt; er ist nur aus sich selbst und dem energetischen Wandel der arbeitenden Aktion verständlich.

Zwar gibt es an vielen Organismen spezielle Strukturen, die eine direkte Umweltbeziehung haben, aber diese reiten immer auf der weitgehend autonomen zentralen Konstruktion, sind immer entscheidend von ihr bestimmt, werden zudem in ihrem Betrieb durch Energiewandel aufgebaut und bei allen Lebensaktionen betrieben.

Die Konzentration des Interesses auf Anpassungen im altdarwinistischen Sinne dient nur dazu, die energetisch-konstruktive Eigengesetzlichkeit von Organismen, die Autonomie, die den Organismen als Energiewandlern und Selbstversorgern zukommt, abzusprechen, die Einsicht zu versperren, daß keine Bauplan-Konstruktionen auf irgendwelche eng begrenzten Umweltbedingungen festgelegt sind. Gerade die Autonomie der lebenden Konstruktionen gestattet den Wechsel des Lebensraumes und die Eroberung neuer Habitate, die »speziellen Umweltanpassungen« bilden dabei praktisch kein Hindernis. Spezialisierte Strukturen, die in bestimmte Umweltbedingungen einklinken, können auch leicht wieder abgekoppelt werden, es ist ihre schnelle Rückbildung möglich.

Indem die überkommene Evolutionstheorie immer mehr Anpassungen sucht (und dabei fündig ist), wird sie zunehmend unfähiger, organismische Konstruktionen in ihrer Autonomie zu verstehen. Der Erfolg bei der Suche nach sogenannten Anpassungen verblendet und wirkt im Erkenntnisprozeß kontraproduktiv. Soviel »Umweltanpassungen« man auch finden mag, man wird von ihnen aus lebende Organisation in ihren Grundmechanismen nicht verstehen können.

Gerade die Tatsache, daß es immer so etwas wie Anpassung zu geben scheint, wirkt als Erkenntnisfalle; wer erst einmal nach Anpassungen zu suchen begonnen hat, wird immer mehr von ihnen finden und zunehmend unfähiger werden, lebende Organisation zu begreifen. Dafür steht die Geschichte des Darwinismus als Dokumentation.

Ihre Reductio ad absurdum hat die adaptationistische Evolutionstheorie des Altdarwinismus bei Lorenz und Riedl gefunden. Es wird bei diesen Autoren angedeutet, Anpassung sei gestalthafte Angleichung der Lebewesen ans Habitat und Selektion ein kognitiver Prozeß, in dem das Erbgut Informationen aus der Umwelt aufnehme. Derartiges läßt sich in der Evolution von Konstruktionen beschreibenden Theorie gar nicht mehr darstellen, ja nicht einmal denken.

Die Vorstellung der Anpassung an die Umwelt als das Kerngeschehen der Evolution hat im Rahmen des Darwinismus eine große suggestive Überzeugungskraft, für die es schwer ist, eine Begründung zu finden. Offenbar kann man sich, was nicht falsch ist, nur im Rahmen von Außen- und Umweltbedingungen und beim dauernden Wirken äußerer Faktoren Evolution als fortschreitenden Wandel vorstellen. In der Tat bedarf der Organismus dauernd der Umwelt als der Quelle der Materie- und Energieversorgung, als Bereich, in den hinein die Reproduktion erfolgt und nicht zuletzt die energetisch-materielle Entsorgung geschehen kann. Die Umwelt ist auch der Turnierplatz der Konkurrenz zwischen den Artgenossen und das Feld der Wirkung widerlicher, bedrohlicher und tötender Einflüsse.

Jedoch wird im Rahmen des Altdarwinismus die Umwelt als über Selektion wirkende Gestaltungs- und Richtkraft aufgefaßt, die im evolutionären Geschehen die Organisation der Lebewesen bestimmt und den Wandel der Organismen sowohl begrenzt wie polarisiert. Diese Vorstellung ist konkordant mit dem Züchtermodell, das Darwin verwendet; so wie der Züchter von außen Einfluß auf die Auslese nimmt, die Varianten aussucht, die zum Zuchtziel hinführen, so soll die Außen- und Umwelt das Evolutionsgeschehen richten. Übersehen wird, daß vor jeder Zuchtwahl Selektion die mögliche Lebensfähigkeit der Organismen schon bestimmt hat, d.h. Selektion der Auslese vorausgeht.

Die auf das Züchtungsmodell begründete Selektions- und Anpassungs-Vorstellung ist es, die bei aller Anfangsgenialität von Charles Darwin absurd ist. Sie teleologisiert die Außenwelt, versucht Geschehensrichtung dort als bestimmt zu begreifen, wo Teleologie nichts zu suchen hat, im Geschehen der unbelebten Welt. Der orthodoxe Darwinist scheut sich wegen Vitalismus-Verdacht dem Organismus Teleologie, also Gerichtetheit in seiner Organisation und Leistung, zuzugestehen. Teleologie tauft man in Teleonomie um, ohne irgendetwas am Prinzip der Teleologie zu ändern, denn ohne Teleologie welcher Art auch immer kann man Organismen gar nicht bestimmen. Man verlagert die richtend-teleologische Aktion jedoch unbemerkt in eine durch selektorische Aktion belebt gedachte Außen- und Umwelt. Die Umwelt wird zum aktiven Agens, sie soll — und das ist der Kern des Anpassungsgedankens — die organisatorische Abwandlung richten und bestimmen. Vielfach wird sogar behauptet, die Umwelt in ihren Veränderungen sei das die Evolution treibende Geschehen. Den Organismen gesteht man zwar zu, sie lieferten die Variabilität, doch werden sie darüber hinaus zu passiven Entitäten im Spielfeld der aktiv gedachten Umwelt herabgestuft.

In die Anpassungs-Vorstellung spielt noch ein biologisches Denken aus dem 19. Jahrhundert hinein. Im Verlaufe der Schübe von Bestandsaufnahmen der Lebewelt, wie Wilhelm Schäfer[17] die großen Phasen der Sammlung von Naturobjekten seit der Renaissance nannte, wurde zunehmend, in besonders intensiver Weise mit der Kolonialisierung, des späten 18. und des gesamten 19. Jahrhunderts die Lebensvielfalt in ihrer geographischen Verteilung erforscht. Es setzte sich die noch heute weit verbreitete Vorstellung durch, Lebewesen seien auf geographische, geologische und andere ökologische Bedingungen zugeschnitten. Die Verteilung der Lebewelt wurde als nicht beliebig verstanden und die gegebene Verteilung als biologisch notwendig dargestellt. Man ging von der Vorstellung aus, die Lebewesen hätten wie die Angehörigen der bürgerlichen

Schichten Berufe, die man dann in der Biologie ökologische Nischen nennt. Lebewesen, die bestimmten, mehr oder minder engen Außenbedingungen zugeordnet werden, die als angepaßt aufgefaßt werden, glaubt man dann im Rahmen dieser Kolonialwarenhändler-Philosophie auch durch Anpassung an diese Außen- und Umwelt entstanden denken zu müssen. Es spricht sicher für diese Deutung der Evolutionstheorie als einer vom Kolonialismus induzierten Vorstellung, daß sie von Weltreisenden, Charles Darwin und Alfred Wallace, begründet wurde und daß bis heute deren Reisebeobachtungen als konstitutiv für die darwinistische Evolutionstheorie erlebt und immer wieder vorgestellt werden. Man muß sich dies einmal vor Augen führen, um die Absurdität des Paläodarwinismus voll zu goutieren. Die Natur und Entwicklung der Lebewesen als der komplexesten Gebilde auf dieser Erde wird dadurch ermittelt gedacht, daß auf Reisen in fremde Länder die Beziehungen zwischen Lebewesen und Umwelt erfaßt werden. Durch Betrachtung der Lebensumstände, der Geographie, meint man die konstituierenden Bedingungen der Lebewesen und ihrer Entstehung finden zu können.

Heute weiß man aus praktischer Erfahrung, daß Lebewesen nicht angepaßt, nicht auf komplexe geographische und ökologische Situationen fest bezogen sind. Seit vielen Jahrzehnten werden in der Physiologie die Leistungen der inneren Organe untersucht. Diese folgen klar erkennbar ihrer eigenen Gesetzlichkeit und sind sehr weitgehend immun gegenüber externen Bedingungen. Die Stoffwechsel-Maschinerie, die physiologischen Leistungen, die molekularen Mechanismen sind in nichts Anpassungen, sondern konstitutive Leistungen der Lebewesen.

Noch bedrängender wird die Lage, wenn man beachtet, daß und wie die verschiedensten Lebewesen gezüchtet werden können. Jedermann weiß, daß man beim Halten und Züchten von Lebewesen nicht ihre Anpassungen an die Umwelt simulierend die Vielzahl von Außenbedingungen abbildungshaft reduplizieren muß. Es ist vielmehr ganz klar, daß Lebewesen Grundanforderungen haben, die in völlig unnatürlichen Bedingungen, also in Zusammenhängen, die wenig mit den natürlichen Habitaten zu tun haben, erfüllt werden können und daß es dann für Überleben und Reproduktion nötig und wichtig ist, wenige bestimmende Faktoren zu kennen und zu beherrschen.

Biotechnologie von der Haltung von Bakterien und Pilzen bis zur Aquakultur und Haustierhaltung ist nur möglich, weil eine Beherrschung weniger Mechanismen und Faktoren (die oft genug schwer zu bestimmen sind) zureicht, um Leben und Reproduktion von Lebewesen zu sichern. Technik ist in allen Bereichen von der Reduktion auf einfache Bedingungen abhängig, dies gilt auch für die Biotechnologie. Der Erfolg der Biotechnologie reduziert die Vorstellung der Außen- und Umweltanpassung auf eine absurde Idee, die gerade dadurch, daß sie Schule gemacht hat, auf ein tieferliegendes Problem, den Naturalismus in der Biologie, verweist.

Lebewesen vermögen nur nach Maßgabe ihrer inneren Organisation in meist breiten ökologischen Bedingungen zu leben, sie dringen nach Maßgabe ihres Aufbaus in neue und alte Lebensräume vor. Jederzeit ist Fluktuieren möglich, das Rück- und Vorwandern über verschiedene Lebensräume. In der Außen- und Umwelt gibt es keine Reversibilitätssperren. Die Annahme der Ausrichtung der Evolutionsgeschehensrichtung durch die Außenwelt erscheint nur als eine höchst schiefe Idee.

Es kann vorkommen und oft realiter gegeben sein, daß die Außen- und Umweltbedingungen sich als Widerstände erweisen. Es kann dann eine Konstruktion, weil Mitstreiter vorhanden sind, nicht den gesamten Bereich der erschließbaren Lebensbedingugen nutzen. Oder aber die Außen- und Umwelt läßt nicht jede Entwicklung zu, schließt bestimmte Entwicklungen aus. In der Konkurrenz können manche organisatorische Lösungen nicht durchhalten, die Außen- und Umwelt gestattet es nicht zu überleben und zu existieren. Es gibt somit einen negativen Einfluß der Außen- und Umwelt.

Die aufgezeigte Negativrolle der Umwelt gestattet es also nie, die Entwicklung, die bei bestehender Widerständigkeit stattfinden kann, positiv zu bestimmen; immer wird die Weiterentwicklung der Vorkonstruktion nach internen Bedingungen geschehen. Im allgemeinen sind selbst bei gleicher Vorkonstruktion und identischen Außenbedingungen mehrere divergierende Entwicklungen, multiple pathways, möglich, die verschiedene Optionen der Vorkonstruktion zu nutzen gestatten, selbst wenn die Außenbedingungen identisch sind. Es ist eben so, daß nie eine Konstruktion an die Umwelt angepaßt ist, jederzeit sind von der Konstruktion her verschiedene Entwicklungen möglich, die die verschiedenen Optionen der Vorkonstruktionen zu nutzen gestatten und die in gleichbleibenden oder sich verändernden Umweltbedingungen zu neuen kontruktiven Lösungen führen können.

5.4 Systemtheorien und andere Versuche, organismisches Verständnis zu gewinnen

Die Kritik am traditionellen Darwinismus ist allmählich gewachsen. Die Zusammenstellung der veränderten und neuen Anstöße hat Dullemeijer 1980 gegeben. Whyte kommt eine besondere Bedeutung zu, da er wohl als erster die Unangemessenheit der Selektionsvorstellung betonte. Eine Vertiefung der Kritik brachte der Einspruch der Autoren, die man als Vertreter des Determinism stratified bezeichnen könnte (P. WEISS, L. VON BERTALANFFY, A. KOESTLER, SMITHIES, WADDINGTON). Sie hielten die Annahme von Evolution immer schon für richtig, bezweifelten jedoch die Zulänglichkeit der synthetischen Theorie. Im Organismus nahmen sie verschiedene Ebenen mit differenten Prinzipien und Gesetzen an. Dieses Verständnis des Organismus blieb aber leer, weil keine kausalen Mechanismen oberhalb der Molekülebene explizit dargestellt wurden. Nur war deutlich, daß es nicht möglich sein konnte, in altdarwinistischer Weise die lebende Organisation durch Umweltanpassung und Externselektion zu erklären.

Um der Evolutionsidee einen organismischen Kern zu geben, werden Systemtheorien der Evolution vorgeschlagen (RIEDL 1975, WAGNER 1985, u.a.). Maturana und Varela sprechen von organismischer Autonomie der Lebewesen. Diese Theorien haben nur noch historische Bedeutung. Sie zeigen die Insuffizienz des Altdarwinismus, der keine organismische Basis hat. Sie stellen mit ihrer Beschwörung von Systemen oder organismischer Autonomie (als wäre das eine Erklärung oder Kennzeichnung eines Gegenstandes) den ersten tastenden Versuch dar, von der Anpassungsidee und Umweltselektion wegzukommen. Alle Systemtheorien sind aber nur Beschwörungen einer nicht naturwissenschaftlich aufgelösten Internstruktur der Lebewesen; als naturwissenschaftliche Theorien sind sie leer. Sie können wegen des Mangels an naturwissenschaftlicher Bestimmung nicht gegen den überkommenen Darwinismus abgegrenzt werden. So ist es logisch, daß sie dann wie vor allem Wuketits betont, als Erweiterungen des Darwinismus erscheinen, wobei dessen Fehlbegründung nicht zur Kenntnis genommen wird. Da aber Systemtheorien und die Organismus-Vorstellung von Maturana Energiewandlerleistung hydraulisch-mechanischer Konstruktion nicht kennen, sind sie leere Argumentationsschemata, vermögen den evolutiven Mechanismus der

Konkurrenz von Energiewandlern nicht darzustellen und können auf die Rekonstruktion der Stammesgeschichte nicht angewendet werden.

Sobald man aber Organismen als Energiewandler und hydraulische Maschinen versteht, werden solche Ideen, die nur eine unzulängliche Revision der alten Theorie einfordern, obsolet. Organismische, energiewandelnde Konstruktionen haben keine hierarchischen Gefüge, wie die Systemtheorien und neuerdings Gould glauben machen möchten. Ihr Aufbau ist nicht mit Begriffen wie Ordnung, Information oder Semantik (KÜPPERS 1982) zu bewältigen. Man muß die wirkende Apparatur mit ihren Energiewandlungsstufen beschreiben; dies setzt naturgesetzliche Begründungen und Verständnis der Apparatur nach Maßgabe der Hydraulik-Prinzipien voraus. Im Organismus sind die Organe als den Energiefluß steuernde Einrichtungen zu beschreiben, die Stufen der Energiewandlung (nicht eine Hierarchie) müssen erfaßt werden.

Das Reden von Hierarchien im System markiert nur, daß man das Objekt, die funktionierende Konstruktion nicht verstanden hat. Bei jeder Maschine, die man verstehen will, verfolgt man den Zusammenhang der Bauelemente, die Freiheitsgrade der bewegten Elemente, den Energiefluß. Form gewinnt nur in diesem Zusammenhang als Ergebnis einer formerzwingenden Arbeit durch Energiewandel eine Bedeutung, die Berufung auf Hierarchien ist (außer bei Informations-Verarbeitungssystemen) irrelevant. Lebewesen sind aber mechanisch wirkende energiewandelnde Maschinen, keine Informations-Verarbeitungssysteme, so daß also der Hierarchiebegriff entfällt.

Am Rande sei vermerkt, daß vor Formulierung der Systemtheorie der Evolution durch Riedl 1975 und die Ausbreitung dieser Konzeption sowohl das Hydraulik-Prinzip in seinen Grundzügen vorgelegt (GUTMANN 1972, GUTMANN & PETERS 1973) als auch das Verständnis von Evolution als durch die lebende Konstruktion und ihre Energetik limitiert, dargestellt war. So sind praktisch alle formalen System-Eigenheiten seit den frühen 70er Jahren in konstruktiven Gegebenheiten von realen Organismen erhärtet.

Es hätte also nie der Formulierung der Systemtheorien im Sinne der Wiener Schule Riedls bedurft. Die Konstruktionserklärungen der Lebewesen sind bisher beträchtlich präzisiert und korroboriert worden (BONIK, GRASSHOFF, GUTMANN, PETERS, VOGEL). Dies geschah aber nicht durch die

Systemtheorie der Evolution, sondern durch Klärung der organismischen Konstruktionseigenheiten. Sobald man Organismen als hydraulische Konstruktionen und Energiewandler versteht, kann auf Systemtheorien und ihre Begriffs-Kompositionen verzichtet werden. Vom Standpunkt des Konstruktionsverständnisses aus erweisen sich Systemtheorien der Evolution nur als Weiterführungen des Altdarwinismus und der auf Gestalten und nicht auf Konstruktionen bezogenen Homologienforschung.

Natürlich lassen sich von der neuen Sicht her auch physikalistische Ideologisierungen der Biologie zurückweisen. Es besteht im Bereich der Biophysik die generelle Überzeugung, Organismen seien offene Systeme. Versteht man sie aber als Konstruktionen, so müssen diese mechanisch kohärent, also konstruktiv geschlossen sein. Der Apparat ist nie offen, solange er funktioniert. Offenheit existiert nur auf der biochemisch-molekularen Ebene. Die biochemische Offenheit besteht alleine im Rahmen der kraftschlüssigen Apparatur und ist bedingt durch deren Konstruktionseigenschaften.

Die Konsequenzen für den engeren Bereich der Biologie sind ebenfalls groß. Die Einsicht, daß Lebewesen hydraulische Konstruktionen sind, hat auch für die stammesgeschichtliche Forschung und die Morphologie, die Wissenschaft von der Organisation der Lebewesen, katastrophale Folgen.

Es ist nötig, die Abläufe der Transformation und Umkonstruktion hydraulischer Konstruktionen zu begründen, konstruktive Vorbedingungen für späte Stadien in den früheren aufzuzeigen. Keine Beliebigkeit in Form nicht-erklärter Formenreihung ist mehr zugelassen. Evolution bzw. Phylogenese muß als Entwicklung hydraulischer Apparate und ihrer notwendigen Durchgangsstadien dargestellt werden.

Diese Erklärungen können in der Sprache der bisherigen Morphologie gar nicht formuliert und durch Vergleichsverfahren, wie sie die Homologien-Forschung vorschreibt, nicht ermittelt werden. Die auf Gestaltung zugeschnittene Morphologie mit ihren Gestalt- und Formbegriffen ist gar nicht in der Lage, wirkende Konstruktion in ihrem Aufbau zu begründen. Wie wollte man in den Begriffen der Homologienforschung Konstruktion in ihrer Energiewandlerleistung sinnvoll behandeln, wie konstruktiv mögliche Entwicklungswege rekonstruieren?

Tatsächlich ist aber das Vorgehen in der bisherigen Biologie noch viel absurder. Man stellt an den Lebewesen die sie kennzeichnenden Merkmale fest. Sodann versucht man immer an Merkmalen argumentierend ursprüngliche und stammesgeschichtlich abgeleitete Merkmale zu unterscheiden. Aus den Merkmalen und ihrer Bewertung stellt man Stammbäume auf (HENNIG 1950. AX 1984, SALVINI-PLAWEN 1980). Eine Konstruktionslehre der Lebewesen wird im Hinblick auf solche »Methoden« einen Kahlschlag besorgen.

Von Merkmalen und der Form oder von Formvergleichen ausgehend kann, ja darf über Organismen nicht mehr gesprochen werden. Wer die Form beschreibt oder Merkmale auflistet, hat die Konstruktion und ihre organisatorischen Prinzipien schon verpaßt, Korrektur ist unmöglich, Begründung ausgeschlossen.

Sowohl die merkmalsbewertende Systematik wie die formenbeschreibende Morphologie stellen wohl-installierte wissenschaftliche Institutionen dar, die Vorstellungen festklopfen, die so angelegt sind, daß lebende Organisation und der konstruktiv bestimmte Wandel der lebenden Organisation nicht erklärt werden können. Die Methoden der Morphologie und Systematik mögen zur Erzeugung einer ordnenden Übersicht über die Lebewelt noch so bedeutsam sein, im Rahmen des Versuches Lebewesen zu erklären und ihre Entwicklung zu rekonstruieren, stellen sie absolut sichere Vorschriften für das Nichtverstehen, Erkenntnishindernisse par excellence, dar.

Nun besteht eine Tendenz, in einem funktionierenden Wissenschaftsbetrieb bei einer neuen Theorie die Nachweise zu führen, worin sie eine Fortsetzung älterer Ansätze ist und welche Aspekte neu begründet werden müssen. Vom Verfasser, der die grundlegende Inadäquatheit der altdarwinistischen Theorie aufgezeigt hat, kann eine solche Stellungnahme nicht eingefordert werden. Er hält eine Revision und Neubegründung von den Prämissen her für nötig und empfiehlt eine konsequente Beseitigung der überkommenen Evolutions-Argumentationen. Entscheidend ist nur die Neubegründung. Wenn gegen dieses Bestreben die Person Darwins und anderer Exponenten des Altdarwinismus ins Spiel gebracht werden, so müssen diese Kritiker es in Kauf nehmen, daß die Schiefheit des Evolutionsdenkens von Darwin aus aufgerollt und begründet wird. Wer Biologiegeschichte als Legitimierung nutzt, berühmte Biologen als Garanten für sichere Erkenntnis und als Bollwerk gegen neue Theorien einsetzt, muß es zulassen, daß seine heiligen Bestände angetastet werden, gleichgültig, ob sie Darwin, Wallace, Haeckel oder Weismann heißen.

Es kann nicht die Frage sein, was an Richtigem durch Homologienforschung und Merkmalsanalyse Ermitteltem Bestätigung verdiene und wo man das biogenetische Grundgesetz, die Homologie-Kriterien etc. richtig angewendet habe. Die Frage ist umzudrehen: Was kann der Altdarwinismus zu erklären beanspruchen, wenn er nicht beachtete oder nicht wissen konnte, daß seine Objekte, die Gegenstände und Subjekte der Evolution, hydraulische Systeme und Energiewandler darstellen. Was ist, so darf man weiter fragen, der Sinn von Form- und Gestaltbeschreibung, sowie von Vergleichsverfahren und Merkmalsanalyse, wenn es sich bei diesen Objekten um energiewandelnde Konstruktionen handelt. Mit welchem Recht können Merkmalsanalyse und vergleichende Homologie-Verfahren für verbindlich erklärt werden, da ihre Zirkularität feststeht und nachgewiesen wurde, daß sich aus Formvergleichen keine zeitliche Polarität ergibt. In welcher Hinsicht soll Merkmalsanalyse und Formvergleich zugelassen sein, wenn sie sicherstellen, daß die Natur der Forschungsgegenstände der Biologie durch sie nicht erfaßt wird. Man darf auf die Antwort gespannt sein, weil in dieser zu begründen wäre, warum die Ergebnisse eines solchen Vorgehens Beachtung beanspruchen dürfen. Die Legitimierungsfrage stellt sich alleine dem Altdarwinismus mit seinem Anpassungsdenken und seinen morphologischen Methoden.

6. Die Evolution der Bauplan-Gefüge

Auf der Grundlage des neuen Konstruktions- und Organismus-Verständnisses wird ein völlig verändertes Herangehen an die lebenden Organismen nötig. Diese sind unmittelbar als energiewandelnde Konstruktionen aufzufassen. Ihre Evolution muß als evolutionäre Modifikation der Konstruktion verstanden werden. Die evolutive Entstehung und die evolutive Transformation solcher Konstruktionen und die Erklärung der Vorgänge, die zu der Ausbildung dessen führte, was man bisher die Baupläne nannte, kann im folgenden nur in verkürzter Form, die wesentlichen Stadien markierend, dargestellt werden.

Abbildung 9
Von der Ursuppe zur Präzelle
A. Die energetisch-materiellen Entstehungsbedingungen der biochemisch-molekular-biologischen Mechanismen des Lebens auf der Urerde bei O_2-freier Atmosphäre sind angedeutet. In der Ursuppe sammelten sich die wesentlichen organischen Stoffe, aus denen zum Teil durch Polymerisation wesentliche Makromoleküle hervorgehen.
B. Im Ablauf der Entwicklung kam es zu Eintrocknung der Ursuppe oder zu Adsorptionsprozessen und anderen zwischengeschalteten Phasen, in denen Polymerisation und die Etablierung der Interaktion zwischen genetischem Apparat und Aminosäureketten der Proteine etwa im Sinne der Hyperzyklen sich ereigneten. Im rechten Teilbild ist ein begrenzter Bereich mit einer lipidhaltigen Rahmschicht bei Eintrockung angedeutet.
C. Die Entstehung individualisierten Lebens in Form von Präzellen geschah durch Turbulenz im Gefolge von Strömung, Wind oder Wärmekonvektion. Die Präzellen stellen das erste Individualisierungsstadium dar; sie bilden als membranös abgeschlossene Gebilde mit wässriger Lösung hydraulische Primitiv-Konstruktionen.
Von dieser Phase der Evolution an ist phylogenetische Transformation nicht mehr biochemisch-molekular zu beschreiben. Die Aktionsfähigkeit der Präzellen ist im Schema dargestellt. Ihre Autonomie ist mangels Beweglichkeit gering gewesen, umfaßte aber Teilung und Knospung, Fusionsfähigkeit und genetische Rekombination. Das Modell bietet eine Minimalvorstellung. Es ist vielfach Präzellen-Bildung aufgetreten; es wäre denkbar, daß die präzelluläre Organisation früher schon als Vorbedingung von Polymerisierungs-Prozessen auftrat.
D. Von der Ausbildung von Präzellschwärmen an werden die Fusions-, Knospungs- und Teilungsmechanismen, sowie Wachstum möglich.
E. Mit der Entstehung der Beweglichkeit durch Einbau von Aktin- und Myosin-Fibrillen ergeben sich die im Schema angedeuteten weiterführenden biomechanischen Eigenheiten.

Darstellung: R. Klein-Rödder

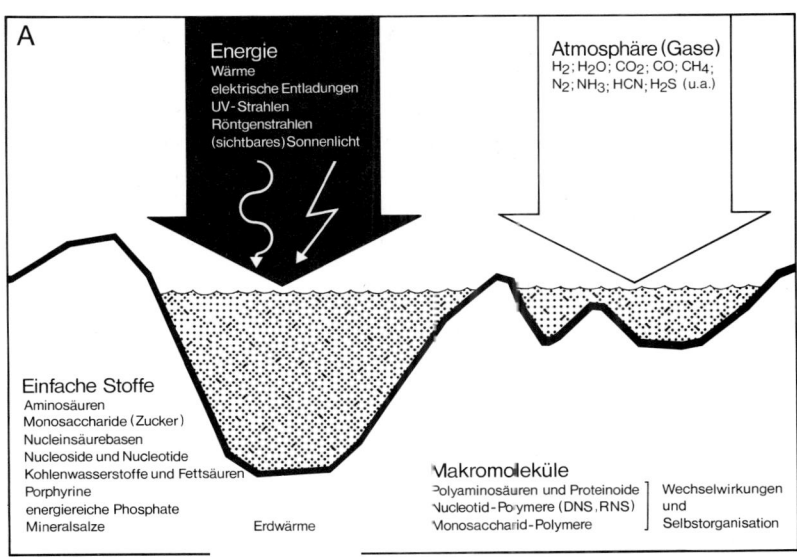

A

Energie
Wärme
elektrische Entladungen
UV-Strahlen
Röntgenstrahlen
(sichtbares)Sonnenlicht

Atmosphäre (Gase)
H_2; H_2O; CO_2; CO; CH_4;
N_2; NH_3; HCN; H_2S (u.a.)

Einfache Stoffe
Aminosäuren
Monosaccharide (Zucker)
Nucleinsäurebasen
Nucleoside und Nucleotide
Kohlenwasserstoffe und Fettsäuren
Porphyrine
energiereiche Phosphate
Mineralsalze   Erdwärme

Makromoleküle
Polyaminosäuren und Proteinoide ⎤ Wechselwirkungen
Nucleotid-Polymere (DNS,RNS)   ⎟ und
Monosaccharid-Polymere   ⎦ Selbstorganisation

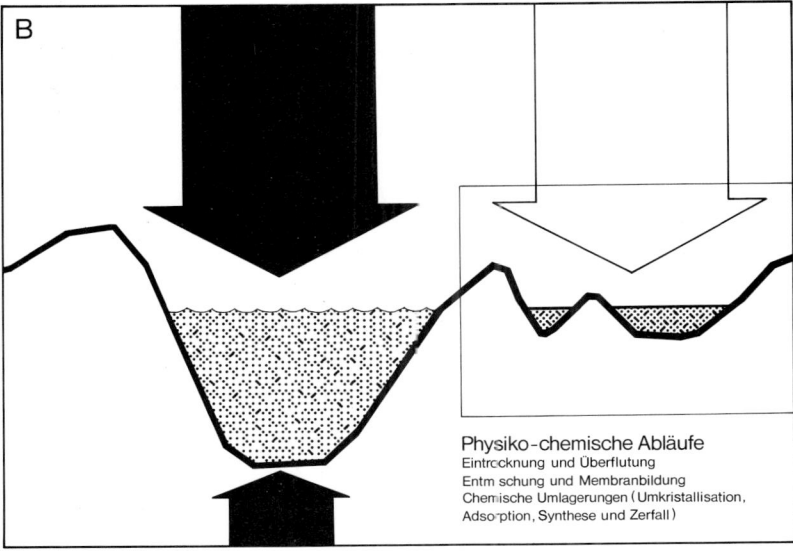

B

Physiko-chemische Abläufe
Eintrocknung und Überflutung
Entmischung und Membranbildung
Chemische Umlagerungen (Umkristallisation,
Adsorption, Synthese und Zerfall)

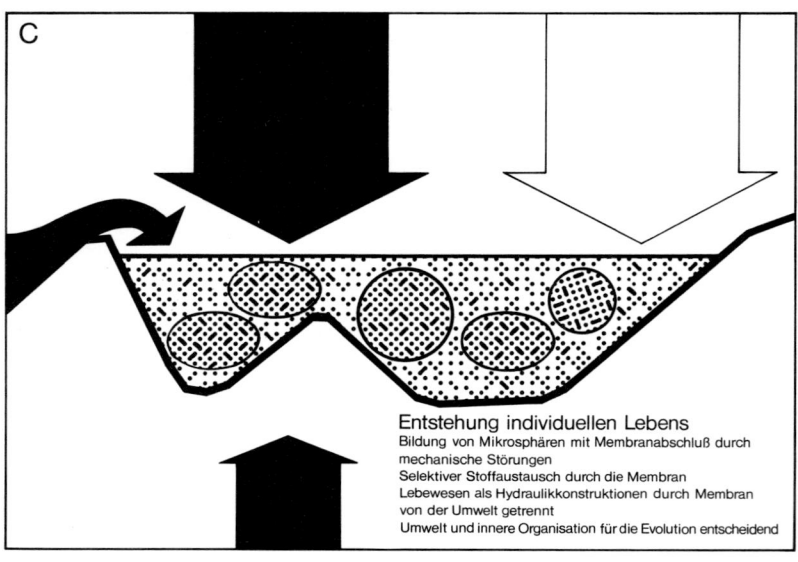

Entstehung individuellen Lebens
Bildung von Mikrosphären mit Membranabschluß durch mechanische Störungen
Selektiver Stoffaustausch durch die Membran
Lebewesen als Hydraulikkonstruktionen durch Membran von der Umwelt getrennt
Umwelt und innere Organisation für die Evolution entscheidend

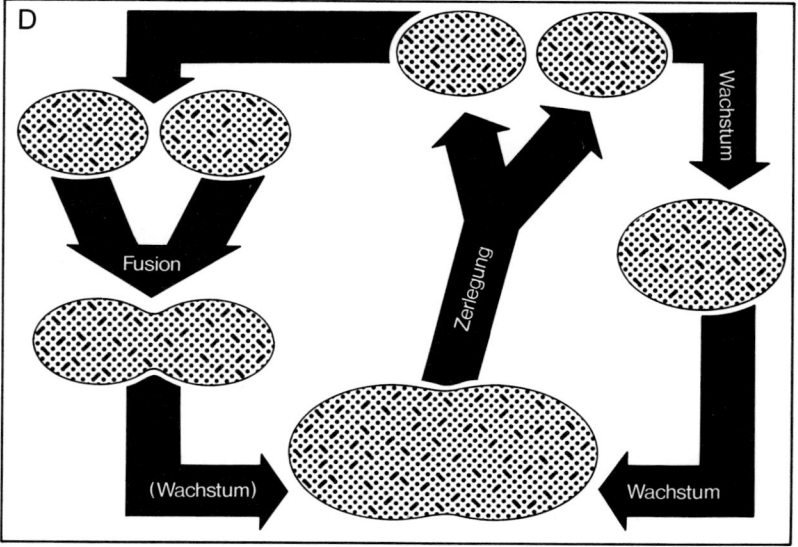

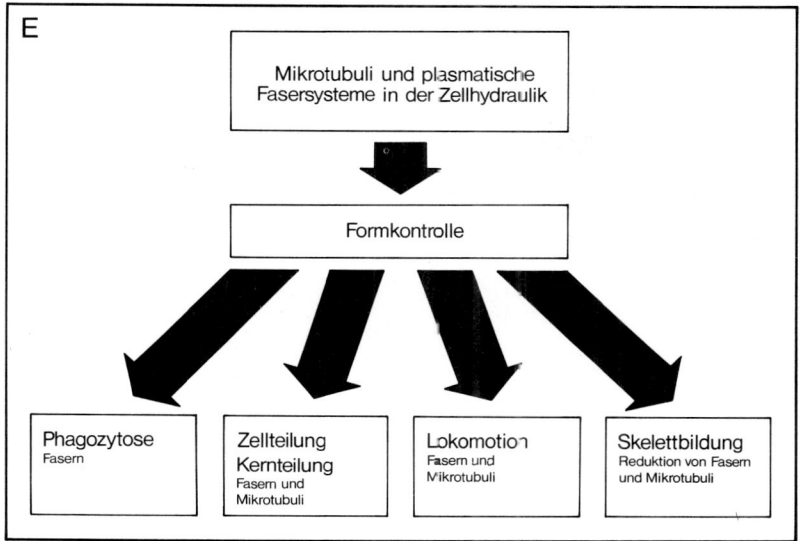

6.1 Die biochemische Phase der Evolution

Was die Entstehung der biochemischen Voraussetzungen von Leben angeht, so können die geophysikalischen Bedingungen, unter denen sie zustande kamen, mit Sicherheit eingeengt werden. Beim Vorhandensein von Sauerstoff in der Atmosphäre hätten alle neu entstandenen organismischen Stoffe sofort wieder oxydiert und damit zerstört werden müssen. Der Schluß ist zwingend: Es muß über der frühen Erde mit einer noch vulkanisch erhitzten und starker Strahlung ausgesetzten Oberfläche eine anaerobe Atmosphäre vorhanden gewesen sein. Unter diesen Bedingungen müssen sich die ersten chemischen Bausteine des Lebens geformt und die biochemischen Grundmechanismen des Lebens konstituiert haben.

Für viele organische Stoffe wurde seit den frühen 50er Jahren der experimentelle Nachweis geführt, daß sie unter anaeroben Bedingungen bei Zuführung von Energie entstehen konnten. Es darf somit in legitimer Weise angenommen werden, daß eine Anreicherung organischer Verbindungen in der sogenannten Ursuppe stattfand. Die biochemische Phase der Entwicklung muß in jedem Falle der organismischen Evolution vorausgegangen sein.

Erst von diesem Stadium aus, so wird in verschiedenen theoretischen Konzeptionen dargestellt, kam es zur Polymerisierung von Eiweißen und Nukleinsäuren sowie zu einem durch den Energie-Input in die Ursuppe getriebenen Interagieren dieser verschiedenen chemischen Verbindungen, die sich wechselseitig in ihrer Struktur bedingten. Durch eine komplementäre Zuordnung von chemisch weniger aktiven Nucleinsäure-Polymerisaten und den als Enzymen katalytisch aktiven Proteinen etablierten sich biochemische Zyklen. Indem in den informationstragenden Nukleinsäure-Ketten ungerichtete Veränderungen, Mutationen auftraten, die auch die Aminosäuresequenzen umstrukturierten, kam es zur Konkurrenz zwischen verschiedenen solcher interagierender Einheiten. Diese werden von Eigen und Mitarbeitern Hyperzyklen genannt. Ohne daß dies im einzelnen begründet wurde, unterstellen die meisten Autoren, daß in der weiteren Entwicklung eine Kompartimentierung der Bereiche mit verschiedenen Hyperzyklen stattfand, oder daß durch Aggregation immer komplizierterer makromolekularer Gebilde lebende Organisation im makromolekularen Bereich sowie auf der zellulären Ebene erreicht wurde.

6.2 Das Präzellen-Stadium

Schwer ist es, von einer rein biochemischen und molekularen Phase zur zellulären Gliederung zu gelangen, wenn man nicht versteht, daß spätestens die Präzellen mechanisch zusammenhängende Gebilde, hydraulische Systeme, sind. Nimmt man nun an, daß sich diese abgegrenzten Einheiten nach molekularen Mechanismen aufbauen, so tauchen Fragen nach dem Übergang auf. Kann Kompartimentierung zur geschlossenen Präzelle als schrittweises Geschehen sich ereignet haben? Was waren die Selektionsvorteile von 1/4, 1/2, 3/4 und dem totalen Abschluß der Membran?

Anders ist die Situation, wenn man an Turbulenzen und Störungen in der Ursuppe denkt, die durch Strömung, Wind und Wärme verursacht wurden und so die »Ursuppe« mit den chemischen Ingredienzien des Lebens verwirbeln konnten. Solche Verwirbelungen von oberflächlicher lipidhaltiger Rahmschicht mit der darunter liegenden Lösung dürfte bewirkt haben, daß Blasen, also abgeschlossene Gebilde, entstanden:

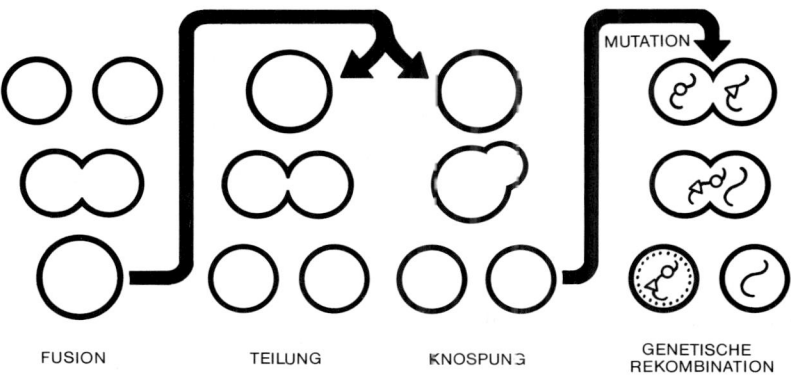

FUSION TEILUNG KNOSPUNG GENETISCHE REKOMBINATION

Abbildung 10
Sexualität in Präzellen
Die Fusionsfähigkeit und die Fähigkeit zur Teilung oder Knospung begründet eine
frühe Sexualität und Rekombinationsfähigkeit. Es folgen, wie das Schema zeigt,
Fusionen und Zerlegungen in Tochterzellen aufeinander. Wenn nun verschiedene
Fusionspartner mutative Abwandlungen erleiden, kommt es bei der Fusion zur gene-
tischen Rekombination. Organismische Individualität ist an die hydraulische Natur
der Präzellen gebunden, diese treten in Populationen auf, innerhalb deren genetische
Rekombination stattfinden kann.

Darstellung: A. Siebel

Präzellen. Sie bildeten mit ihrer lipidhaltigen Membran und der wässeri-
gen Lösung hydraulische Gebilde. Sie nahmen bei zulänglicher Füllung
eine kugelige Gestalt an. In den Präzellen wurden die molekularen
Mechanismen des Lebens samt der für Erbmechanismen konstitutiven
DNS in den flexiblen Membranen eingeschlossen.Die Präzellen unter-
lagen äußeren Einflüssen, konnten bei entsprechender Größe zerlegt
werden oder Knospen abspalten. Vielfach wird auch totale Zerstörung
eingetreten sein.

Mutationen fanden nun in geschlossenen mechanischen Gebilden statt,
die im Gefolge solcher Erbschritte transformiert werden konnten. Durch
Mutationen erzeugte Veränderungen in den chemischen Abläufen mußten sich in das interne Gefüge und in den mechanischen Verband einpas-
sen, der über den Selektionswert mitbestimmte. Evolutives Geschehen

ist jetzt nicht mehr rein biochemisch zu begründen. Außerdem konnten nun genetisch differente hydraulische Einheiten miteinander konkurrieren. Der Optimierungs- und Ökonomisierungszwang stellte sich notwendigerweise ein, wenn es zur Teilung und Untergliederung der Einheiten kam.

Durch Fusion der Präzellen zu größeren Einheiten konnte differentes Erbgut verschmolzen und durch Teilung, d.h. Zerlegung in Tochterzellen, wieder in neuer Kombination getrennt werden. Von diesem Stadium an lag die Mutabilität auf der molekularen Ebene fest, die Evolution schloß aber die gesamten kraftschlüssigen mechanischen Gebilde, die hydraulischen Präzellen-Konstruktionen, ein. Alles evolutive Geschehen blieb durch die mechanischen Bedingungen der Hydraulik limitiert, alle Transformation mußte sich als Abwandlung und Umkonstruktion des mechanischen Gefüges darstellen.

Nun sind allerdings auch die paläobiochemischen Theorien der Evolution nicht ohne Widerspruch geblieben. So wendet Vollmert — und nicht nur er — ein, es könne nicht zu der unterstellten Polymerisierung der Nukleotide kommen, die Eigen u.a. fordert. Dauernde Zerlegung durch Hydrolyse läßt nach Vollmert die Selbstorganisation biochemischer Mechanismen nicht zu. Eigen und Mitarbeiter räumen selbst ein, daß eine Konkurrenz zwischen verschiedenen Varianten von Hyperzyklen erst dann möglich sein konnte, wenn Kompartimentierungen vorlagen. Die Annahme der Kompartimentierung aber verweist auf mechanische Zusammenhänge und Gefüge, auf abgeschlossene Einheiten, die bereits in den frühen, bisher für rein chemische Abläufe gehaltenen Phasen der Evolution, bestanden.

Könnten nicht — so ist zu fragen — die blasenhaften Präzellen schon früh entstanden sein und unterschiedliche biochemische Teilmechanismen eingeschlossen haben? Wäre es nicht denkbar, daß die Polymerisation von DNS und anderen Komponenten schon früh in den hydraulischen Gebilden geschützt stattfand, eventuell am Substrat von mechanischen Gebilden, an den Membranen? Die Verkoppelung und das Interagieren von verschiedenen Teilmechanismen der Etablierung von Hyperzyklen wäre dann schon als das Ergebnis der Interaktion von mechanisch abgegrenzten Untersystemen aufzufassen. Geraten wir nicht in die Nähe des Schlusses, es habe vielleicht früh eine notwendige Zulieferung von chemischen Bauteilen für die Entstehung des Lebens gegeben, die aber immer, seit Entwicklung der Interaktion von komplexen Einheiten, an morphologisch umschriebene Bildungen gebunden gewesen war, so daß eigentlich nie Chemoevolution in der üblicherweise unterstellten Form stattfand?

Es mag sein, daß das entworfene Model der Präzellenbildung zu schlicht ist, daß es andersartige Vorstadien und schon eine Verkoppelung von biochemischen Teilprozessen aus unterschiedlichen abgeschlossenen Einheiten gegeben hat. Auch wäre denkbar, daß sich, wie in der Modellrekonstruktion von Fox u.a. (Darstellung bei Rauchfuss & Dose) entworfen, eine erste Organisation von Protenoid-Mikrosphären ohne hydraulische Eigenheiten etabliert hat. Dann jedoch ist zu fordern, daß irgendwann das Innere der membranösen Hülle sich als Füllung ausbildete und später noch formverspannende fibrilläre Strukturen hinzukamen.

Zwei Dinge sind jedoch deutlich. Es ist nötig, aus der reduktionistischen Einengung der Theorie- und Modellbildung herauszutreten und das dominierende Denken von Leben als einem biochemisch-molekularen Prozeß aufzugeben. Die Fragen der Evolution des Lebens können nicht von der chemischen Ebene her gelöst werden, wenn auch hier indispensable frühe Teilmechanismen existieren. Neben den strukturellen Fragen der biochemisch-molekularen Organisation des Lebens sind die Probleme der dynamischen Gesetzmäßigkeit des Lebens anzugehen. Hierfür stellt das Hydraulik-Modell einen ersten Versuch dar. Wie auch immer die Problematik der Konstituierung des Präzellenverbandes letztendlich gelöst wird, es muß eine Entwicklung aufgezeigt werden, die in die hydraulischen Mechanismen der Organisation schon der Zelle und später der Vielzeller-Organisation einmündet. Die Hydraulik-Prinzipien von Aufbau, Formbildung und Bewegung sind auf jeden Fall die dynamischen Prinzipien der heute bekannten lebenden Organismen. Zu ihnen müssen die Modellbildungen der Präbiotik hinführen.

6.3 Die Zelle als hydraulisches System

Erst nach der Verwirbelung von lipidhaltigem Material mit der die biochemischen Mechanismen des Lebens enthaltenden Flüssigkeit der Ursuppe entstanden in den Präzellen individuelle Gebilde mit membranös

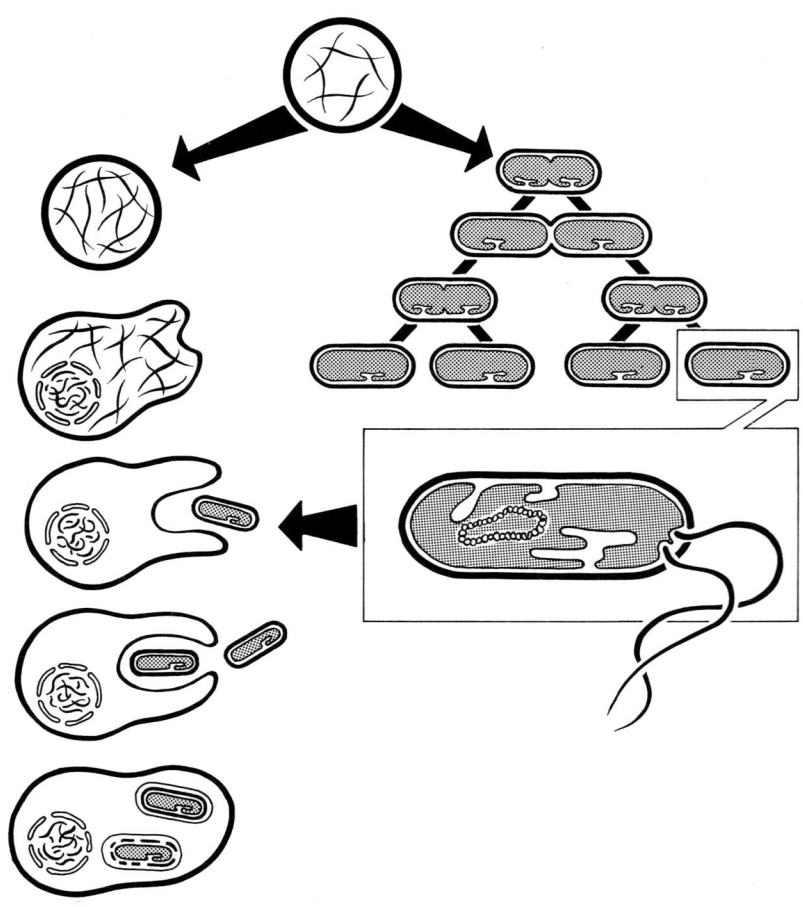

Abbildung 11

Die Aufzweigung in (Prä-) Eukaryonten und Prokaryonten. Die Einfügung von Proteinfibrillen in Präzellbildungen dürfte der Verfestigung der primär sehr zarten hydraulischen Konstruktion gedient haben.

Auf der Grundlage der Gleitfähigkeit von Fasern kann es — linke Kolumne — zur aktiven Lokomotion durch amoeboide Bewegungen kommen; auch die sexuelle Fusion wird durch Aktion möglich. Im Rahmen dieser Entwicklung trat eine Eingrenzung des in Chromosomen verpackten Erbmaterials in die Kernmembran ein. So blieb die Zellmotorik durch DNS und Chromosomen ungestört und die Syntheseprozesse in der DNS erleiden keine Behinderungen. Es bildete sich neben Lokomotionsfähigkeit die Fähigkeit zur phagozytotischen Aktivität aus.

Die Alternativ-Entwicklung stellen — in der rechten Kolumne dargestellt — die Prokaryonten-Konstruktionen dar, die meist unbeweglich sind (oder nur besondere Bakterien-Geißeln besitzen). Die Formbildung und Verstärkung der Konstruktion erfolgt durch Umhüllungen, die die Membran und den Körper stabil halten. Diese sich meist asexuell vermehrenden Formen entwickeln nie eine hydraulische Zellmotorik, sind aber in der Lage, komplexe Synthesewege aufzubauen, weil sie die Enzyme und Pigmente an die ruhiggestellte Membran anlegen und so geordnet, sowie gegen motorische Deformation geschützt halten können.

Darstellung: A. Siebel

eingeschlossener Füllung. Diese waren hydraulische Systeme, die verschmelzen und wieder unterteilt werden konnten. Das bedeutet, daß lebende Individualität an das hydraulische Prinzip gebunden ist. Zudem wird denknotwendig, daß sofort Populationen von Präzellen entstanden, in denen in getrennten Individuen Mutationen auftreten konnten. Eine Untergliederung der Zellen, eine Teilung war möglich, auch konnten sie wieder sexuell verschmelzen. Genetische Rekombination erfolgte bei der erneuten Fusion der Zellen. Das bedeutet: Sexualität ist uralt, sie entstand in Form der gerade skizzierten Präsexualität mit der Individualität der Zellen.

Natürlich muß schon die gesamte Entwicklung der einzelligen Lebewesen nach den Prinzipien der Hydraulik erklärt werden. So wurden Zellen durch ein inneres, verspannendes Fasernetz in der Form festgelegt und dann auch beweglich. Die Beweglichkeit wird durch das Interagieren von zwei fädigen Eiweißkörpern, von Aktin und Myosin, möglich gemacht. Diese Fibrillen gleiten unter Verbrauch chemischer Energie aneinander und deformieren den kraftschlüssigen Verband der Zellhydraulik, in den sie eingehängt sind. Weitere mechanische Einrichtungen, Verspannungen, Versteifungen, Skelette konnten die Formen der Einzeller schon vielfältig bestimmen. Bei Bakterien sind es äußere Hüllen um die Zellen, die die Form festlegen. Bei nicht-bakteriellen Organisationstypen mit beweglicher Zellhydraulik leiteten oberflächliche Verformungen des Körpers die Bildung von Cilien ein, die im Wasser Vortrieb bewirken können, ohne daß der Körper selbst weiter in seiner Gesamtheit beansprucht werden muß. Die zelluläre Organisation und ihre Entwicklung wird so neu von der Mechanik her erklärbar.

Indem die Evolution vom Stadium der Präzellen an immer durch mechanische Bedingungen der Hydraulik bestimmt ist, wird das Erklä-

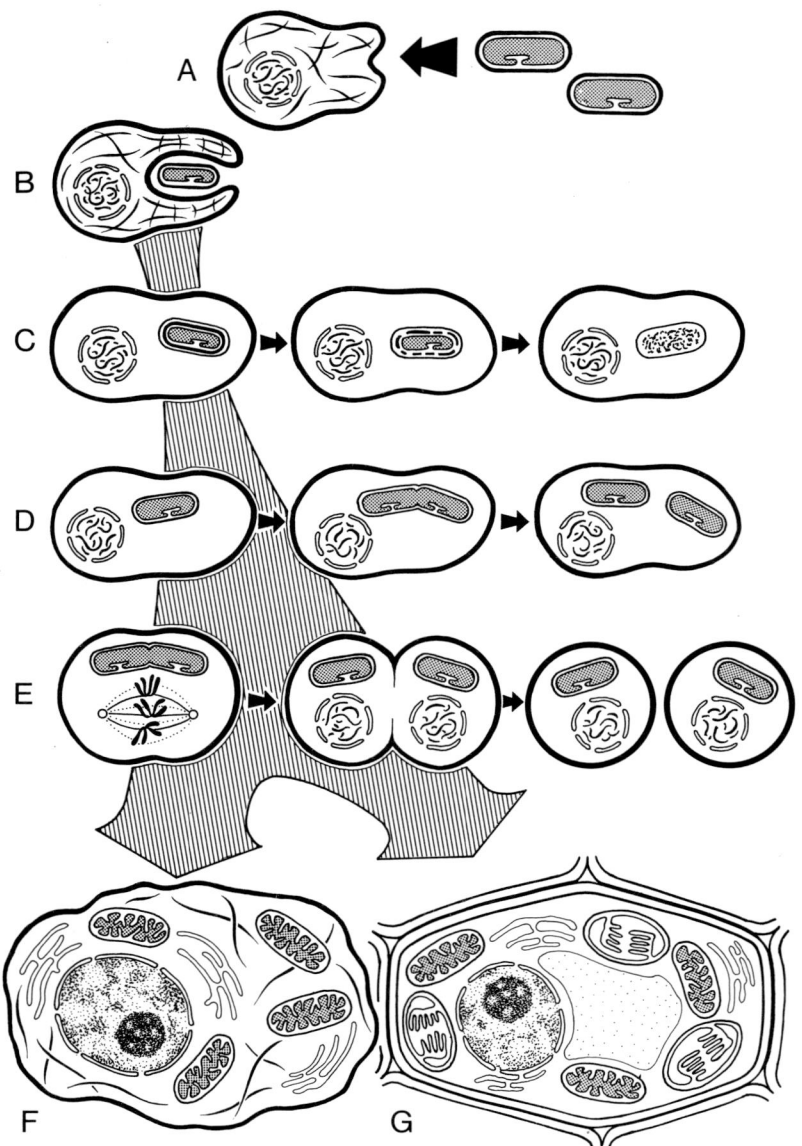

Abbildung 12
Die Entstehung der Endosymbionten bei Ausbildung der Euzyten. In frühen Phasen
der Entwicklung bildeten sich bewegliche Zellen und unbewegliche bakterien- und
blaualgenartige Zellen aus; die mit Aktin und Myosin ausgestatteten Zellen waren

zur Phagocytose befähigt. Sie konnten als Beute Bakterien- und Blaualgenzellen aufnehmen. Diese hatten die Fähigkeit zu komplizierten Stoffwechselleistungen entwickelt und konnten O_2 in ihrem Metabolismus nutzen und im Falle der Blaualgen Photosynthese betreiben.

Bei Aufnahme dieser Zellen mittels Phagocytose konnte die Räuberzelle die Stoffwechselprodukte der Beute nutzen, wenn die enzymatische Zerstörung verzögert stattfand. Unterblieb sie ganz und erhalten die Beutezellen die eigenständige Teilbarkeit, so waren sie Symbionten. Es hatte sich die Euzyte mit Mitochondrien (den ehemaligen Bakterien) im Falle der Tierzellen, mit Mitochondrien und Plastiden (den früheren Blaualgen) im Falle der Pflanzenzelle gebildet. Die Tierzelle ist unten links, die Pflanzenzelle unten rechts dargestellt. Die hohe Beweglichkeit der Räuberzelle war in der Euzyte mit den hohen Stoffwechselleistungen verkoppelt. Diese Phase der Evolution macht deutlich, daß es für alle Entwicklungsschritte der Organisation biomechanisch-konstruktive Vorbedingungen gibt und in keiner Phase evolutionäre Transformation ohne Beachtung der Biomechanik erklärbar ist.

Darstellung: A. Siebel

rungsmonopol der Molekularbiologie zuschanden. Die Entstehung der Zellen und die Ausbildung der verschiedenen Organisationsstadien erfordert biomechanische Begründungen.

6.4 Die Endosymbionten-Entstehung

Wenn man davon ausgeht, daß Leben unter anaeroben Bedingungen in einer Atmosphäre ohne Sauerstoff entstand, ja entstehen mußte, weil sonst die organischen Verbindungen, die die Lebensentwicklung ermöglichten, sofort durch Oxydation zerstört worden wären, muß mit der Bildung von Sauerstoff eine wichtige Wandlung in den Existenzbedingungen des Lebens noch vor Etablierung der komplexen Organismen, also der Vielzeller, eingetreten sein. Die Freisetzung des Sauerstoffes führt man überzeugend auf die Entstehung von blaualgenartigen Organismen zurück, die bei Nutzung des Sonnenlichts zur Energiegewinnung H_2O in Wasserstoff und Sauerstoff spalteten. Diese mit Hilfe von Pigmenten photosynthetisierenden Lebewesen, Cyanobakterien, die neben anderen Formen, vielfältige Stoffwechselmechanismen »ausprobierten«, leiteten eine grundlegend neue Entwicklungsphase des Lebens insgesamt ein. Zum einen mußte das Leben gegen den toxischen Einfluß des O_2 gesichert werden, auf der anderen Seite wurde es durch das Auftreten des O_2 auch möglich, daß sich Formen ausbildeten, die Sauerstoff positiv nutzten, indem sie mit Hilfe von Fermenten ihre Stoffwechselprodukte veratmeten und dabei beträchtlich viel mehr Energie gewannen als die älteren anaeroben Formen.

Es spricht nun alles dafür, daß diese neuen biochemischen Mechanismen, nicht nur diejenigen der Photosynthese und der Atmung, sondern auch andere Methoden der chemischen Energiegewinnung in bakterienähnlichen Formen entstanden, also gerade nicht in den zur vollen Beweglichkeit übergehenden hydraulisch-motorisch beweglichen Einzellern mit Aktin- und Myosin-Verspannung. Man kann den Grund für die enorme Weiterentwicklung der Prokaryonten, also der Bakterien und Blaualgen, darin vermuten, daß diese nicht stark beweglich waren, eine äußere stabilisierende Hülle besaßen und den Zellkörper nicht oder nur wenig deformierten. In ruhiggestellten Zellkonstruktionen konnten komplexe Systeme von Fermenten in der Cytoplasmamembran geordnet und in einer Weise arrangiert werden, daß ihre biochemische Tätigkeit nicht gestört wurde. Genau diese Störung hätte sich aber in den beweglichen Zellkonstruktionen ergeben. Die mittels Aktin und Myosin beweglichen Zellkonstruktionen konnten also keine komplexen, die Bindung an stillgestellte Strukturen erfordernden Stoffwechselmechanismen ausbilden. Die beweglichen Zellkonstruktionen mußten primär beim anaeroben Stoffwechsel bleiben. Daß aus der O_2-freien Phase der Lebensentwicklung die beweglichen Anaerobier überhaupt überleben konnten, verdankt sich der Tatsache, daß manche die Fähigkeit entwickelten, durch Phagocytose andere Zellen, vor allem bakterienartige Formen, aufzunehmen. Sie gingen also zum Teil wenigstens zu einer räuberischen Lebensweise über; die anderen Anaerobier gingen im Sauerstoff unter.

Im Gefolge dieser phagocytierenden Nahrungsaufnahme von Bakterienzellen dürfte es bei manchen Varianten nach der Aufnahme in den Zellkörper zur verzögerten »Verdauung« der Beute gekommen sein, was den Vorteil gewährte, daß noch entstehende Stoffwechselprodukte und Energie dieser gezähmten Beute für die Räuberzelle nutzbar wurden. Völliger Verzicht auf Verdauung und Ermöglichung der Zellteilung der Beute im Rahmen der Räuberzelle ließ durch Einbau von O_2-veratmenden Bakterien »tierische Konstruktionen« entstehen. Die zusätzliche Zähmung von photosynthetisierenden Cyanobakterien-Zellen eröffnete die Möglichkeit, das Sonnenlicht als Energiequelle zu nutzen. Der Evolutionsweg der Pflanzen wurde so beschritten. Sowohl pflanzliche wie tierische

Einzeller überlebten die Anreicherung von Sauerstoff in der Atmosphäre nur wegen ihrer Fähigkeit, O_2 zu veratmen. Sicher ist die große Organismenvielfalt der frühen Anaerobier ausgestorben, als sich das Gift Sauerstoff bildete und in größeren Mengen sich in der Atmosphäre sammelte. Nur die Bakterien und die Formen mit eingeschlossenen Prokaryonten, Cyanobakterien und O_2-atmenden Bakterien, die Euzyten, überlebten.

Die Euzyte entstand also durch Transformation der Beute aktiv beweglicher Zellen, durch Domestizierung der aufenommenen Nahrung. Eine hocheffiziente Koppelung von Stoffwechsel- und Bewegungs-Maschinerie bildete sich so aus, denn natürlich war die aerob gewonnene Energie in formeffektiven Zellbewegungen nutzbar, die eine große Überlegenheit gewährten.

Wichtig für unsere Überlegungen ist, daß die Vorbedingung für die Euzytenbildung, die von L. Margulis gefordert wird, in zwei Bedingungen lag: in der Entwicklung komplexer Stoffwechselmechanismen in kleinen ruhiggestellten Zellen und in der vorher stattgehabten Ausbildung hydraulisch beweglicher Zellen, die durch Phagocytose solche komplizierten, aber kleinen und wenig mobilen Stoffwechselmaschinen aufnehmen konnten; der mittels Aktomyosin-Systeme bewegliche Hydraulikverband der Zellen mußte also vor Beginn der Endosymbionten-Bildung abgeschlossen sein. Mit der Verkoppelung von hoher Stoffwechselleistung und beweglicher Zellapparatur entstand mit den Euzyten die Möglichkeit, die hochentwickelten Metazoen und Metaphyten auszubilden. Es liegt die Einsicht auf der Hand, daß die Ausbildung biochemischer und metabolischer Leistungssteigerungen biomechanisch-konstruktive Vorbedingungen hatte und nicht nur biochemisch und molekularbiologisch zu erklären ist.

Zu der Vorstellung einer aktiven Aufnahme der Prokaryonten durch hydraulisch bewegliche aber anaerob arbeitende größere Zellen paßt die Tatsache, daß die Endosymbionten von 2 Membranen, ihrer eigenen und einer umhüllenden der Räuber-(Wirts-)Zellen umgeben sind. Außerdem besitzen die aufgenommenen Bakterien-Konstruktionen (Mitochondrien) und die zur Photosynthese befähigten Blaualgen (Plastiden) schleifenförmige DNS-Gebilde, also einen genetischen Apparat, wie er heute noch für Bakterien typisch ist. Weiterhin korrespondiert mit der Beweglichkeit der Euzytenzelle das Vorhandensein eines Zellkernes mit Begren-

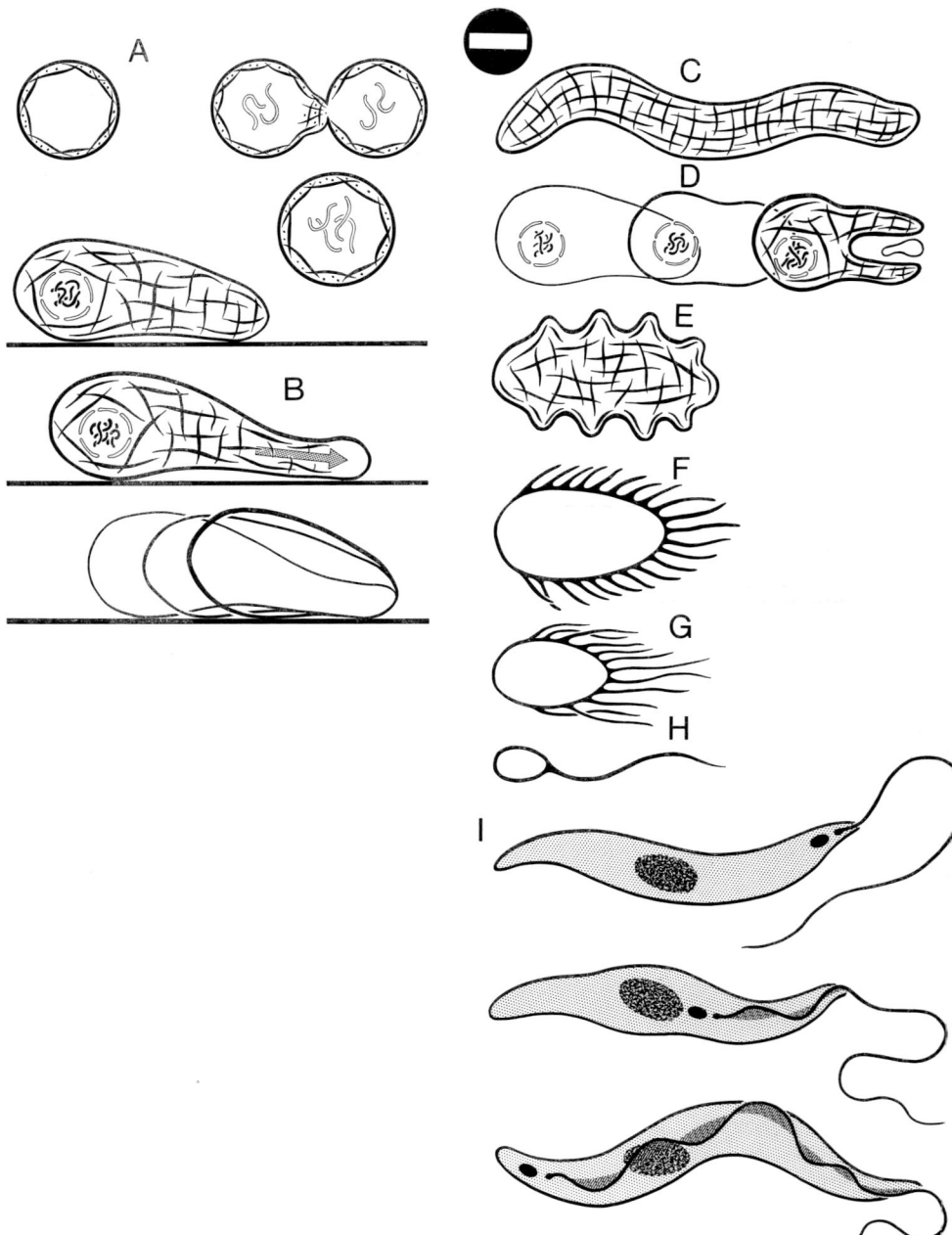

Abbildung 13
Die Beweglichkeit der Protozoenzelle.
A. Obere Reihe: Die Präzelle wird durch Aktin in der Festigkeit verstärkt, durch Interaktion von Aktin und Myosin beweglich gestaltet. Der Vorteil der Beweglichkeit liegt zuerst in der erhöhten (sexuellen) Fusionschance, später wird die Zellhydraulik für Phagocytose genutzt.
Die Vielfalt der Protozoen ist nur unter Nutzung der formkontrollierenden Mechanismen von Aktin und Myosin und von Mikrotubuli erreichbar.
B. Amoeboide Beweglichkeit nutzt die hydraulischen Eigenheiten der Zelle, erfordert jedoch eine Leitung durch äußere Bedingungen.
C. Wurmartige, schlängelnd lokomovierende Protozoen kommen nicht vor, weil die Formkontrolle durch Aktin und Myosin nicht effektiv genug ist.
D. Phagocytoseverhalten ist bei amoeboiden Formen gegeben.
E. Durch oberflächliche Bewegung der Zelle kann der Deformationsaufwand bei der Bewegung vermindert werden. Es bilden sich wellenartig arbeitende Zilienbesetzungen.
F.G.H. Die Zilienzahl kann bis zum Erhalt einer einzigen Geißel abnehmen.
I. Durch Anlagerung der Geißel an den Körper kann dieser wellenartig gebogen und wie ein Wurm propulsorisch genutzt werden.

Darstellung: A. Siebel

zung. Die Kernmembran muß sich mit der Erringung der Beweglichkeit aufgebaut haben. Dies darf man sich nicht als einen gerade verlaufenen Prozeß vorstellen. Sicher dürfte das endoplasmatische Reticulum Verschiebungssperren und später erst viele Kerne aufgebaut haben. Die Einkernigkeit (oder Wenigkernigkeit) der Einzeller ist sicher eine späte Errungenschaft. Nur eine Eingrenzung in eine Membran sicherte die Position der Chromosome (sie sind die besser verpackte Form der genetischen Mechanismen). So wurde verhindert, daß bei amöboider Bewegung die DNS ins Räderwerk des Akto-Myosin-Apparates geriet. Der Schutz aber existiert auch für die DNS und ihre molekularen Funktionen, die nun ungestört durch Mechanik, etwa geschützt durch die in der Hydraulik stattfindende Walking ablaufen können. Es liegt darüber hinaus die Annahme nahe, daß auch der bei der Kernteilung genutzte Spindelapparat sich aus dem Bewegungsapparat der Zelle rekrutierte. Die Prokaryonten-Zellen kennen weder Kernabgrenzung noch Teilungsspindeln. Dies ist mit ihrer hydraulischen Unbeweglichkeit unmittelbar korreliert. Diese Aspekte der Zellorganisation verweisen auf Probleme und Forschungsperspektiven einer biomechanisch verankerten Molekularbiologie und Cytologie, die chemisches und molekulareres Geschehen nur noch als in mechanischem Rahmen ablaufend und das kohärente Gefüge treibend verstehen müßte.

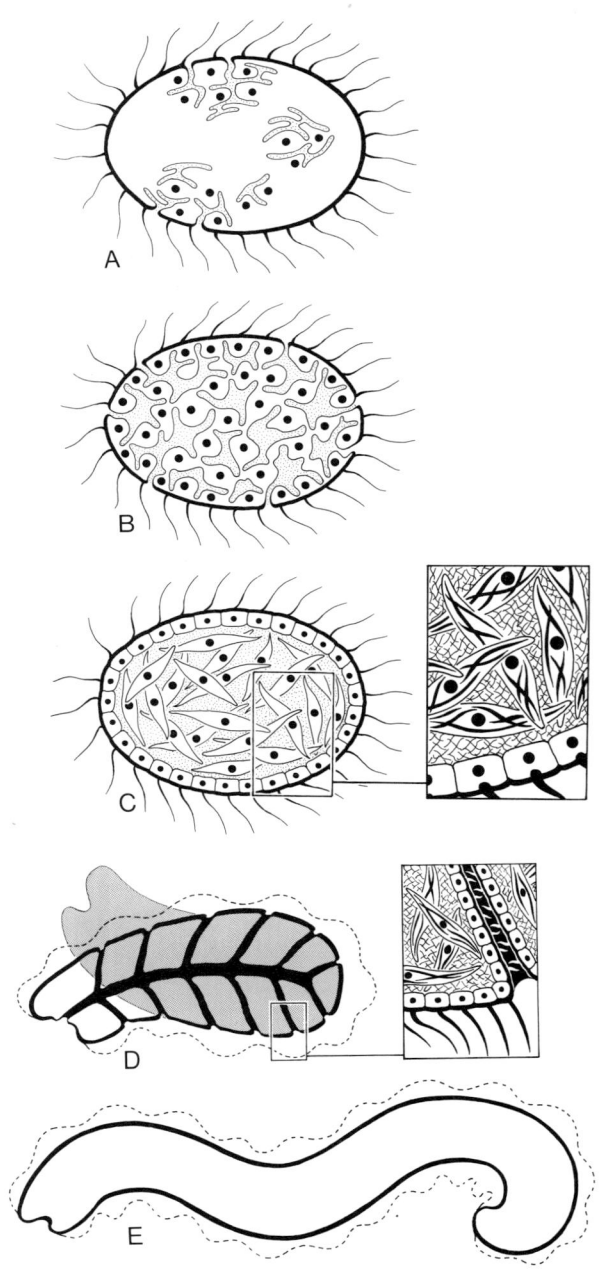

Abbildung 14

Die Entstehung der Vielzelligkeit.

A. In vielkernigen Einzellern entstehen verfestigende Einlagerungen ins endoplasmatische Retikulum. Auf diese Weise wird eine zur Metazoen-Organisation vermittelnde Vergrößerung der Protozoen möglich. *Verleiung*

B. Die Gallerteeinlagerungen bilden Gitter, die die innere Dislozierung der Kerne unterbinden und jeden Kern in einem eigenen Cytoplasmabereich halten.

C. Am Fasergitter der Gallerte werden die oberflächlichen Zellen als Epithel mit Zilien festgelegt. Zudem können Aktin- und Myosin-Verspannungen der innen liegenden Zellen inserieren. Auf diese Weise ist Formkontrolle gesichert und auch aktive Bewegungsmöglichkeit eröffnet.

Die beiden letzten Stadien zeigen gallertegestützte Konstruktionen, die in die Gallerte Kanäle einfalteten (D) und durch Muskelkontraktion eine propulsorische Beweglichkeit erreichten (E), die in das Schlängeln der Coelomaten (Abb. 18) einmündete.

Darstellung: A. Siebel

6.5 Die Vielzeller-Entstehung

Wichtiger noch sind die biomechanisch zwingenden Konsequenzen für die Entwicklung der folgenden Organisationsstufen. So ist es konstruktiv ausgeschlossen, daß die Vielzelligkeit sich nach Maßgabe des Haeckel-Modells durch Aggregation von Zellen gebildet haben könnte. Die Aggregation von vielen Zellen würde keine stabilen Einheiten ergeben, außerdem könnte man keine sprunglos evolutive Begründung für den Wandel angeben. Welchen Selektionsvorteil sollte allmähliche Zellaggregation haben, wie sollte sich allmählich Bindegewebe und muskuläre Verspannung bilden?

Auf der Grundlage des Hydraulik-Prinzips wird folgender Übergang zwingend: Vergrößerung von vielkernigen Einzellern, also eine Annäherung an größere tierische Vielzeller, ist nur möglich, wenn im ersten Schritt eine mechanische Verfestigung gesichert wird. Dies war so zu erreichen, daß in das endoplasmatische Retikulum, in nach innen verlagerte Membrangebilde, versteifende Gallerte eingebaut wurde. Diese Einlagerungen konnten im weiteren Verlaufe das Plasma um die Kerne in abgeschlossene Zellen unterteilen. Vielzelligkeit war somit der zweite Schritt nach Aufbau und Integration eines versteifenden Innengerüstes.

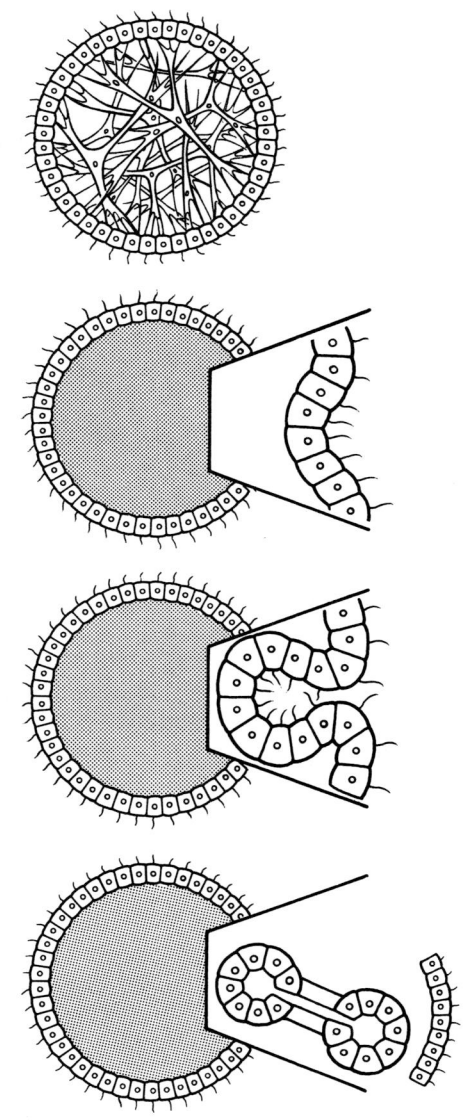

Abbildung 15

Kanalbildung auf einer Gallertoid-Konstruktion.

Zur Sicherung der Formbildung und Formhaltung ist eine interne Verspannung durch Zellen, präsumptive Muskelzellen, nötig. Durch stärkere Oberflächenvergrößerung des Epithels kommt es in einem mechanischen Formierungsvorgang zu Einfaltung einer Rinne, die sich zum internen Kanal schließt. Ohne Stabilisierung durch Gallerte wäre dieser Prozeß schwierig, würde viel Formkontrollaufwand erfordern und könnte nicht in funktionstüchtigen Lebewesen ablaufen.

Darstellung: G. Eder

Ganz wichtig ist für die Übergangsphase von der Protozoen- zur Metazoen-Organisation, daß bei der Unterteilung des Zellkörpers sich dauernd eine Verspannung des gallertig stabilisierten Körpers erhalten konnte. Die Gallerte mit ihrer fasrigen Struktur konnte als Verankerung der Aktin- und Myosinfibrillen dienen. Es stellte sich sofort die für die ganze Tierwelt typische Verankerung der Muskelzellen am fasrigen Bindegewebe, dem Derivat der Gallerte ein, eine Verbindung, die sich nie mehr löst. Auch die Epithelien wurden an das Gallert-Konnektiv-System angeheftet. Jede Basalmembran bezeugt diese Beziehung.

Ergebnis ist eine gallertig-bindegewebig ausgesteifte Konstruktion. Die Untergliederung in einzelne kernhaltige Zellbereiche fand im zweiten Schritt statt. Vielzeller sind jederzeit durch Bindegewebe verfestigte Gebilde, die Zellen liegen dem Bindegewebe auf oder sind in dieses eingebunden. Muskeln inserieren jederzeit am Bindegewebe. Das Bindegewebe stellt die Struktur dar, die zuerst in gallertiger Form später als Fasergitter aus Kollagen eine mechanische Kohärenz des Metazoen-Körpers sichert.

Gemessen an diesem Modell erweisen sich die üblichen Lehrbuchdarstellungen von Vielzellern, die Kolonien von Zellen vorspiegeln, als Märchen, das dem Hirn von Haeckel entstammt; die falschen Schemata aber bestimmen die Vorstellung der Realität bis heute. Wichtig ist zu beachten, daß hier nur von vielzelligen Tieren die Rede ist, die Entwicklung zu pflanzlichen Formen und zu Pilzen ist sicher anders verlaufen. Es blieben bei Teilungen Zellen aneinander hängen, bildeten Fäden oder flächenhafte Gebilde; entscheidend ist aber, daß auch bei diesen Vielzellern die Aggregate durch extrazelluläre Einrichtungen gesichert werden, durch Zellulose oder Chitin. Auch dieser Prozeß des Vielzelligwerdens stellt eine interne Kompartimentierung dar. Es gibt keine Vielzelligkeit ohne eine äußere mechanisch bestimmte Matrix, das Bindegewebe samt verspannenden Muskeln bei Tieren, Zellulose oder Chitin bei Pflanzen.

Natürlich konnte die Entwicklung der tierischen Vielzeller nur über Formen mit Cilienbesatz als Antriebsapparat verlaufen, denn die Gallertversteifung ließ Bewegung mit Muskeln nicht zu. Die Muskeln der Vielzeller entstanden aus verspannenden Zellen in der Gallerte. Der gallertig-bindegewebige Rahmen der primitiven Vielzeller konnte den neu entstehenden Muskelzellen die Möglichkeit der Verformung des Körpers eröffnen. Dabei traten in verschiedener Richtung ausgespannte Muskelzellen über die Vermittlung der Gallerte in antagonistische Beziehung zueinander. Die verspannenden (Muskel-)Zellen bestimmten die Form des Körpers, konnten aber auch zunehmend im Sinne einer aktiven Bewegung den Körper verformen, wobei die in verschiedenen Richtungen liegenden Muskeln miteinander interagierten.

Es war von vornherein eine antagonistische Interaktion der entstehenden Muskeln gegeben.

Weiterhin bildete die Gallertestabilisierung die Voraussetzung dafür, daß sich oberflächliche Zellagen zu Rinnen und dann zu Kanälen einsenken konnten. In den Kanälen, die in der Gallerte zu liegen kamen, konnte die Nahrung besser, vor allem geschützt, aufbereitet werden als auf der Oberfläche des Körpers; Verdauung wurde nun möglich.

Mit der internen Lage der Kanäle aber ergab sich eine gute Versorgung der entstehenden muskulären Verspannungen, die auch zu aktiver Arbeit überzugehen vermochten. Die Verkürzung der Diffusionswege zu den Muskeln ließ beträchtliche Vergrößerungen der Konstruktion zu, ermöglichte die Metazoenentwicklung und erlaubte die Ausbildung von muskelbetriebenen Systemen.

Dem primitiven Niveau gallertegestützter und von Kanälen durchzogener Konstruktionen entsprechen in der heutigen Lebewelt nur noch die Ctenophoren und die Schwämme. Die komplizierten Organismen der Metazoen zeigen eine komplexere Organisation. Wie diese zu erreichen ist, wird durch die schon beschriebene konstruktive Grundverfassung urtümlicher Vielzeller, also durch die konstruktiven Prinzipien der Organisation, vorgeschrieben.

Die Entstehung des Nervensystems ist hier, bei Betonung der Mechanik, nicht zu behandeln. Es ist leicht Nervenzellen als Spezialisierung auf Erregungsleistung aus dem Muskelgitter abzuleiten.

90

6.6 Die Urtümlichkeit stark untergliederter Hydroskelette

Alle höheren Metazoen mit komplizierter Innengliederung können nur von gallertig gestützten, durch Muskeln verspannten und in der Form gehaltenen Konstruktionen hergeleitet werden. Diese müssen schon voll entwickelte Binnenkanäle besessen haben. So können innere flüssigkeitsgefüllte Hohlräume in komplizierten Vielzellern nur durch Ausweitung von Kanälen entstehen. Diese müssen sich bei der Erweiterung mit Flüssigkeit füllen und so eine hydraulische Füllung der den Körper verspannenden Muskulatur bilden. Es entstehen so notwendigerweise Hydroskelett-Konstruktionen. Die steife Gallerte wird dabei auf ein faseriges Bindegewebe eingeschränkt, das die Verspannung und Verankerung der Muskeln übernimmt.

Wichtig ist nun folgendes: Wenn solche Hohlräume sich bilden, müssen sie in das dichte Verspannungsgefüge der Muskeln des gallertegestützten Systems passen. Im Übergang muß das Muskelsystem durch räumliche Verspannung die Formgebung sichern. Es kann also nicht ein sich ungehemmt vergrößernder einheitlicher Raum entstehen. Es muß also zuerst immer ein vielkammeriges, durch verspannende Muskelplatten untergliedertes System auftreten. Wenn sich dieses weiterentwickelt, kann es später zu sehr einfachen schlauchartigen Konstruktionen kommen, von denen kein Weg zurück zu den stark untergliederten führt.

Die einfachen Schlauchkonstruktionen im gesamten Tierbereich können aber nicht nur wegen der aufgezeigten lückenlosen Herleitung nicht urtümlich sein. Schläuche mit Füllung, aber einer Hülle nur aus Längsmuskeln oder Längs- und Ringmuskeln können, wenn jederzeit Muskel-Antagonismus gefordert ist, nicht unmittelbar auftreten. Man kommt mit Notwendigkeit zur präzedenten Form des Gitters und dieses Gitter bedeutet Zerlegung und Vielgliedrigkeit der Flüssigkeitsfüllung.

In zwei Hauptlinien hat sich diese Entwicklung abgespielt. Einmal bei Gallertoiden, die sich am Boden festsetzen, als hydraulische Polypen-Konstruktionen strahlig symmetrisch wurden und zuerst die Phase der Anthozoen-Konstruktionen erreichten. In der weiteren Entwicklung bildeten sich auch kleinere Polypen aus, von denen sich mittels abgetrennter Tentakelkränze samt Mundfeld frei bewegliche Organismen abgliederten und als Medusen die strahlige Organisation beim freien

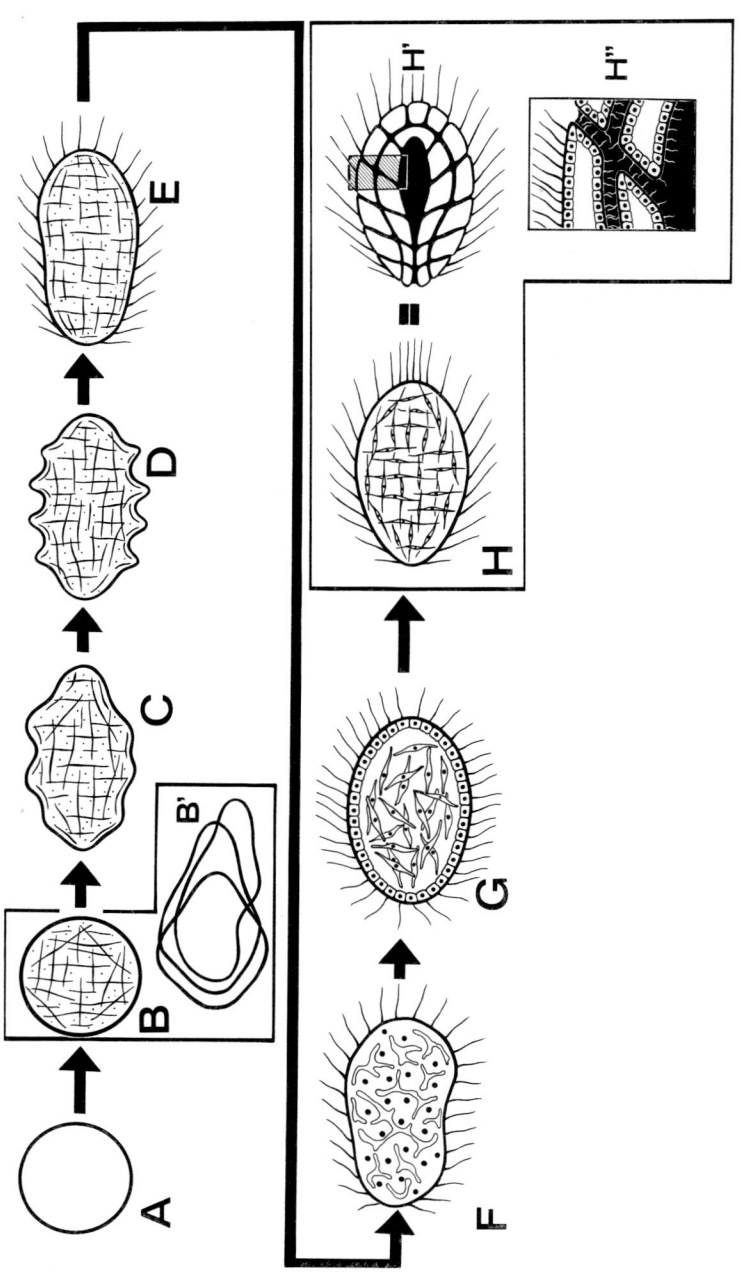

Abbildung 16

Hauptstufen der Organisation von Zellen und Vielzellern.

A. Präzelle ist als flüssigkeitsgefülltes membranös abgeschlossenes Gebilde ein hydraulischer Apparat. Wegen des Mangels an kontraktilen Gebilden ist er auf Kugelform festgelegt und vermag sich nicht aktiv zu bewegen. Fusion in parasexueller Verschmelzung und erneute Trennung in Individuen ist teilweise oder ganz von äußeren Einflüssen, Strömung, Turbulenz abhängig.

B. Beweglichkeit der Zellen wird durch fasrige Verspannung und hydraulische Deformation erreicht.

C. — D. — E. Cilien-Entwicklung: Wenn Antriebsbewegungen oberflächlich konzentriert werden, können sich aus diesen Bewegungen die Cilien auf einem stabilen Körper etablieren.

F. Vielzellerentwicklung wird erreichbar, wenn es durch Einlagerung von Gallerte zur Unterteilung eines vielkernigen Einzellers in ein vielzellig-gallertiges Gebilde kommt. Im Verlaufe der Untergliederung kann in jedem Stadium die formbestimmende Verspannung durch Aktin und Myosin, sowie durch die sich ausbildende Verspannung der Muskeln bestehen bleiben.

G. Interne Verspannung durch sich entwickelnde Muskeln ist nötig; die Gallerte gestattet die Einfaltung von Kanälen in die stabile Konstruktion.

H. Gallertoid-Konstruktion wie sie bei Schwämmen (zusätzliche Skelettbildung) und bei Rippenquallen (Ctenophoren) vorliegt.

Alle Entwicklungsphasen stellen interne Differenzierungen und Einfaltungen dar; es erfolgt nirgends eine Addition oder Agglomeration. Dieser Entwicklungsmodus ist durch das Hydraulik-Prinzip vorgeschrieben und widerspricht den Haeckel-Schematisierungen, die keine Gallerte und kein Bindegewebe als Vorbedingungen tierischer Vielzelligkeit kennen und ohne Begründung der Selektionsvorteile die Aggregation von Zellen als Mechanismus der Vielzelligkeit-Etablierung unterstellen.

Darstellung: R. Tschapka

Schwimmen weiter nutzten. Diese Entwicklung hat M. Grasshoff glänzend rekonstruiert.

Die andere Entwicklungslinie führte von zilientragenden Formen zu muskelmotorisch aktiven Konstruktionen, zu gestreckten Würmern, die ein System innerer Hydraulik-Füllungen ausbildeten, zu den Coelomaten. Diese müssen wegen der Erfordernisse der Formkontrolle untergliederte dicht verspannte Konstruktionen gewesen sein. Metamerie muß in Entsprechung zur starken Untergliederung der Anthozoen bei den Cnidariern die ursprüngliche Organisation der Coelomaten markieren.

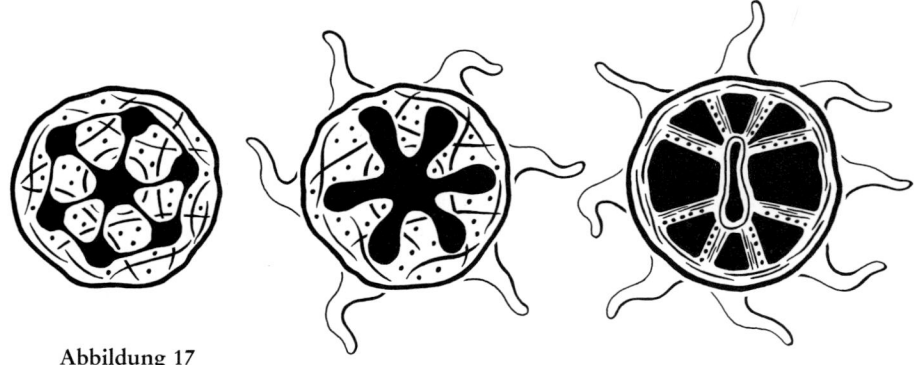

Abbildung 17

Entwicklungsweg zu den Cnidariern.

Von muskulär beweglichen mit Kanälen ausgestatteten Gallertoid-Konstruktionen gibt es (auf einem späteren Stadium als dem, von dem sich die Schwämme abgespalten haben) erneut den Weg zur festsitzenden Lebensweise. Die Gallerte wird bei Beweglichkeit des Fangapparates durch Ausweitung interner Kanäle verdrängt. Es bildet sich eine radiale Konstruktion, das Hydroskelettsystem der Polypen, aus. Die vielkammrige Anthozoen-Konstruktion mit vielen verspannenden und formkontrollierenden Bindegewebsblättern stellt die Repräsentanz der urtümlichen Stadien dar. Darstellung im Anschluß an die Modellrekonstruktion von M. GRASSHOFF.

Darstellung: A. Siebel

6.7 Die Coelom-Hydraulik

Als in Form der Coelomtiere die höchst entwickelten, mittels Muskelaktion frei beweglichen Organismen auftraten, mußte sich eine gestreckte Wurmform ausbilden. Nur die gestreckte Form läßt Antriebsbewegungen durch schlängelnde Biegungen oder peristaltische Wellen zu. Solche Formen waren in ihren Bewegungen durch steife Gallerte behindert. Bei ihnen war die Ausbildung von flüssigkeitsgefüllten Höhlen an Stelle der steifen Gallerte besonders vorteilhaft. Es entstanden gestreckte Würmer mit durchgehendem Darm und vielen Flüssigkeitsräumen, die je einzeln mit nach außen führenden Kanälen versehen waren. Daß die Hohlräume primär eng sind und vielfach unterteilt, erklärt sich aus den schon genannten Verspannungserfordernissen. Es mußten zuerst vielfach in ihren Innenräumen gegliederte Organismen entstehen.

Die Tatsache, daß bei ihnen die flüssigkeitsgefüllten Coelomräume seitlich in den Flanken liegen, findet ihre Erklärung, wenn man annimmt, daß diese Würmer anfangs sich durch seitliche Schlängelung fortbewegten. Dabei war die steife Gallerte in den Flanken, dort wo die Verformung des Körpers am stärksten ist, besonders hinderlich. Der Vorteil, daß sich hier die Flüssigkeitsräume des Coeloms bildeten, war am größten. Alle Coelomtiere aber zeigen die seitliche Lage der Hohlräume.

Im voranstehend rekonstruierten Modell, das von gallertig gestützten Vorfahren mit Cilien-Antrieb ausgeht, kommen wir zu gestreckten Coelomwürmern, die sich vorwiegend schlängelnd bewegten, aber auch leicht peristaltische Bewegungen durchführen konnten. Im Innenaufbau zeigen sie einen durchgehenden Darm, der von Coelomräumen, flüssigkeitsgefüllten Behältern, umgeben ist. Die inneren Füllungsräume, das Coelom aber auch der Darm sind Teil des Bewegungsapparates. Sie sind von Muskeln umgeben, muskelbesetzte Bindegewebsflächen teilen die Innenräume ab. Jeder Coelomraum hat einen Nephridienkanal als Rest des alten Kanalsystems behalten. Das gesamte System ist eine hydraulische Konstruktion, die wegen geringer innerer Widerstände leicht beweglich ist. Die höhere Effizienz des hydraulischen Antriebes gegenüber Cilien-Propulsion oder Verformung eines gallertegestützten Körpers leuchtet unmittelbar ein. Ihr entspricht der effektive durchgehende Darm, der durchlaufenden Dauerbetrieb ermöglicht. Zudem bilden die Coelomaten ein Blutgefäßsystem aus, indem sie im Bindegewebe Flüssigkeit in geordneten Bahnen verschieben. Es ist die Gesamtheit der konstruktiven Bedingungen, die die Effizienz der Coelomaten bestimmen; von ihnen leiten sich alle komplexen sogenannten höheren Tiere ab.

Die Grundkonstruktion mit ihrer generellen Einsatzfähigkeit macht schon verständlich, daß sie vielfältige Weiterentwicklungen zuläßt. Sie mag vorwiegend geschlängelt haben, aber der Wurmkörper konnte auch peristaltische Bewegungen ausführen. Bei Intensivierung des Schlängelns war es nötig, eine die Längenkonstanz sichernde Einrichtung, die Chorda-Achse auszubilden. Die anderen Bewegungs-Optionen gingen dann verloren. Diesen Weg haben die Chordaten beschritten, die später zu behandeln sind.

Setzte sich aber stärkere Peristaltik durch, so wurde die Körperwand gefaltet, der Körper hoch deformierbar. Er mußte ja Wellen über sich laufen lassen. Diese Entwicklung haben die Anneliden eingeschlagen. Die Körperwand wurde dünn, eine Cuticula hilft äußerlich mit, die Form zu kontrollieren, die Muskeln bilden ein internes Gitter. Von der peristaltischen Bewegung auf dem Substrat ist ein kurzer Weg zum Eindringen in den Boden. Im Boden, wenn die Bewegung durch die Röhre oder das umgebende Sediment geführt wird, treten die internen Verspannungen teilweise oder ganz zurück. Wir kennen alle Stadien der Rückbildung interner Verspannungen bis zur Vereinheitlichung der hydraulischen Leibeshöhle. Am Vorderende können Tentakelsysteme sich ausbilden, z.B. bei den Tentakulaten.

Bei den voll beweglichen Anneliden sind seitliche Auswüchse an jedem Körpersegment ausgebildet. Diese Parapodien werden durch Borsten versteift. Manche Anneliden laufen auf diesen Anhängen wie auf Beinen.

Effektivere Läufer entstehen, wenn laufende Formen eine wirksame Versteifung der Cuticula ausbilden und längere Beine entwickeln. Die Versteifung des Außenskeletts sichert Form-Konstanz, gestattet die Insertion von Muskeln und läßt effektivere Bewegungen als bei hydraulischen Systemen zu. Diesen Weg haben die Arthropoden, die Gliederfüßer, eingeschlagen. Anneliden aber vermögen auch zum Kriechen am Boden überzugehen, ihre Bauchseite abzuflachen. Auf diese Weise entstehen die Vorbedingungen für die Evolution der Mollusken. Bei ihnen bildet sich ein dicker Muskelfuß aus, der die Form des Substrates nachzubilden

Abbildung 18
Entwicklung des Antriebs-Apparates der Coelom-Hydraulik-Konstruktion.
A. Gallertegestützte Konstruktion beginnt mittels ihrer Muskelverspannung Deformationen zu erzeugen. Muskelverspannung und internes System von Kanälen sind nicht dargestellt.
B. Bei Streckung läßt sich die Biegung verstärkt als Antriebsbewegung nutzen.
C. Streckung zum Wurm ist bei allen Antriebsweisen skelettfreier Konstruktionen erforderlich. Bei Intensivierung des Antriebs ist die steife Gallerte hinderlich. Sie wird durch flüssige Füllung in sich weitenden Kanälen verdrängt.
D. Die Flüssigkeitsräume organisieren sich seitlich in den Flanken, dort, wo beim Schlängeln die am stärksten verformten Bereiche liegen. Dies verweist auf seitliche Schlängelung als ursprüngliche Antriebsform der Coelomtiere. Die Ableitung von gallertegestützten Vorläufern mit notwendiger enger Muskelverspannung führt zu einem (metamer) vielgliedrigen Coelom, nie zu einem einfachen oder weniggliedrigen.
Alle Abwandlungsschritte stellen interne Differenzierungen ohne Addition oder Agglomeration dar. In allen Stadien ist für Formkontrolle gesorgt. Die Konstruktion E. markiert den primitiven Level der Coelomaten-Konstruktionen, von dem aus die verschiedenen Coelomaten-Derivationen ausgingen.

Darstellung: R. Tschapka

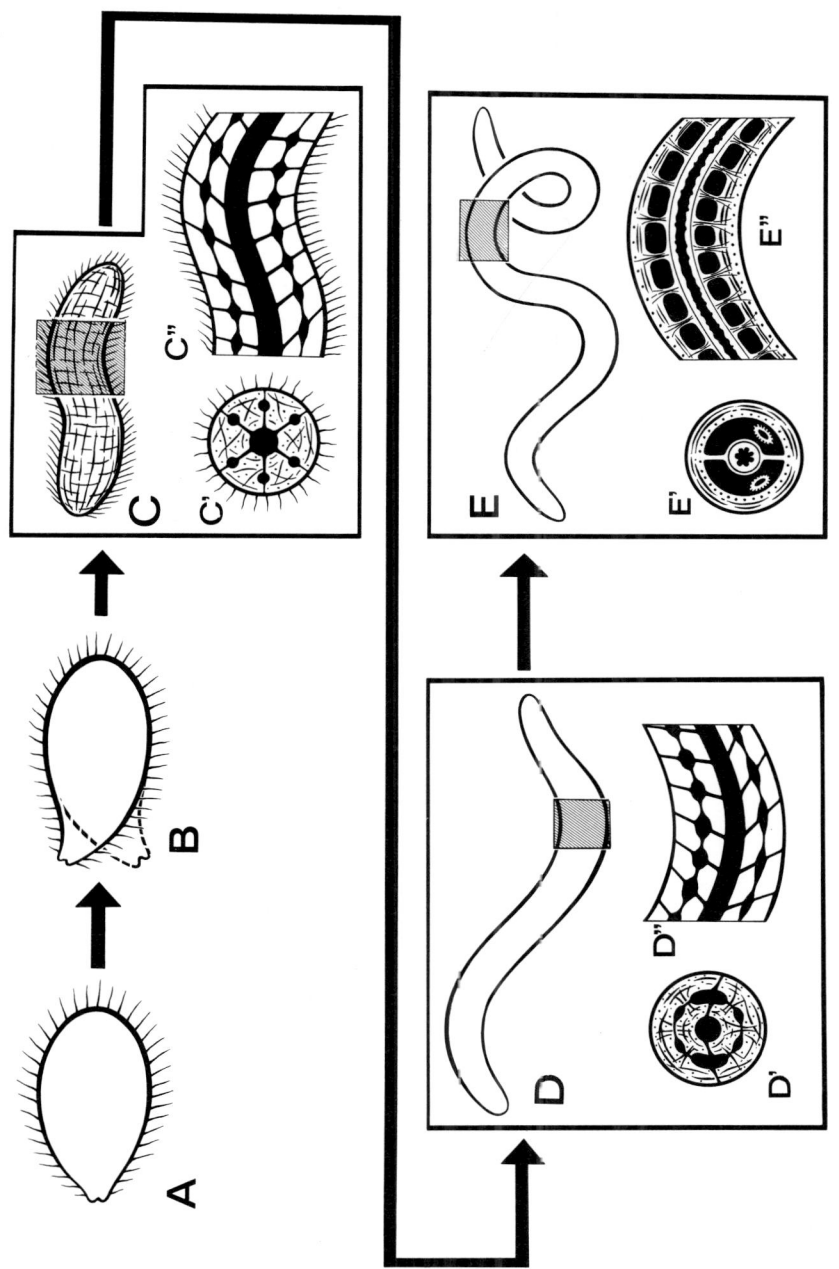

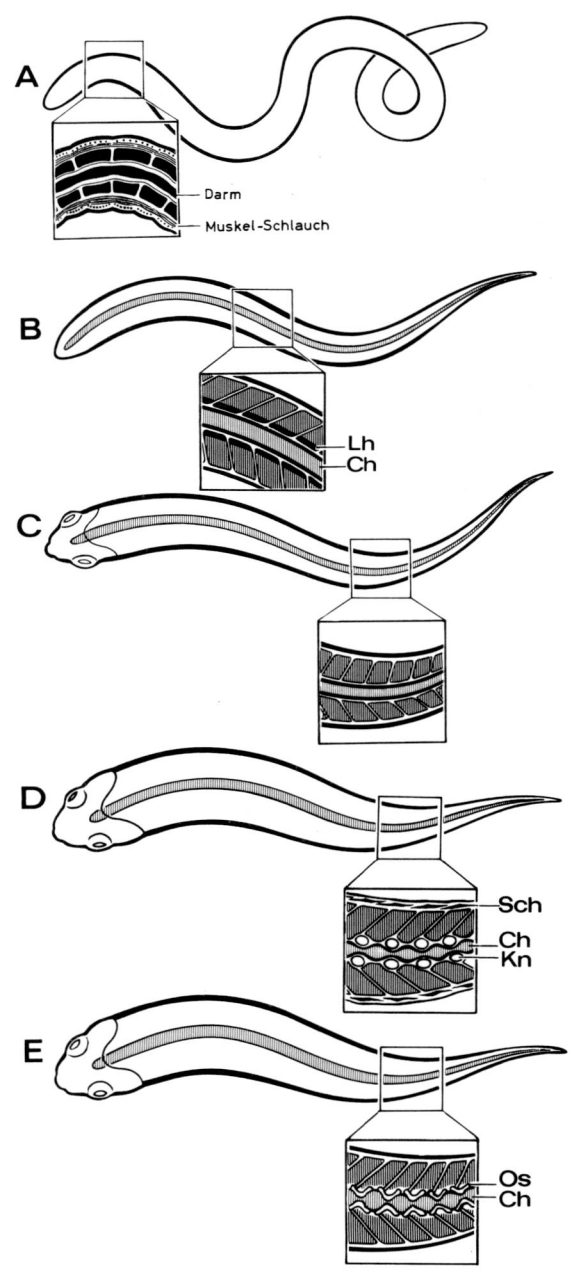

A

Darm
Muskel-Schlauch

B

Lh
Ch

C

D

Sch
Ch
Kn

E

Os
Ch

Abbildung 19

Chorda- und Wirbeltierentstehung.

A. Wurmförmiger Vorläufer mit inneren verspannenden Gewebeflächen. Höchstwahrscheinlich haben die Chordaten-Vorläufer nur geschlängelt, waren also nie wie die Anneliden zur peristaltischen Bewegung übergegangen.

B. Als Längenkonstanz sichernde Einheit entsteht der Chordastab (Ch), der viele verspannende und formkontrollierende Muskeln überflüssig macht. Die Chorda ist primär ein hydraulisches Organ mit einer Zellfüllung und einer dichten, den Querschnitt festlegenden Faserscheide. Im primitiven Stadium sind Resträume (Lh) in Form von Sklerozoelen noch vorhanden.

C. Am Vorderende bildet sich bei den Cranioten der Kopf aus, die Resträume in den Muskeln verschwinden.

D. — E. In der Weichkörperkonstruktion bilden sich skelettale Strukturen (Sch — Schuppen, Kn — Knochengebilde und Verknöcherungen — Os). Alle Skelettelemente erhalten eine hydraulische Vorgliederung und sind nicht aus sich selbst verständlich. Voraussetzung für die Entstehung der Chorda als Längenkonstanzsicherung ist die (metamere) Untergliederung durch verspannende Gewebswände in Form von Mesenterien und Dissepimenten. Die Entwicklung der Nephridien ist nicht dargestellt.

Wichtig ist, daß die Vorläufer der Chordaten keine Anneliden gewesen sind. Diese haben keine zulänglich kräftigen Mesenterien und Dissepimente mehr und ihre Körperkonstruktion ist für starke Peristaltik mit Längenveränderungen eingerichtet.

Darstellung: R. Tschapka

erlaubt. Adhäsives Kriechen auf der Unterlage erlaubt den Einsatz der Radula, die den Belag des Bodens abraspelt. Auf der Rückseite bildet sich die zuerst gegliederte Schale aus.

Eine weitere Evolutionsoption ist die, daß bei längenkonstant schlängelnden Anneliden die Cuticula als querschnittsichernde Bandage die Längenkonstanz festlegt. Es bleiben dann, wenn die Cuticula die Formsicherung übernimmt, bei Aschelminthen-Konstruktionen also, nur die Längsmuskeln übrig, die die Biegung bewirken müssen. Dissepimente und Ringmuskeln sowie die Coelomepithelien verschwinden. Es entstehen scheinbar einfache, in Wirklichkeit höchst effiziente aber abgeleitete Konstruktionen.

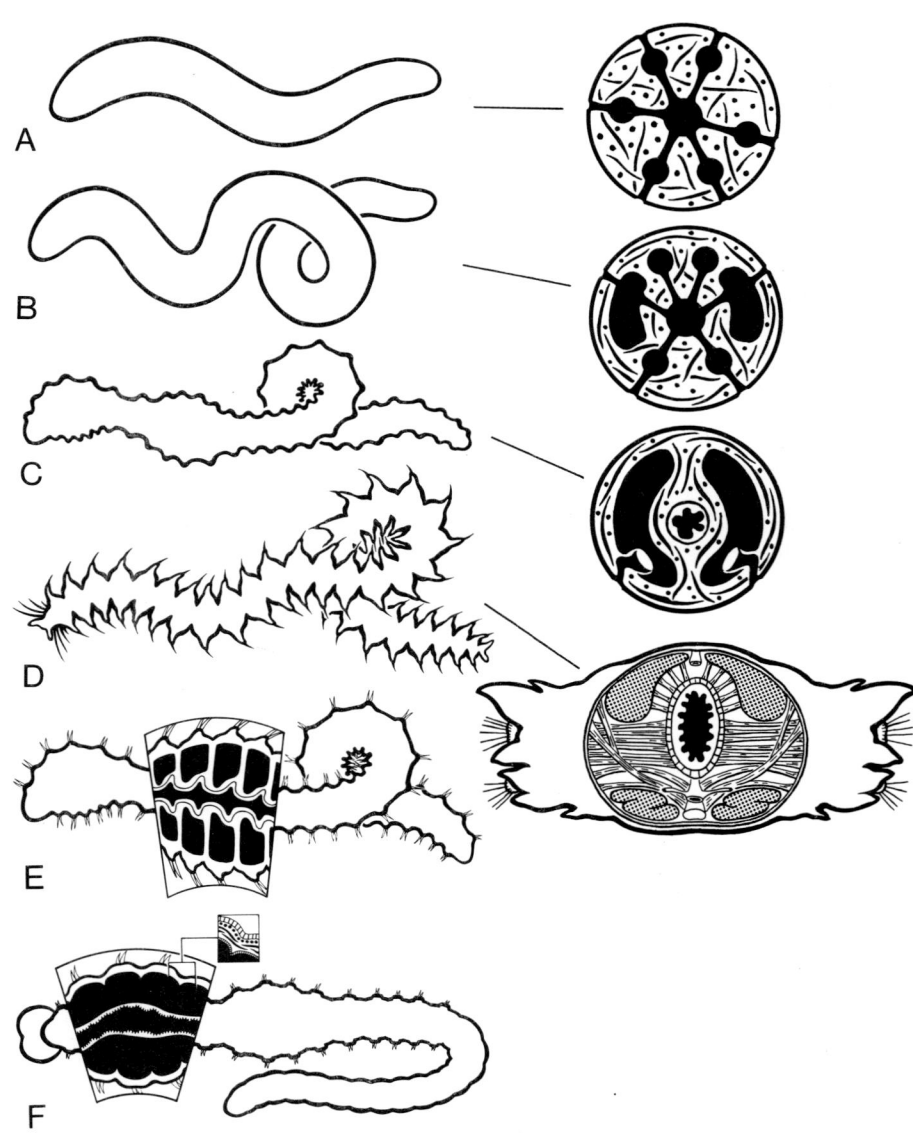

Abbildung 20

Die Anneliden-Entwicklung.

A. Die urtümlichen Coelom-Hydraulik-Konstruktionen dürften als Schlängler-Konstruktionen anfangs nur in begrenztem Maße peristaltisch beweglich gewesen sein.

B. Peristaltik als kriechende Bewegung auf dem Substrat war leicht zu erreichen.

C. Sie führte zur Ausbildung einer stark verformbaren Körperwand mit ziehharmonika-artiger Struktur. Die Muskeln wurden als Gitter in der Konstruktion ausgebildet; die Körperwand selbst wurde durch eine Cuticula verstärkt und bildete Falten, sowie Anhänge, die zuerst als Stützung am Boden dienten.

D. Die Anhänge, die Parapodien, konnten aber auch als Paddel beim Schwimmen und als beinartige Bildungen beim Laufen genutzt werden.

E. Tubikoler Annelid mit Tentakel-Apparat, wie er für den Übergang zu Phoroniden und Brachiopoden zu fordern ist.

F. Tubikoler Polychaet mit völlig reduzierten Dissepimenten und Parapodien und einem Körperschlauch aus Längs- und Ringmuskeln. Sind alle Reste der Metamerie aufgelöst, eröffnet die bisherige Phylogenetik einen neuen Stamm und beachtet nicht die Stufen des Metamerie-Verlustes, der sich in den Anneliden schon zeigen läßt. Die Entstehung der Anneliden mit den Polychaeten als urtümlichen Vertretern wird auf Intensivierung der Peristaltik zurückgeführt. Die Körperwand ist ziehharmonikaartig gegliedert und die Muskulatur zu einem inneren verspannenden Gitter aufgelöst. In den stark deformierbaren und umorganisierten Anneliden-Konstruktionen sind die Vorbedingungen für die Entstehung der Chorda und die Ausbildung der anderen Chordaten-Eigenheiten nicht gegeben.

Darstellung: A. Siebel

Noch einmal ist zu betonen:

1. Vor Entstehung des Coeloms mußte eine dreidimensionale Muskelverspannung vorliegen,

2. das Coelom und der Darm konnten nur als Hohlsysteme im muskulären Verspannungssystem entstehen,

3. das primäre Coelom muß daher vielgliedrig gewesen sein.

Die Erklärung der Notwendigkeit einer anfangs vielfältigen Untergliederung steht in krassem Widerspruch zu überkommenen Ansichten der Morphologie. Es wird durchweg unterstellt, die vielgliedrigen Formen seien weiterentwickelt. Die einfachen Formen, einfache schlauchartige Würmer, werden wegen ihrer vermeintlichen Einfachheit als ursprünglich angesehen. Diese Reihungen geschehen rein nach visuellem Eindruck, ohne Erklärung und ohne Begründung der Umbauten. Nach der

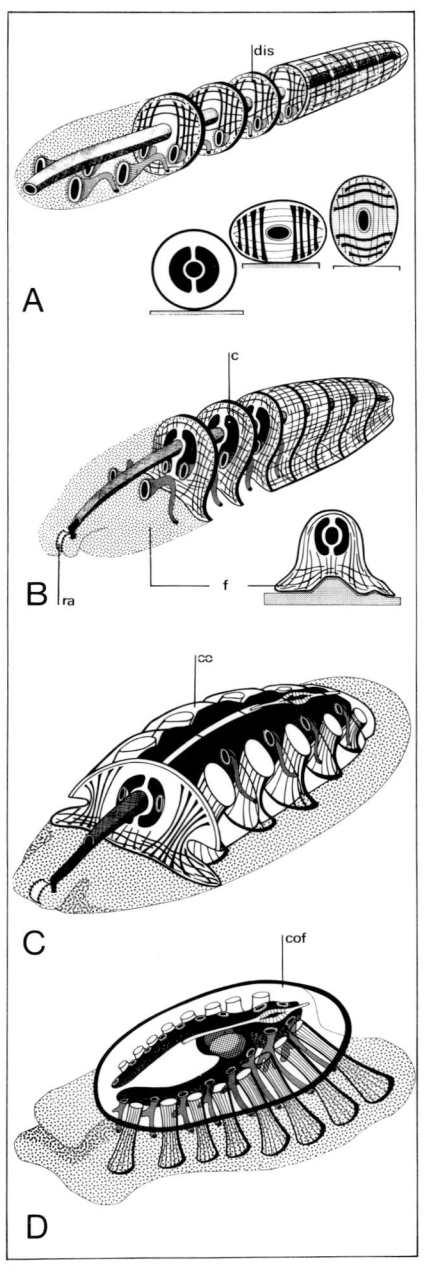

Abbildung 21

Die Mollusken-Ableitung.

A. Wurmartige Coelomaten können, wenn sie eine innere Verspannung durch Dissepimente und Muskeln in den Segmenten besitzen, zum Kriechen bei Abflachung des Körpers auf festem Substrat übergehen. Die konstruktiven Vorbedingungen für die Mollusken-Evolution waren gegeben.

B. Übergang zu der Mollusken-Konstruktion. Mit Verdichtung des Muskelgitters auf der Ventralseite konnte die adhäsive Kriechweise verbessert und dabei die Raspelzunge, die Radula, zum Abweiden von Bewuchs eingesetzt werden. Das Coelom wurde nach dorsal verlagert und blieb Gleitraum für Darm und Herz sowie Behälter der Gonaden.

C. Primitiver vielgliedriger Mollusk vom Chitonentypus. Auf der beim Kriechen mit dem Fuß ruhiggehaltenen Rückenfläche bilden sich Skelettspangen aus, die den Körper stabilisieren und von der Rückenseite her schützen. Die Gliederung der Schale läßt noch wurmartige Biegung zu.

D. Urtümliches Conchiferen-Stadium. Bei Verdickung des Kriechfußes kann die Biegung unterbleiben. Die Schalenspangen können zur einheitlichen Schale verschmelzen.

Das Modell leitet die Mollusken von Anneliden-Konstruktionen ab. Es gibt die Existenz von Darm, Coelom und Dissepimenten samt Muskeln als essentielle Konstruktionselemente vor. Bisherige Ableitungen der Mollusken von Anneliden waren reine Formenreihen ohne konstruktive Erklärung der Transformation. Eine Ableitung der Mollusken von Plathelminthen oder Nemertinen ist konstruktiv nicht möglich.

Darstellung: R. Klein-Rödder

vorgelegten Theorie kann es diese Begründungen nicht geben, weil formkontrollierende enge Verspannungen zuerst vorhanden sein mußten und die vermeintliche Einfachheit schlauchförmiger Tiere nur am Ende der Entwicklung stehen kann. Außerdem sind alle wenigliedrigen oder einheitlichen Coelomtiere grabende und in Röhren lebende Formen. Diese Lebensweise in Sediment und Röhre kann aber nur von Formen aufgenommen werden, die vorher schon eine Coelomhydraulik besaßen, die ihnen das Eindringen in den Boden erlaubte. Die neue Sicht ist katastrophal für die unbegründeten Vorstellungen, die man bisher entwickelt hat. Im nächsten Schritt wird die Absurdität der so beliebigen bisherigen Formenreihungen noch einmal deutlich.

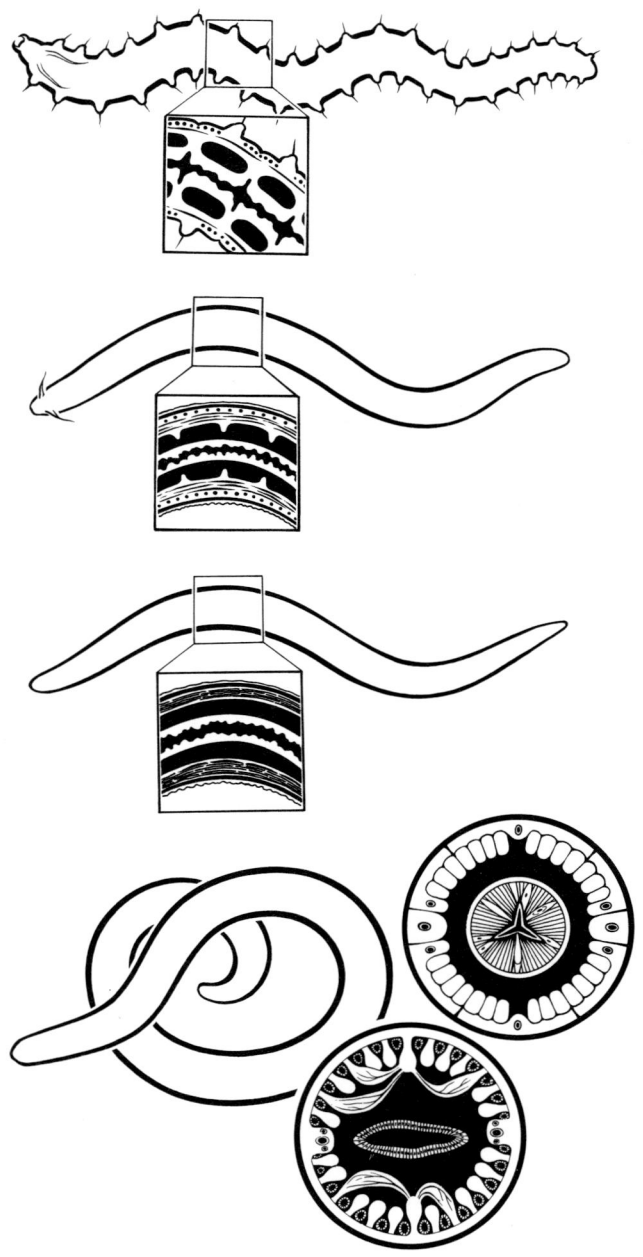

Abbildung 22

Die Entstehung der Aschelminthen-Konstruktion (Nematoden, Nematomorpha) aus polychaeten-artigen Vorläufern.

Bei Beschränkung auf Schlängeln beim Leben in halbflüssigem Milieu (und möglicherweise Verzwergung) kann die Cuticula die Sicherung der Längenkonstanz übernehmen. Es kommt dann zur Reduktion aller internen verspannenden Muskel-Bindegewebs-Strukturen und der äußeren Anhänge. Nur Längsmuskeln bleiben im Dienste der Körperbiegung zurück. Die Muskeln erhalten eine Befestigung unter der Cuticula, die zur dominierenden Konnektivstruktur wird. Mit Wegfall der internen Epithelien erfolgt eine Transformation derart, daß Muskeln Fortsätze ausbilden, die sich die Steuerreize an den Hauptnervensträngen abholen. Aschelminthen haben ein als Hydraulikfüllung wirkendes Coelom ohne Epithel, aber keine primäre Leibeshöhle, die eine Erfindung einer konstruktionsblinden Morphologie ist. Die Einfachheit der Aschelminthen kann nur sekundär sein, weil eine Längsmuskel-Cuticula-Konstruktion nicht unmittelbar entstehen kann und weil von dieser Konstruktion aus eine Entwicklung zu komplexerer Konstruktion abgeschnitten ist.

Darstellung: R. Tschapka

Wenn hydraulische Wurmkonstruktionen in den Boden vordringen oder in einer Röhre leben, wird die Bewegung durch die Röhre geführt. Die Erfordernis für Formkontrolle durch Muskeln nimmt ab. Bei solchen Formen können dann die internen Verspannungen wegfallen und einfache Schlauchsysteme aus Längs- und Ringmuskeln übrig bleiben. Einfachheit ist somit eine stark abgeleitete Angelegenheit. Diese Sonderentwicklung wird noch durch die vielfach eintretende Verlagerung des Afters nach vorne unterstrichen. In vorderer Lage des Afters kann bei Lebewesen, die in einer Röhre leben, Muskelaufwand für den Kotausstoß eingespart werden.

Die Unlogik der überkommenen Morphologie liegt darin, daß sie nicht erkennt, daß nur Formen mit voll entwickeltem Coelom zum Leben im Boden übergehen und Röhren bauen können, daß dabei Dissepimente aus guten Gründen verschwinden können, daß dann der Darm U-förmig zu werden vermag.

Eine Umkehr der Entwicklung ist nicht möglich, weil für die ersten Schritte der internen Neugliederung eines einfachen Wurmes ein Selektionswert nicht bestehen kann. Wenn man bisher Einfachheit von röhrenlebenden, kolonial organisierten Formen mit U-förmigem Darm ohne Erklärung für stammesgeschichtlich ursprünglich erklärt, also versucht, hochaktive Tiere von sessilen, hochgradig motorisch behinderten mit total abweichender Innenorganisation abzuleiten, so zeigt sich darin eine anachronistische Weltfremdheit der Morphologie, ein Versagen vor den Konstruktionseigenheiten lebender Systeme, das nur vor Augen führt, wie überlebt die Wissenschaft ist, die ihre Grundlage in subjektiver Formbetrachtung und Formvergleich hat. Hier Ordnung zu schaffen ist ebenso wichtig, wie die Absurdität von Umweltanpassung zu beseitigen.

Aus konstruktiven Gründen kann die Entwicklung nur von intern vielgliedrig muskulär verspannten Formen zu wenig untergliederten Konstruktionen mit Tentakeln verlaufen. Die Würmer ohne innere Verspannungen, also Dissepimente, Mesenterien und vor allem Formen mit U-förmigem Darm sind Endstadien von Entmetamerisierungsprozessen, die in den Anneliden, speziell Polychaeten, schon alle Stadien zeigen. Aber Tentakulaten, Phoroniden und Brachiopoden sind klar erkennbar metamere Tiere mit einem Coelomsegment für den Tentakelapparat, Gewebsbrücken zwischen Darm und Körperwand, in denen ein oder zwei Paar Metanephridien hängen, Brachiopoden haben zudem Polychaetenborsten.

In den Polychaeten gibt es alle Stadien der Segmentreduktion, aber wenn die Metamerie völlig weg ist, dann errichtet man im Rahmen der traditionellen Systematik einen neuen Stamm (Phoroniden, Brachiopoden, Sipunculiden, Echiuriden, Pogonophoren). Aber die Pogonophoren haben Dissepimente, Querwände im Vorderkörper und ein voll entwickeltes metameres Hinterende, die Dissepimente der Brachiopoden sind seit mehr als 100 Jahren bekannt (MORSE)[18]. Das aber bedeutet, daß alle Wurmformen mit einfachem oder weniggliedrigem Coelom nur stark abgewandelte Polychaeten, Endstadien von Entmetamerisierungsprozessen, darstellen.

Die Folgerungen der neuen Evolutionstheorie liegen nun im Hinblick auf die Begründung der tierischen Organisationstypen klar auf der Hand. Wie in der Theorie vorgeschrieben, legen die internen konstruktiven Zwänge die Folgen der Umkonstruktion und der Organisation auf den verschiedenen Stadien fest. Alle entscheidenden Schritte widersprechen bisherigen Formenreihungen, die ohne Konstruktionseinsicht vorgenommen worden sind.

Abbildung 23
Irreversible Reduktion der Metamerie — linke Kolumne.
A. Polychaeten-Konstruktionen mit stark verformbarer Körperwand können ins
Sediment vordringen; ihre Körperhydraulik läßt dies zu.
B. Im Sediment ist eine volle Ausstattung mit Dissepimenten nachteilig, weil nicht
nur die Körperwand, sondern auch die dissepimentale Querschnittverspannung in
differenzierter Weise bewegt und verstellt werden muß.
C. Reduktion der Dissepimente vereinfacht den Bewegungsablauf im energetischen
Aufwand. Die Röhrenwand ist als Gleithilfe vorteilhaft Die Dissepimentreduktion
kann nur bei Formen eintreten, die einen Ring-Längsmuskelschlauch besitzen.
Fehlen die Ringmuskeln, muß auch in der Röhre das Muskelsystem der Dissepimente
erhalten bleiben.
D. Phoroniden-Konstruktion: Bei nicht vollständig reduzierten Dissepimenten am
Vorderende bildet sich ein Tentakel-Apparat aus, der ein Segment als Hydraulik-
Füllung nutzt.
E. Brachiopoden-Konstruktion: Über den Tentakel-Apparat hat sich eine Falte mit
Schalenabscheidung gestülpt. Drei vordere Segmente liegen vor. Das Tentakelcoelom
und zwei durch Dissepimente getrennte Rumpf-Coelomräume, die Dissepimente
tragen 1 Paar, oder bei Rhynchonellen 2 Paar Metanephridien.
Wesentlich für das Verständis der oligomeren Organismen ist, daß vor dem Eindrin-
gen in den Boden und vor der Ausbildung einer Röhre eine wurmförmige Organisa-
tion und ein im hydraulischen Zusammenhang wirkendes Coelom vorhanden gewesen sein muß. Mit dem Eindringen ins Sediment konnte die Metamerie zurücktreten.
Dissepimente, Parapodien ja auch Borsten konnten ganz verschwinden. Dissepiment-
Verlust ist irreversibel. Alle Querwände wie hinter Tentakelapparaten können nur
Dissepimente sein.
Der große Skandal der Evertebraten-Morphologie besteht darin, daß die klar erhaltene Metamerie, die Metanephridien und die Dissepimente bei den oligomeren Tentakulaten in Abrede gestellt und nur so die konstruktiv falsche und überholte Oligo-
merie-Theorie gerettet wird.
Die rechte Kolumne verdeutlicht noch einmal die Reduktion der Metamerie (Dissepimente, Metanephridien und Borsten). Eine Umkehrung ist nicht möglich, weil
ordnende Einflüsse für die neu entstehende Metamerie fehlen, entstehende Gewebs-
falten keinen Vorteil bringen, der Übergang zum Dissepiment nicht lückenlos verständlich gemacht und die Neubildung der Nephridien nicht sprunglos (ja überhaupt
nicht) erklärbar ist, die Integration von Dissepimenten und Nephridien nicht begründet werden kann. Die bisherige konstruktionsblinde Morphologie behauptet
genau die umgekehrte Reihung ohne eine Erklärung zu geben.

Darstellung: A. Siebel

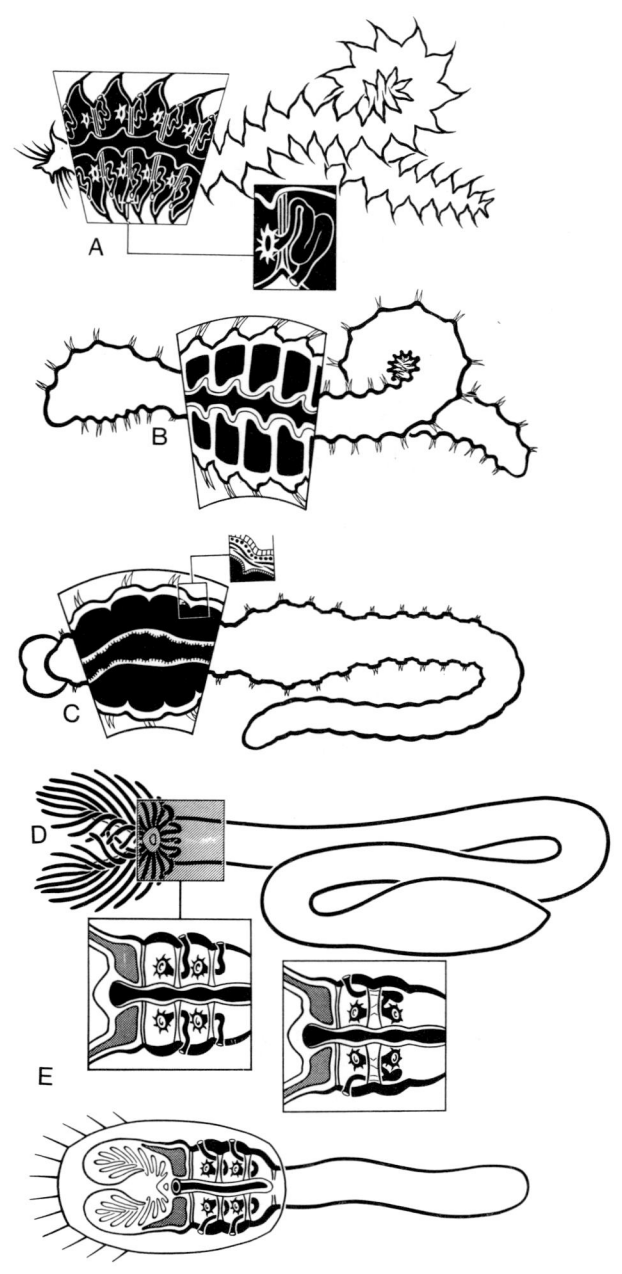

6.8 Chorda- und Wirbeltiere

Wegen des maniehaften Zwanges, einfache Organisation oder besser einfach erscheinende Gestaltung für urtümlich zu erklären und intern stärker gegliederte Formen als komplizierter und weiterentwickelt zu verstehen, hat man bei Ableitung und Erklärung der Wirbeltiere ebenfalls total beliebige Reihungen vorgenommen und ganz unwahrscheinliche, ja unmögliche Überleitungen unterstellt. So wird angenommen, es könnten sich ganz einfache schlauchförmige Würmer sekundär intern gliedern und in einem einfachen schlauchförmigen Körper könnte die Körperachse der Chorda- und Wirbeltiere auftreten. Die Beliebigkeit dieser Reihungen und die konstruktive Unerklärtheit solcher Annahmen kann man nicht bemerken, weil Lebewesen gar nicht als Konstruktionen verstanden werden.

Geht man aber von dem vorgelegten Modell aus, in dem die ältesten Formen stark durch innere Verspannungen untergliederte Würmer waren, so erscheint ein konstruktiver Zwangsweg für die Entwicklung der Chorda- und Wirbeltiere geradezu konstruktiv vorgeschrieben. Durch interne Gewebswände, längsstehende Mesenterien und querstehende Dissepimente untergliederte Würmer können auch schlängeln. Schlängeln als Schwimmantrieb bildete vielleicht — wie schon begründet — die älteste Lokomotionsform der wurmartigen Coelomtiere.

Beim Schlängelantrieb wird der Körper längenkonstant gehalten. Es sind ja nur die seitlichen Exkursionen des Körpers, die in ihrem Ablauf den Vortrieb durch Beschleunigung von Wasser nach hinten bewirken. In einem wurmartigen Hydroskelett-System kann aber die Längenkonstanz nur durch die Arbeit von Muskeln bewirkt werden, die die Form kontrollieren, indem sie zum Beispiel aktiv Längenveränderungen etwa bei intensiver Aktion der Längsmuskeln unterbinden.

In dieser Situation muß es hochgradig vorteilhaft gewesen sein, wenn sich ein innerer Gewebsstab bildete, der, die Längsmuskeln entlastend, die Länge festlegte. Diese Chorda-Achse, die sich primär aus polsternden Zellen und einer Bindegewebshülle aufbaut, also ein hydraulisches Gebilde darstellt, entstand oberhalb des Darmes im inneren System der verspannenden Gewebswände.

Nach Ausbildung der Chorda konnten die Muskeln, die vorher nur der Formkontrolle gedient hatten, wegfallen. Sie wurden, so Ökonomisierung bewirkend, reduziert. Es bleiben in der Körperwand nur die Längsmuskeln übrig, die enorm verstärkt werden. Dadurch wird die Effizienz des Schlängelantriebs stark erhöht. Die Fische fihren uns diese Antriebsweise bis heute vor.

Selbstverständlich kann die Chorda-Achse nur in einem mit internen Wänden untergliederten Weichkörper entstehen. Die Achse bedarf in der gesamten Entwicklung der Einspannung in das weiche Gefüge des Körpers. Eine lockere Chorda frei im Körper hätte keinen mechanischen Effekt haben können. Es muß die Entwicklung der Chordatiere also von metameren Würmern (jedoch nicht von Anneliden) ausgegangen sein, von intern stark untergliederten hydraulischen Systemen. Auch nach Ausbildung der Achse mußte die Verspannung in bindegewebiger Form bestehen bleiben, da Achse und starke Längsmuskeln in Verbindung gehalten werden mußten. Durch die Verspannung erfolgte die für Chorda- und Wirbeltiere typische Untergliederung der Muskeln in Pakete, die Myomere.

Diese Untergliederung ist Ausdruck der dichten Bindegewebsverspannungen von Achse und Muskeln. Es gibt keine irgendwie gearteten »Segmente«. Daß aber die Gliederung der Chorda- und Wirbeltiere von der älteren »metameren« Coelomaten-Organisation herzuleiten ist, zeigt sich am Vorkommen von Nierenkanälen mit offenen Nierentrichtern, die in paarige Sammelkanäle, in Urnierenkanäle einmünden. Sie werden in notorischer Verschleierungsbestrebung der Morphologie als Pro- und Mesonephroskanäle bezeichnet. Bei allen niederen Wirbeltieren (bei denen die segmentale Gliederung der Nierenkanäle undeutlich wird) bilden sich die Muskelblocks zusammen mit Nephrostomen, metameren Kanälen, aus denen die Nieren entstehen.

Wichtig ist, daß die Vorfahren der Chorda- und Wirbeltiere nicht als Anneliden mißverstanden werden. Die Anneliden haben eine Sonderentwicklung zur Peristaltik durchlaufen. Dabei waren die internen Gewebsstrukturen weggefallen, die die Entstehung der Chorda möglich gemacht hätten. Die Entstehung einer Chorda ist in einem ziehharmonikaartigen Annelidenkörper höchst unwahrscheinlich.

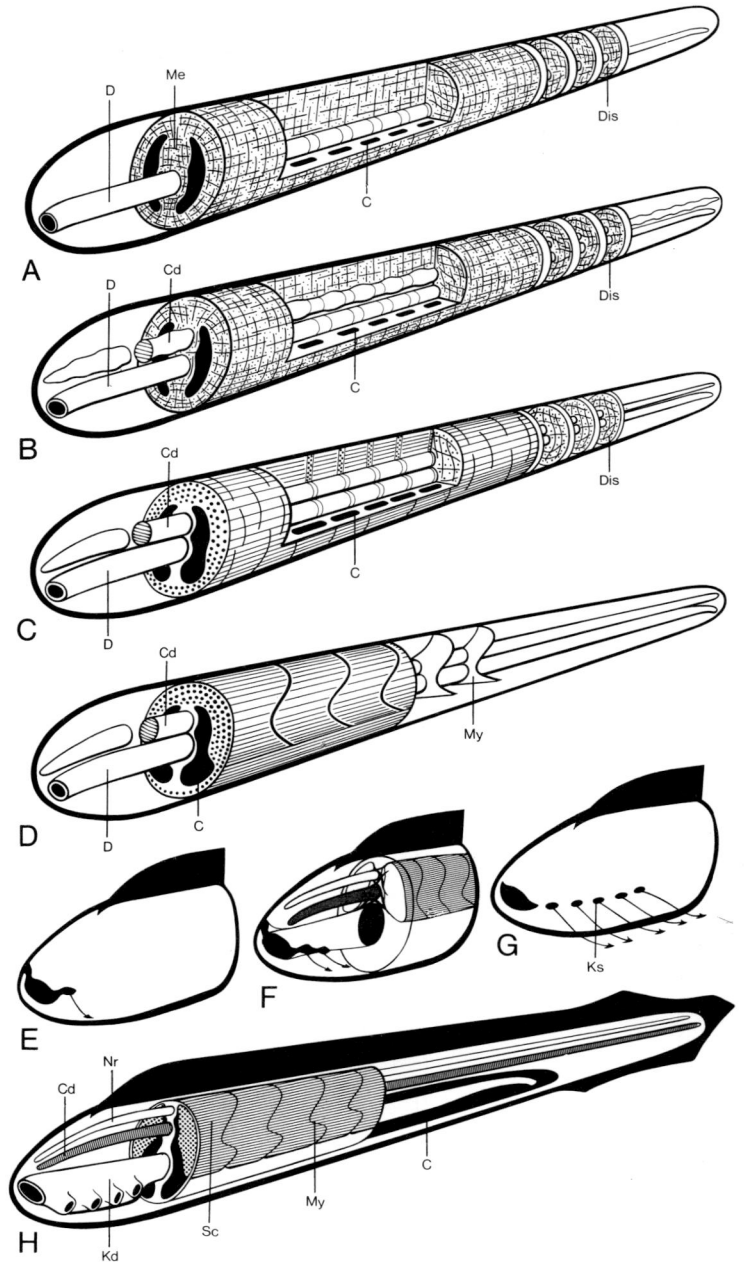

A

B

C

D

E

F

G

H

Abbildung 24

Ableitung der Chordaten und Vertebraten von urtümlichen Coelom-Hydraulik-Konstruktionen mit starker Untergliederung des Körpers durch Muskelbindegewebsstrukturen beim Vorliegen vieler flüssigkeitsgefüllter Hydraulikfüllungen (Coelom plus Darm).

A. Metamere hydraulische Ausgangskonstruktion mit äußerem Muskelschlauch, vielen verspannenden Querwänden (Dissepimenten Dis) und paarigen Coelomräumen (C). Der durchgehende Darm (D) ist in einem dorsoventralen Gewebsstrang (Mesenterium Me) aufgehängt.

B. Im Mesenterialbereich oberhalb des Darmes entsteht die Chorda-Achse (Cd) mit Transversalmuskeln. Die vielfachen Dissepimente (Dis) sorgen für eine mechanische Verbindung von Achse und äußerem Muskelschlauch.

C. Bei verstärktem Antagonismus zwischen Achse und Muskelschlauch können die Ringmuskeln reduziert und die Längsmuskeln vermehrt werden.

D. Die Dissepimente verlieren ihre Muskeln und werden zu rein bindegewebigen, schräg gestellten Myosepten (My) umgebaut.

E. — G. Nach Entstehung des Chorda-Myomeren-Systems können aus Mundbuchten und deren Untergliederung durch Stege Kiemenspalten (Ks) entstehen.

H. Urtümlicher Chordat mit Chorda-Myomeren-System (Cd-My), Neuralrohr (Nr), Kiemendarm (Kd), einheitlicher Leibeshöhle (C) und Sclerocoelen (Sc) um die Achse.

Darstellung: R. Klein-Rödder

Von niederen Chordaten führen zwei Entwicklungswege zu grabenden und fixosessilen Tieren. Diese Entwicklung ist möglich, weil der Kiemendarm als Filtrierreuse auch mit Zilien alleine funktioniert, wenn kein Vortrieb geschieht. Fixosessilität ergab sich durch Verankerung von Chordaten am festen Boden. Der Branchialapparat wurde beträchtlich vergrößert und der Antriebsapparat bis auf Reste bei Larven zurückgebildet. Als äußere Hülle bildete sich eine schützende Tunika aus, die den Tieren ihren Namen gibt.

Chordaten können mittels ihres Schlängelantriebs auch in den Boden vordringen, sich einwriggeln. Der Branchialapparat gestattet das Filtrieren im Boden. Graben im Boden ist aber nicht mehr in der für Würmer typischen Form erreichbar, weil der Branchialapparat als Reuse ausgebildet ist und einen Hydraulik-Schlauch nicht mehr entstehen lassen kann. Weiterhin kann das Chorda-Längsmuskelsystem nicht durch Umorientierung von Muskeln zum Wurmschlauch mit Ring- und Längsmuskeln umgebaut werden. Es bildete sich am Vorderkörper durch Verflechtung der Muskeln und Einfassung von Coelom-Resträumen ein blähbarer Grabrüssel aus, hinter dem beim Vordringen ins Sediment der übrige Kör-

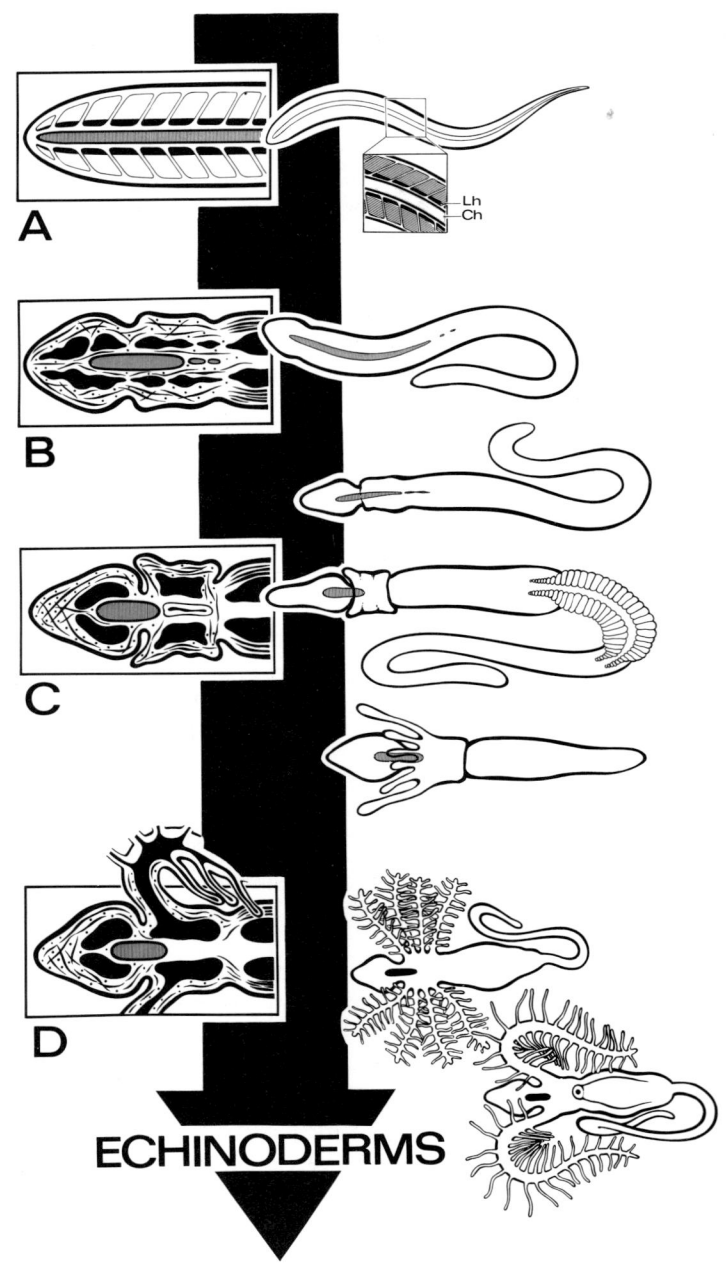

A

B

C

D

Lh
Ch

ECHINODERMS

114

Abbildung 25

Modell für den Übergang von Chordaten-Konstruktionen zu Enteropneusten- und Pterobranchier-Konstruktionen.

A. Chordaten vom Acranier-Typ dringen schlängelnd ins grobe Sediment vor.

B. Übergang zu den Enteropneusten beim Eindringen in feineres bindiges Sediment. Am Vorderende bildet sich der Rüssel. Die Restcoelomräume (Sklerocoele) bilden sich zum Rüssel und zum Kragenabschnitt um. Der Rüssel dient der Peristaltik, der Kragen dichtet die Röhre ab. Die Chorda bildet sich zurück. Im hinteren Körperabschnitt liegen bevorzugt Längsmuskeln vor, die aber keine pralle Hydraulik bilden, weil der Branchialapparat erhalten ist.

C. Vollentwickelte Enteropneusten-Konstruktion.

D. Pterobranchier, bei ihnen ist der Kragenabschnitt zum Tentakelapparat umgebildet, der Körper wurde aus der Röhre hervorgestreckt. Das Hinterteil des Körpers hat nur Längsmuskeln wie bei den Chordaten. Der Kiemenapparat ist weitgehend zurückgebildet, die Tentakeln dienen dem Filtrieren.

Die Neubildung einer vorderen hydraulischen Bewegungs-Apparatur war nur möglich, weil im Acranier-Stadium noch metamere Coelomräume vorlagen, die als Hydraulik-Füllung nutzbar waren und eine Neugliederung (aber keine neue Metamerisierung) erforderten.

In der traditionellen konstruktionsblinden Morphologie wurden die »Formen« in der Folge D — C — A gereiht, ohne daß irgend eine Begründung gegeben wurde, oder daß die unüberwindlichen Konstruktionsprobleme überhaupt Beachtung fanden. Die Umkehrung der Reihe ist nicht möglich, weil die Vorbedingung für die Chordabildung (dickes Mesenterium und Querverspannungen samt metameren Nephridien) nicht vorhanden ist. Außerdem fehlt eine Begründung, wie ein oligomeres Coelom entstehen konnte.

Der Übergang zu den Echinodermen ist nicht dargestellt

Darstellung: R. Tschapka

per nachgezogen wird. Die aufgezeigte Entwicklung läßt sich mit den Acraniern, den primitivsten heute noch lebenden Chordatenformen und den Enteropneusten, grabenden Würmern mit blähbarem Rüssel und Kiemendarm, belegen.

Aus den von Chordaten abstammenden wurmartigen Organismen entstehen niemals mehr richtige den ganzen Körper übergreifende Wurmkonstruktionen. Nur das Vorderende in Form des Rüssels ist als hydraulisches Organ ausgebildet. Der Hinterabschnitt des Körpers wird mehr oder minder schlaff nachgezogen, kann nie mehr zu einer effektiven Propulsionseinrichtung werden, weil ein Längsmuskelsystem wie das im Körperstamm der Chordaten nicht mehr zum Ring-Längsschlauch transformierbar ist; die Zwischenstadien lassen sich nicht erklären. Es fehlt die lückenlose Überleitungsmöglichkeit. Im hinteren

Abschnitt könnte ein hydraulischer Apparat auch wegen der Kiemenbögen und -spalten, die einen großen Teil der Körperwand als Filter ausprägen, nicht mehr entstehen. Man kann einen gitterartigen Bereich wie den Metasomabschnitt der Enteropneusten nicht in eine Hydraulik wandeln.

In der Grundkonstruktion, der Hydraulik des Rüssels als dominantem Bewegungsapparat und in der nicht-hydraulischen Natur des Hinterabschnittes besteht eine radikale Differenz zu den Tentakulaten, den Abkömmlingen der Polychaeten. Bei diesen ist ein rostraler hydraulischer Bewegungsapparat als Propulsor nicht vorhanden. Der ganze Körper stellt vor allem im Hinterabschnitt, der als hydraulisches Organ wirkt, eine voll aktive Hydraulik dar.

Durch Festlegung sogenannter Homologien versuchte man bisher hier über die grundlegenden Konstruktionsdifferenzen hinweg eine durch nichts begründete und vor allem nicht evolutiv gerichtete Verbindung herzustellen (SIEWING, REISINGER). Nichts zeigt besser die Verstiegenheit der Homologienforschung, sie sucht mit Detailähnlichkeiten ohne Begründung, ohne Rücksicht auf konstruktive Eigenheiten, »Phylogenese« zu machen. Wenn es ein Feld gibt, wo sie sich an der Natur der Objekte und den sie bestimmenden konstruktiven Prinzipien selbst disqualifiziert, so ist es hier.

Zwischen Tentakulaten und Enteropneusten eine Beziehung auf Homologie begründen zu wollen, ist mit dem Versuch vergleichbar, Elektromotoren und Turbinen als gleich zu behaupten, nur weil sich in beiden Systemen Elemente drehen und weil man bei beiden die gleichen Schrauben, Metallrahmen und vielleicht einige übereinstimmende Kugellager findet.

6.9 Die Skelett-Muskel-Systeme der Wirbeltiere

Wirbeltiere haben eine Leibeshöhle, in der der Darm liegt. Ein eigener Bereich der Leibeshöhle ist um das starke muskuläre Herz als Herzbeutel angelegt. Das verweist darauf, daß das Coelom schon früher als Hohlsystem auch die Gleit- und Bewegungsfreiheit innerer Organe bewirkt hat. Bisher wurde aus Gründen der Darstellung praktisch nur die

Hydraulik-Funktion beachtet. Es sollte aber auch bedacht werden, daß die Coelomhöhlen als Sammelräume für Exkretionsstoffe gedient haben müssen. Bei den Chorda- und Wirbeltieren trat nun die Funktion des Coeloms als Hydraulik-Füllung zurück, aber es blieb die Gleit- und Bewegungs-Sicherung der inneren Organe, nachdem die Chorda und später die verstärkte Wirbelsäule die Längenkonstanz des Körpers bewirkt hatten. Bevor nach der Chorda, dem Achsenstab, die Wirbelsäule und das übrige Skelett auftraten, müssen die Vorfahren ebenfalls hydraulische Gebilde mit Flüssigkeitsfüllung und damit Würmer gewesen sein.

Bei der Entwicklung der Wirbeltiere traten weitere hier nicht zu betrachtende Organe, die der Nahrungsaufnahme dienende Kiemenreuse sowie der Schädel mit den großen Sinnesorganen und dem Gehirn auf. Die Entstehung dieser Organe in besonders strukturierten Körperteilen kann man nur begründen, wenn man die steigende Leistung des Propulsors im Auge hat. Ein Wurm kann keinen Kopf bilden, weil der gesamte Körper Antrieb erzeugt. Mit der Leistungssteigerung des Antriebs bei Ausbildung des Chorda-Myomeren-Systems konnten am Vorderende große Sinnesorgane, Nasen, Augen, Gleichgewichtsorgane mit einem Gehirn auftreten. Durch ihre schrittweise Entstehung wurde der Vorderkörper steifgestellt und vom übrigen Körper, der Propulsor blieb, angetrieben.

Wichtig für uns ist nur, daß sich die Grundorganisation der Wirbeltiere, zu denen ja auch der Mensch gehört, als eine umgebildete Wurmkonstruktion mit Hydraulik darstellt. Die Achse mit den starken Längsmuskeln ist für den Körperstamm kennzeichnend und bleibt es durch die ganze Entwicklungsreihe von Fischen, über Amphibien und Reptilien zu Vögeln und Säugetieren. Aber in dieser Reihe der Wirbeltiere treten weitere Skelettbildungen deutlich hervor. Sie versteifen den Schädel durch Skelettstrukturen zunehmend stärker und bilden auch im Rumpf ein inneres Gerüst, auch um die Achse, die den Körper weiterhin längenkonstant aber biegsam hält.

Das volle Ausmaß der Skelettversteifung durch ein inneres Knochengerüst setzte erst vom Übergang fischartiger Wirbeltiere an Land ein. Schrittweise wurde eine immer komplettere Versteifung durch ein Skelettgerüst erreicht, auf dem als Zugvergurtung die Muskeln lagen, die die Form zu bewahren halfen und durch Verstellung des Skelettgitters die Bewegungen erzeugten.

Abbildung 26
Die Entwicklung zu den höheren Wirbeltieren.
A. Bei den urtümlichen Chordaten bildet sich ein erst knorpeliger, dann verknöcherter Kopf aus, der die großen Sinnesorgane (Augen, Nase, Gleichgewichtsorgane) und auch die Kiefer trägt. Der Körper war von einem äußeren verknöcherten Schuppenpanzer bedeckt, der weniger eine Schutzfunktion besaß als vielmehr unkontrollierte Verwindungen des Körpers verhinderte, aufgrund seiner dachziegelartigen Überlappung aber Schlängelbiegungen zur Fortbewegung zuließ. Dieser Schuppenpanzer brachte so viel Walkungsruhe in das System ein, daß im Körperinneren Skelettversteifungen auftreten konnten.
B. Eusthenoptheron, ein fossil erhaltener Crossopterygier (Quastenflosser), der das sich bildende Innenskelett zeigt.
C. Beim Übergang an Land wurden die Paarflossen der Fischvorfahren zur Lokomotion genutzt und entsprechend den Anforderungen des Laufens auf dem Untergrund umgebildet und gelenkig gegliedert. Das fossil erhaltene Amphib Ichthyostega gilt als ein Vertreter dieser Übergangsphase.
D. Das generalisierte Schema einer zu den Reptilien gezählten Eidechse zeigt, daß in der weiteren Entwicklung an Land die Extremitäten verlängert wurden und der Körper stärker skeletal versteift ist.
Im Ablauf der Entwicklung kommt es zum Einbau von Skelettstrukturen. Diese dienen primär zur Stabilisierung, unterdrücken nicht vorteilhafte Deformationen.
Nach dem Übergang an Land bildet sich ein immer vollständigeres Skelettgerüst aus, an dem die Muskeln angreifen können, so daß sich ein Skelett-Muskel-Apparat mit höherer Leistung bei verminderter Muskelmasse aufbaut.
Phylogenetisch und biomechanisch wichtig ist, daß die Skelettgebilde in weichkörprigen Vorkonstruktionen aufgebaut werden und daß in der Ontogenese die Organisation hydraulisch formiert wird und dann erst Skelettelemente aufgebaut werden. Durchweg borgt sich das Skelett die Organisation des (hydraulischen) Weichkörpers.

Darstellung: R. Klein-Rödder

Bedeutung und Vorteil der Skelettgebilde verstehen wir dann am besten, wenn wir uns an die Eigenheiten des Hydroskelettes, seine Verformbarkeit und an die Notwendigkeit der Formkontrolle durch viele Muskeln zurückerinnern. Die Entstehung der Achse bildete den ersten Schritt der Stabilisierung. Weitere Skelettstäbe aus steifem Material erbrachten noch mehr Stabilität und unterbanden Verformungen, die nur Energieverlust bewirkt hätten. Die Skelettversteifung machte dann natürlich das Leben der vierfüßigen Wirbeltiere auf dem Lande erst möglich, das Skelett half den deformierenden Einfluß der Schwerkraft auszuschalten.

Mit dem Auftreten des Kopfabschnittes ergab sich ein weiteres Problem, das bei wurmartigen Konstruktionen und niederen Chordaten nicht

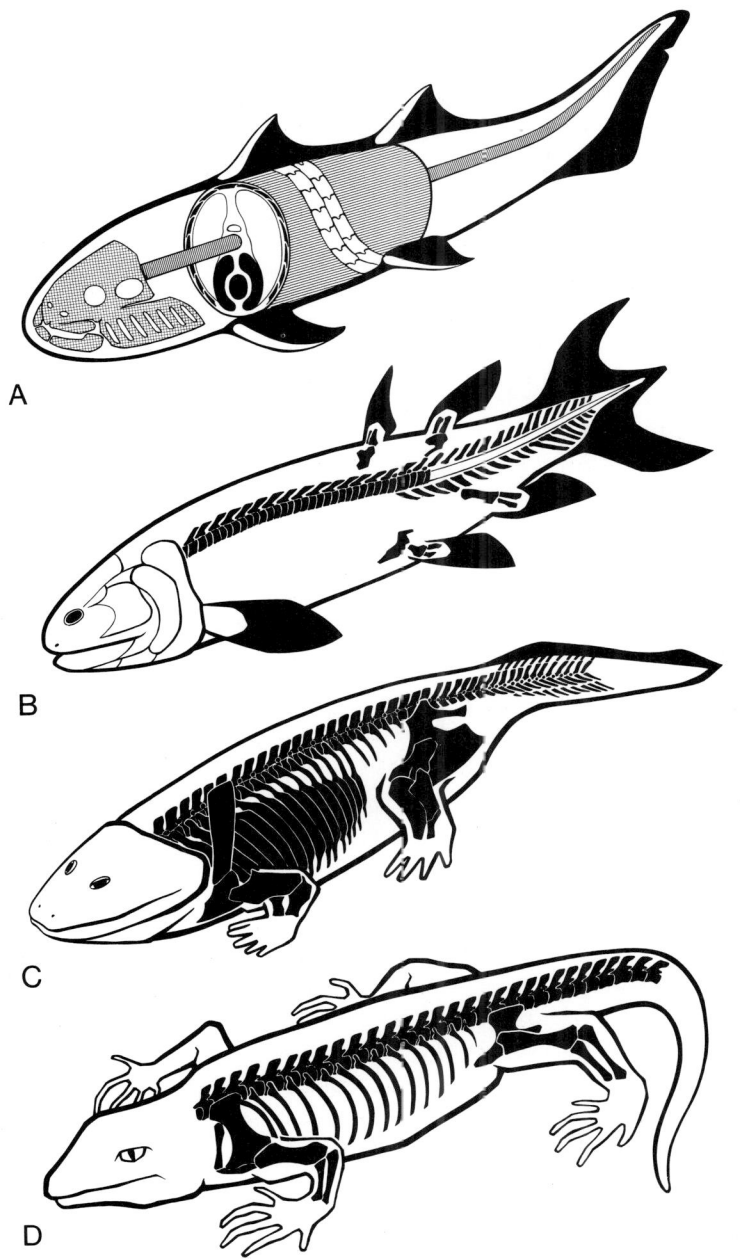

A

B

C

D

existierte. Bei diesen erzeugt nicht nur der Körper auf der gesamten Länge Antrieb, sondern er wirkte auch durch Biegung steuernd mit, getrennte Steuerorgane waren nicht nötig. Bei den niederen Wirbeltieren mußte der Kopfabschnitt eine Tendenz zum Absinken entwickeln, die primär durch eine Abflachung des Vorderkörpers aufgefangen wurde. Verbreiterungen des Vorderkörpers ließen seitliche Falten als Leitflächen entstehen. Diese wurden durch übergreifende Muskeln des Körperstammes beweglich; als bewegliche Systeme zerlegten sie sich in zwei Paar Flossen, die Brust- und Bauchflossen. Bei fusiformen Körpern ist diese Flossenkonfiguration für das Steuern in der Höhe erforderlich. Es muß der Vorder- und Hinterkörper je für sich gesteuert werden.

Beim Übergang an Land wurde in der Anlage der paarigen Extremitäten die für das Steuern ausgebildete Flossengeometrie beibehalten. Die Flossen erfuhren durch Skelettgebilde bedingte und durch Gelenke bestimmte Gliederung derart, daß bei den Schrittbewegungen gleichzeitig eine unterstützende Biegung des Körpers möglich ist, ohne daß die Fuß- und Handflächen auf der Unterlage gleiten müssen.

Mit der Vervollständigung des Skelettes und seiner Ausgestaltung zu einem Knochengerüst konnten die Muskeln am Skelett angreifen und es bei den Bewegungen verstellen. Die Extremitäten waren von allem An-

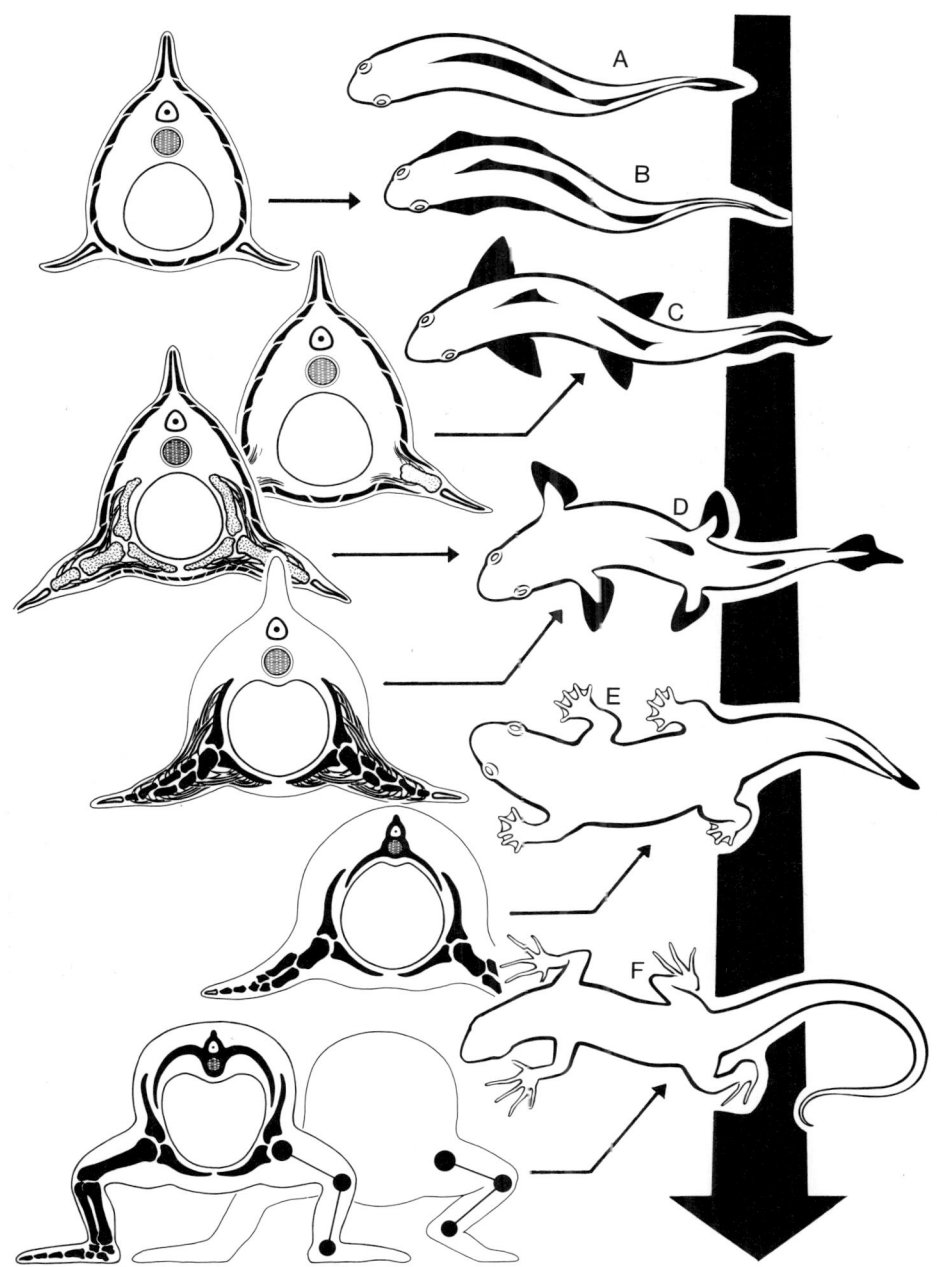

fang an skeletal versteifte und durch Muskeln weitgehend bewegte Strukturen. Indem sie in den Extremitäten in Gelenken klar geführte und durch begrenzte Muskeln bewegte Bildungen waren, erlaubten sie auch größeren Tieren das Laufen auf den Anhängen und gestatteten das Abheben des Rumpfes vom Boden bei vielen Reptilien, Vögeln und vor allem bei Säugern. Jetzt ist nach langer Entwicklung aus der Hydroskelett-Situation die Konstruktion erreicht, die etwa in der menschlichen Anatomie angemessen beschrieben wird. Sie bildet aber nur das Endstadium einer langen phylogenetischen Reihe und ist nicht typisch für die weiteren Bereiche der Tier-Organisation und besonders der niederen Tiere, die durchweg Hydraulik-Systeme sind.

Von ganz besonderer Bedeutung ist, daß die Skelett-Muskel-Apparatur der höheren Wirbeltiere nur vom Hydroskelett-System der niederen Coelomaten her begründet werden kann und nicht umgekehrt. Bislang hat es nur eine Biomechanik von Skelett-Muskel-Konstruktionen gegeben; die Vorordnung von deren Eigenheiten hat verhindert, daß die Hydraulik-Konstruktionen verstanden werden konnten. Auch war nicht begreiflich zu machen, daß und wie die Skelett-Muskel-Apparatur phylogenetisch entstanden sein muß.

7. Die Evolution von Konstruktionen und das Hydraulik-Prinzip

Das Hydraulik-Prinzip kann am Ende des rekonstruierenden Überblicks über die Folge der Organisationsformen des Tierreiches gleichsam in die organismische Eröffnungs-Argumentation und in die Begründungen der Evolutionstheorie zurückprojiziert werden. Jede Art lebender Organisation kann nur nach dem Hydraulik-Prinzip begründet werden. Das Hydraulik-Prinzip liefert die Abgrenzung gegen die Umwelt und gestattet es, durch Verweis auf die mechanische Kohärenz die Individualität lebender Systeme zu bestimmen. Wie Weingarten nachweist, sind für die Erklärung lebender Konstruktionen und ihre phylogenetische Transformation methodische Prinzipien erforderlich, die nur aus dem Ingenieur- und Technik-Bereich bezogen werden können, der sich im 19. Jahrhundert so fern vom akademischen Betrieb entwickelt hat. Das Hydraulik-Prinzip begründet die spezifische Technologie lebender Einheiten.

Diese ingenieurmäßigen Konstruktionsprinzipien der Hydraulik lebender Systeme bestimmen auch den Ablauf der Phylogenese bzw. deren Rekonstruktion. Es ergeben in Bezug zur Lebenswelt der Erde die organismus-theoretischen und die evolutionistischen Begründungen keinen Sinn, wenn sie nicht mit dem Hydraulik-Prinzip untrennbar verkoppelt und auf dieses gestützt werden. Man kann sich Evolution auch von nicht-hydraulischen reproduzierenden Energiewandlern vorstellen, aber erst das Verständnis des verwirklichten Konstruktionsprinzips ergäbe die Möglichkeit der Rekonstruktion der betreffenden Phylogenese. Nicht die Evolutionstheorie für sich alleine, sondern die Art der Konstruktion legt die Abläufe der Stammesgeschichte fest, die rekonstruiert werden können. Was aber das Leben auf der Erde angeht, so ist es ganz einfach an hydraulische Systeme gebunden, Evolution auf der Erde besteht im Wandel hydraulischer Konstruktionen. Die mechanischen Prinzipien legen als Constraints die Richtung des evolutiven Geschehens fest und bestimmen die Folge der konstruktiven Wandlungen. Ohne die Hydraulik mit ihren mechanischen Prinzipien kann über selektorische Mechanismen überhaupt nicht gesprochen werden.

Das Hydraulik-Prinzip muß auch in unmittelbarer und nicht durch das Evolutionsprinzip vermittelter Beziehung zur Energiewandlernatur der

Organismen gesehen werden. Die mechanische Kohärenz ist Kern der Hydraulik-Eigenheiten, sie sichert den mechanischen Zusammenhang der Grundkonstruktion und erlaubt die Erbringung der mechanischen Arbeitsleistung. Nur der mechanisch kohärente Verband kann als Gesamtheit in Form eines Propulsors oder in Teilen arbeiten, im chemomechanischen Energiewandel angetrieben werden und die Energie gerichtet auf die Außen- und Umwelt weiterleiten. Neben der an der Aussenwelt sich abstoßenden Arbeitsleistung der lebenden Konstruktion gibt es auch rein interne mechanische Wirksamkeit je nach Struktur und Kompliziertheit der Organisation. Je komplizierter tierische Organismen werden, umso stärker tritt neben der Propulsionsleistung die Mobilität der inneren Organe ins Licht. Innere Organe pumpen Nahrung und Blut durch den Körper, treiben exkretionspflichtige Stoffe aus und bewirken die Abgabe vieler anderer Materialien.

Mechanische Kohärenz und Energiewandlerleistung beim Arbeiten des mechanischen Apparates setzt immer eine geordnete Formgebung und Organisation voraus. Die autoformative Gestaltung der Organismen ist ebenfalls nur mittels hydraulischer Füllungsmechanismen möglich. Die spezifische Form wird durch mechanisch wirksame Elemente festgelegt, die gegen die Abkugelungstendenzen der Hydraulik anarbeiten und die geforderte Form bewirken. Die formative Wirkung kann natürlich nur eintreten, wenn das hydraulische System räumlich abgeschlossen ist und Abschluß der Füllungen und formbestimmende Elemente im Rahmen der mechanischen Kohärenz miteinander verkoppelt sind. Erzeugte Form, Arrangement der Elemente, formbestimmende Wirkung machen zusammen Morphologie aus.

Mechanische Kohärenz ist, wie etwa auch der Verweis auf die Technik ergibt, nicht nur im hydraulischen Zusammenhang denkbar. Auch Skelettmuskel-Systeme sind z.T. ohne hydraulische Kohärenz immer durch den hydraulischen Apparat bestimmt. Die Gefüge halten nur über der Füllung ihre Form, eine komplexe Konstruktion kann durch Verschachtelung hydraulischer Subsysteme gebildet sein. Nur beim Vorhandensein von Füllung können bei den allermeisten lebenden Konstruktionen die Membranen gestrafft und die flexiblen verspannenden Elemente sowie die kontraktil wirksamen Strukturen in einen funktionstüchtigen, antagonistische Aktion sichernden, gespannten Zustand versetzt werden. Ohne hydraulische Füllung funktioniert die mechanische Kohärenz

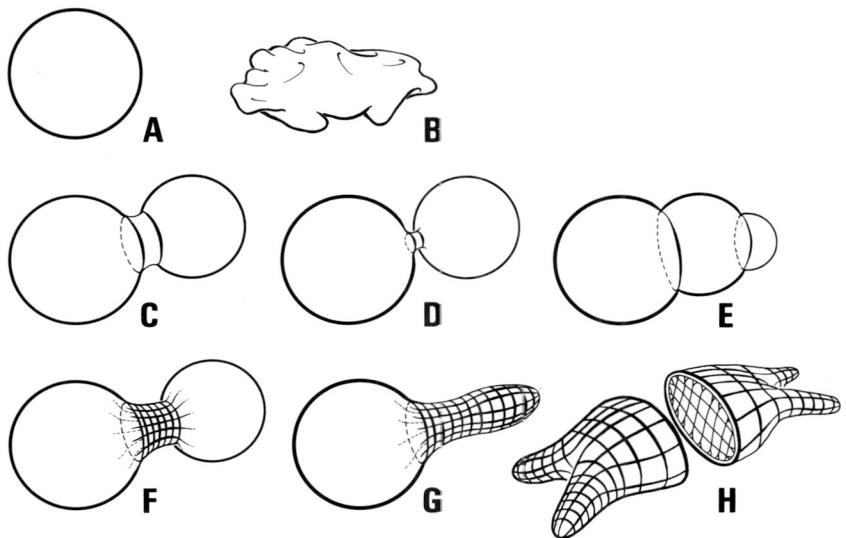

Abbildung 28
Formbildung bei Zellen.
A Von selbst stellt sich die Kugelform ein, B Unterfüllung hat Unbeweglichkeit zur Folge, C, D, E Teilung durch Schnürung. F, G teilweise Schnürungen lassen Teilkugeln in verschiedener Form entstehen. H Eine aktive, plagocytierende Zelle muß über eine vollkommene räumliche Verspannung verfügen.

Darstellung: A. Siebel

nicht, sie kann vorliegen, sichert aber für sich alleine nicht die Funktionstüchtigkeit des mechanische Arbeit erbringenden Systems.

Nun mag dies vor allem nach dem Ausgeführten als selbstverständlich erscheinen, besonders da die mechanische Kohärenz auf die Entstehung der Hülle um die Präzelle reduziert und alle Komplexitätssteigerung auf Integration von mechanisch wirksamen Elementen in den kohärenten Verband zurückgeführt ist, ja morphologische Transformation nur noch ihre Darstellung als Modifikation der mechanischen Kohärenz erfährt. Jedes formbestimmende und Formveränderung bewirkende, Stabilität erzeugende Gebilde in einem Organismus stellt sich als Differenzierung und Integrierung in das Gefüge und in den kohärenten Verband dar. Aber der vielleicht entscheidendste Gesichtspunkt, der bisher nicht betont wurde, liegt darin, daß die mechanische Kohärenz die Stufe markiert, auf die die chemische Energie geleitet wird. Auf dieser Stufe geschieht der Energiewandel, der mechanische Arbeit möglich macht. Morphologie ist die Konstruktions- und Apparatestufe der lebenden Organismen. Diese Hochleitung der Energie von chemischem Geschehen auf den mechanisch kohärenten Verband erfolgt bei mechanischer Arbeit, ermöglicht sie. Zwar wird diese Arbeit und ihre spezifische Nutzung in der Umwelt durch die molekularen Mechanismen gepowert, jedoch immer durch die Struktur und Organisation des kraftschlüssigen Apparates in ihrer Art festgelegt.

Evolution besteht in der phylogenetischen Transformation von hydraulischen Gefügen; im Ablauf der Phylogenese ist jede lebende Konstruktion immer durch die Vorläuferkonstruktion begründet. Nur mittels des Hydraulik-Prinzips ist es möglich, in den präzedenten Stadien die konstruktiven Bedingungen der subsequenten aufzuzeigen. Immer kommt das Hydraulik-Prinzip und mit ihm der Konstruktionscharakter der Lebewesen ins Spiel.

Alleine in der Phase der Präzelle bieten chemische Begründungen im Zusammenspiel mit mechanischen Kräften die Erklärungsvoraussetzungen, in jedem Folgestadium sind es immer schon abgeschlossene mechanisch kohärente Systeme, die sich weiterentwickeln. Wie in der technischen Entwicklung erscheinen die lebenden Konstruktionen primär durch die Natur der wirkenden Mechanismen und die physikalischen Gesetzmäßigkeiten bestimmt. Jede weitere Entwicklung, auch in neue Außen- und Umweltbedingungen hinein, erfolgt unter Wahrung der internen konstruktiven Mechanismem. Die dort sich etablierenden Lösungen sind und bleiben immer durch die internen Prinzipien der durchhaltenden Organisation bestimmt. Es ist wie bei technischen Systemen: Die Breite der Einsatzmöglichkeiten der Konstruktion bestimmt die Nutzung verschiedener organisatorischer Eigenheiten in breiteren oder engeren Spektren von Außen- und Umweltbedingungen.

Oft wird vermutet, es sei dieses Hydraulik-Prinzip eine Selbstverständlichkeit, weil eben an Embryonen und fertigen Lebewesen viele flüssigkeitsgefüllte Höhlen vorliegen und kein Mensch zweifelt, daß Leben an wässrige Lösung in Membranen gebunden ist. Dabei bleibt unbeachtet, daß es nicht wichtig ist, daß man der Charakterisierung der Baumaterialien zustimmt oder Hohlräume für flüssigkeitsgefüllt hält. Vielmehr

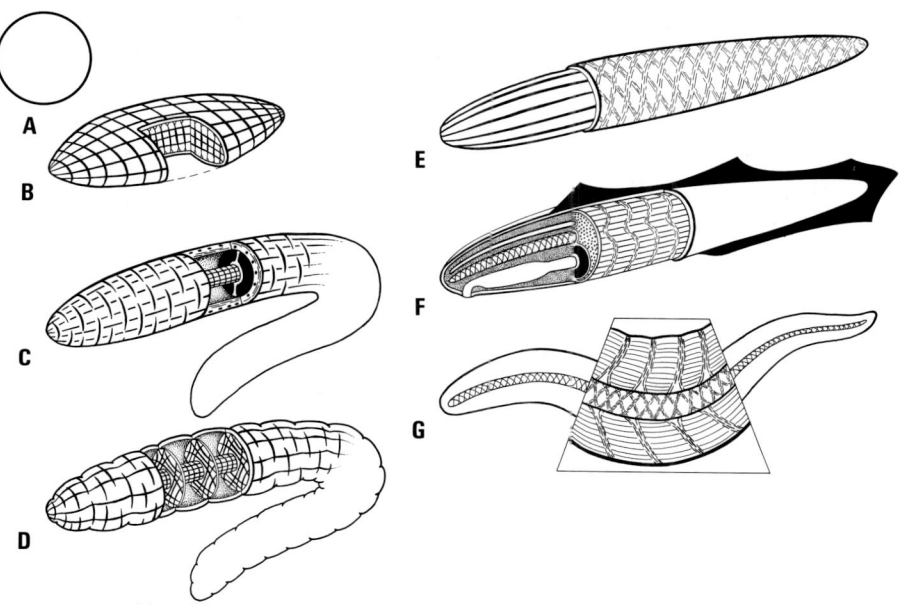

Abbildung 29

Hydraulische Formbestimmung bei Vielzellern.

A. Nur die Kugelform stellt sich bei zulänglicher Füllung automatisch ein; unterfüllte Formen brauchen nicht beachtet zu werden, weil sie keine aktive Bewegung erzeugen können und Spielball äußerer Kräfte wären.

B. Räumliche Verspannung (wie sie bei manchen Parenchymwürmern vorliegt) sichert Abflachung und Variabilität des Querschnitts.

C. Wurmkonstruktion. Der Darm bildet einen inneren Schlauch, der äußere Körperschlauch besteht aus Ring- und Längsmuskeln, kann mangels innerer Verspannung nur einen runden Querschnitt halten.

D. Wurmkonstruktion wie C. nur mit inneren Wänden, auf denen verspannende Muskeln liegen. Auch der Querschnitt ist wandelbar. (Alle Bauelemente sind flexibel, alle Wände unsteif, aber straff durch die eingeschlossene Füllung).

E. Wurmschlauch nur mit Längsmuskeln; der Querschnitt wird durch spiralig verlaufende Fasern festgelegt. Die Form bleibt immer rund und längenkonstant.

F. Längenkonstanz durch Chorda-Achse beim Vorliegen von Längsmuskeln.

G. Wie F; es ist deutlich, daß durch quer stehende Faserflächen die Längsmuskeln an die Achse gebunden sind.

Formkontrolle ist bei Geschlossenheit der hydraulischen Systeme dadurch garantiert, daß die Muskeln am Bindegewebe inserieren, dieses aber den gesamten Körper zu einer mechanisch kohärenten Einheit zusammenbindet (mechanische Kohärenz). Gleichzeitig ist die Gesamtheit der Konstruktion formkontrollierend verspannt.

Darstellung: A. Siebel

müssen die biomechanischen Konsequenzen gezogen und Form als im kohärenten Gefüge mechanisch erzeugt angesehen werden. Übersehen wird oft der Aufwand an Begründung für die Formerzeugung, für die Festlegung der Evolutionswege, für die Begründung der Irreversibilität. Akzeptiert und selbstverständlich ist das Hydraulik-Prinzip aber erst dann, wenn die Vorstellungen vom Leben als biochemischem Geschehen, die Idee der Informationsgeladenheit der Gene, die Annahme Evolution sei Umweltanpassung verschwunden sind und zudem eine nur auf Gestalt und Form bezogene Morphologie in eine Konstruktionslehre umgestaltet würde, die hydraulische Energiewandler beschreibt. Das Hydraulik-Prinzip wird verstanden, wenn man bemerkt, daß von ihm aus alleine die Richtung des evolutionären Geschehens bestimmt werden kann, weil kein genetischer, molekularer oder biochemischer Mechanismus eine Absicherung der Evolutionsrichtung und eine zuverlässige Festlegung der Irreversibilität im Phylogenesegeschehen erlaubt.

Auch das Vorliegen von Skeletten, von mit Skelett-Strukturen stark versteiften Lebewesen und von Organismen mit Bewegungsorganen, die als Skelett-Muskel-Systeme funktionieren, sind keine Belege gegen das Hydraulik-Prinzip. Die mechanische Kohärenz jedes lebenden Systems geht immer auf das Hydraulik-Prinzip zurück und wird immer durch Weichteile und nie alleine durch die Verbindung zwischen Skelettstrukturen gesichert.

Das Hydraulik-Prinzip ist nicht aus der morphologischen Beschreibung abgeleitet; eine solche Deduktion kann nicht funktionieren, weil man aus Deskriptionen gar nichts folgern kann.

Weiterhin schreibt die bisherige Morphologie die vergleichende Behandlung von verschiedenen Formen vor. Die Vielfalt der Organismen wird so beschreibend und vergleichend erschlossen. Mit der Auseinanderlegung der Formen wird aber systematisch der Weg zu konstruktiven Einsichten abgeschnitten. Mit der klassifikatorischen Einteilung verschließt man den Zugang zur Ermittlung der Konstruktionseigenheiten, die einer großen Gruppe eigen sind, denn man betont die Differenzen, erfaßt nicht die von der Diversität nicht betroffenen konstruktiven Übereinstimmungen.

Dazu paßt, daß deskriptiv und systematisch arbeitende Morphologen weder das Hydroskelett-Prinzip gefunden haben noch auch merken, daß

Form erzeugt wird. Das können sie nicht bemerken, denn sie finden ja die Lebewesen geformt vor, Form ist ihnen kein Problem.

Der Vorwurf der Rationalitätszerstörung gegenüber den oben aufgeführten Ansätzen betrifft die Vorschrift, nur Homologie-Kriterien seien zugelassene Methode der Morphologie. Dies gilt auch dann, wenn eine offizielle Darstellung der Deutschen Zoologischen Gesellschaft (1985)[19] eine solche wissenschaftliche Prozedur verbindlich vorschreibt, so Alternativ-Ansätze unterdrückt und sich der selbstverständlichen Einsicht widersetzt, daß Theorien die Methoden vorschreiben und neue Theorien alte Methoden durchbrechen und eliminieren können. Wissenschaftlichkeit in der Morphologie wird aufgehoben, wenn Haeckel'sche Axiome wie das Vielzellerverständnis als Aggregation von Zellen ohne Begründung eingeführt wird, wenn die These zementiert wird, aus der Verteilung von Merkmalen und dem Vorliegen von oligomeren und metameren Coelomgliederungen ergebe sich selbstverständlich, durch die Natur erzwungen, die Einsicht, Oligomerie sei urtümlich und dies bedürfe keiner Erklärung. Alle diese Grundpositionen der überkommenen Morphologie machen eine Erklärung lebender Organisation und Rekonstruktion der Stammesgeschichte unmöglich.

Die phylogenetische Rekonstruktion geht von Ausgangsbedingungen physiko-chemischer Art aus, die den Organismus charakterisieren. Phylogenetische Rekonstruktion begründet — schon im Hinblick auf bekannte organismische Konstruktionen — phylogenetische Abwandlungswege, die aus Konstruktionsbedingungen heraus als notwendig und zwingend vorgestellt werden. In Bezug zu den Modellen erfolgt die Gruppierung rezenter und fossiler Organismen. Dabei wird das in Morphologie und Systematik beschriebene Material genutzt.

Die phylogenetischen Rekonstruktionen sind ihrerseits auch nicht von der Beschreibung der Organismentypen der Erde oder ihrer systematischen Einteilung abgeleitet, weil eine solche Deduktion aus logischen Gründen nicht möglich ist; aus einer taxonomischen Anordnung kann man nichts schließen. Synchrone Ordnung (nach Homologien-Gesichtspunkten) verrät nichts über die Diachronie des stammesgeschichtlichen Geschehens. Evolutive Polarität steckt nicht in den Homologienreihen.

Mit den Modellen der Abläufe zu den Grundtypen der Proto- und Metazoen sind die notwendigen konstruktiven Stadien und zwingenden

Übergänge erfaßt. Die Baupläne erweisen sich so als Realisierung von Naturprinzipien, nicht als gestalthafte Typisierungen; die Erklärung des Naturgeschehens betrifft die Sequenz der Abwandlungen und ihr Einmünden in die realisierten Konstruktionen.

Es ist in der vorliegenden Form der Umweg über Klassifikation und Beschreibung vermieden; auch wird nicht versucht, von der Vielfalt aufsteigen zu wollen. Zur Vielfalt der Organismen kann man nur kommen und sie dabei erklären, wenn man von den erklärten Grundkonstruktionen aus weitere Wege in Detaillierungen und Spezialisierungen rekonstruiert und begründet, die vom Modell aus in verschiedene Formen der Vielfalt einmünden. Vielfalt ist von den Grundkonstruktionen zu deduzieren und nur so zu erklären.

Natürlich lehnt man so nicht ab, daß es eine Aufspaltung in Vielfalt gegeben hat. Auch kann nicht bezweifelt werden, daß es im Evolutionsverlauf zur Zerlegung der Populationen und zu Artbildungen, also zu einer Zerschlitzung des Geschehens in viele Bahnen kommt. Es ist aber betont, daß aus der Vielfalt grundsätzlich die Konstruktionsprinzipien und die zwingenden Stadien nicht abgeleitet werden können. Die grundlegenden Erklärungen beruhen auf physikalischen, biomechanischen und physiologischen Prämissen.

Vielfalt kann sich nur nach Maßgabe der konstruktiven Prinzipien entwickeln. Das feine Geschehen in den Populationen bei der Artaufspaltung kann nur in den Abfolgen der konstruktiven Zwänge sich entfalten. Mikroevolution erscheint als eine in die Zwänge der Makroevolution eingepreßte Facette der Evolution. Die bisherige Fragestellung, ob Mikroevolution und Makroevolution in gleicher Weise verlaufen, wird umgekehrt. Mikroevolution ist Fortsetzung der Makroevolution, sie kann nur im vorgebenen Rahmen der Makroevolution nach Maßgabe dessen verlaufen, was die Grundkonstruktionen zulassen. Der Gradualismus der Makroevolution wird nicht durch das Geschehen in den Populationen abgesichert, sondern durch die spezifischen Eigenheiten der Organismen, die wegen ihrer Komplexität nur allmähliche Transformation erlauben.

Das Ziel der Rekonstruktion auch ihrer viel detaillierenden Weiterführungen, ist es nicht, die vorliegende künstliche, also nicht-natürliche systematische Ordnung zu begründen. Eine solche Zielsetzung wird sogar strikt abgelehnt. Systematik, Taxonomie sind total künstlich und nichts als künstlich, das gilt auch, wenn bis zum jüngsten Gericht über die Natürlichkeit des Systems oder ähnliche Vorstellungen diskutiert wird. Systematische Kategorien sind zur Ordnung der Lebewesen und zur Verfügbarhaltung der biologischen Objekte und paläontologischen Belege nötig, aber nicht erklärungsbedürftig. Als Ausgangspunkt für Erklärung taugen sie nicht, weil man mit Beschreibungen und taxonomischer Ordnung nichts erklären kann. Wer sich die Kenntnis der Klassifikation angeeignet hat und über Morphologie Bescheid weiß, sitzt in einer Falle, wenn er die Beschreibung und Ordnung für Naturgegebenheit hält. Er hat die Voraussetzung der Erklärungsmöglichkeit beseitigt, weil man Einteilung und Beschreibung nicht erklären kann, denn sie sind ausgedacht. Erklärung aber, die Prinzipien und Naturgesetze nutzt, muß die Deskriptionen und systematischen Ordnungen unterlaufen, an den Beschreibungen und Klassifikationen vorbei Konstruktionsdarstellungen und Ablaufrekonstruktionen ausführen.

Die Physik liefert nicht die Erklärung von Einteilungen der Naturereignisse, sondern formuliert abstrakte Prinzipien, die sich an keine präzedente Einteilung oder Beschreibung halten, dann aber, wenn sie bekannt sind, Grundlage einer Klassifikation von Naturerscheinungen sein können. Genau so sollte es in der Biologie sein. Es ist nötig, die Prinzipien der Organisation von Lebewesen zu ermitteln und die Organisationstypen aus ihrer Entstehung zu begründen. Eine auf Natürlichkeit Wert legende Einteilung, Klassifikation und konstruktive Morphologie kann sich daran vielleicht anschließen. Erklärung ist nicht insoweit möglich, als man einteilen und differenzieren kann, sondern nur in dem Maße, wie erklärende Prinzipien angeführt und angewendet werden können. Diese Lektion müssen Morphologie und Taxonomie, die sich durch Ordnung der Vielfalt große Verdienste errungen haben, noch lernen.

Es erscheint noch einmal notwendig, die architektonisch entscheidenden Schritte der Entwicklung der Tierkonstruktionen nachzuzeichnen. Mit der Präzelle entstand der hydraulische Verband aus Füllung und Membran. Es etablierte sich eine erste zarte mechanische Kohärenz. Diese hydraulische Grundeigenheit geht in der Folge nie mehr verloren. Mit der Ausbildung des Aktomyosin-Apparates auf der Protozoen-Ebene baute sich ein formbestimmendes System auf, das in Verkoppelung mit der Membran eine festere Kohärenz sicherte. Gleitbewegungen von Ak-

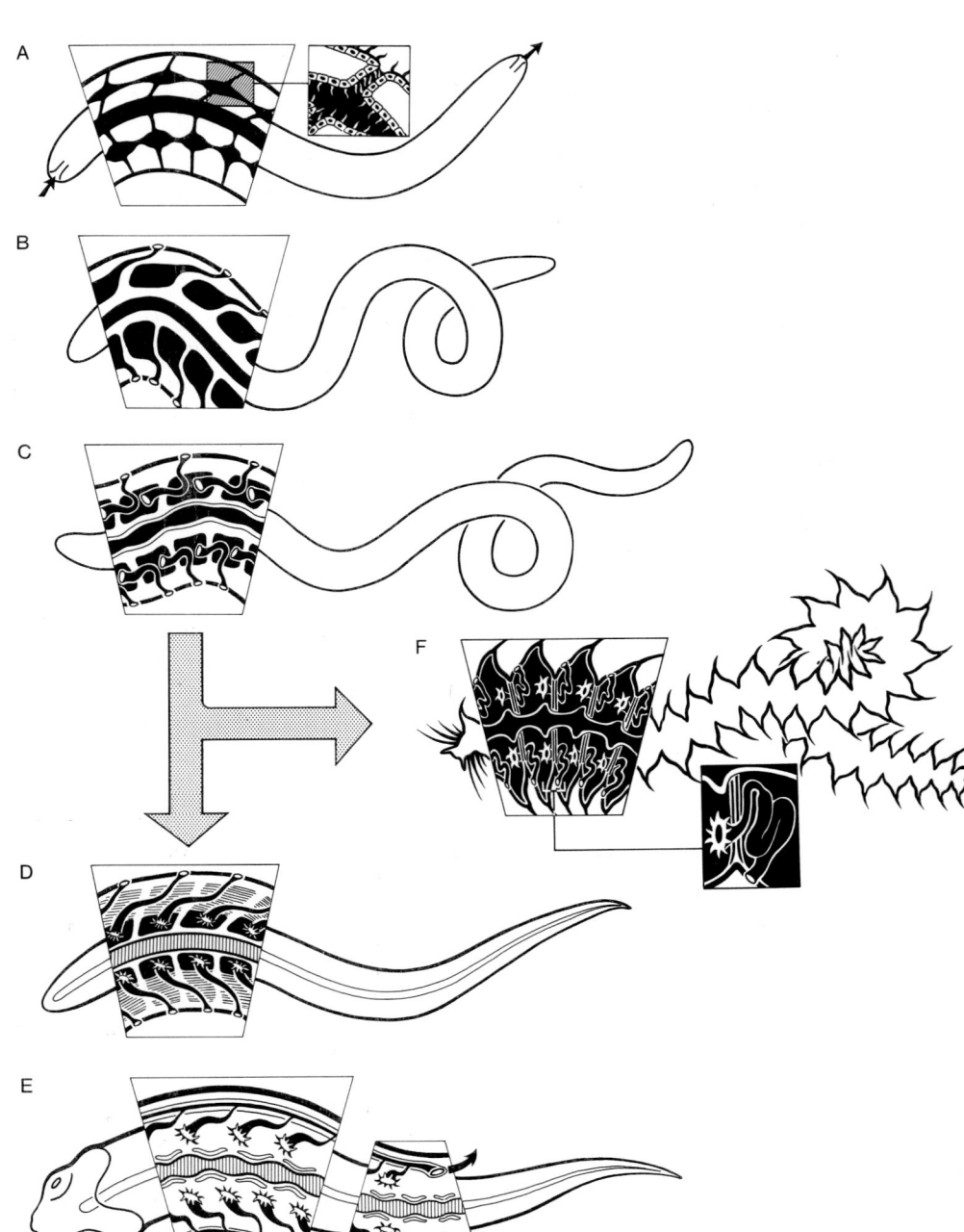

tin und Myosin erlauben aktive Bewegung durch Deformation der Zelle.
Alle Beweglichkeit von Einzellern aber auch die Muskel-Motorik der
Metazoen leitet sich von hier ab.

Durch phagozytäre Aufnahme von Prokaryonten wird die Euzyte mit
ihrer sophistizierten metabolischen Apparatur entwickelt. Die Bewe-
gungsapparate werden von diesem Stadium an mit einer energetisch effek-
tiveren O_2-verbrauchenden Stoffwechselapparatur gepowert. Als oberflächliche Gebilde treten im Protozoenstadium Zilien als Propulsoren
auf, die eine nicht-amöboide Bewegung möglich machen. Gallerteinein-
lagerung und Kompartimentierung in Zellbereiche leitet die Metazoen-
Bildung ein, führt zum Aufbau größerer Konstruktionen. Zellen mit
kontraktilen Einheiten besorgen die Formbestimmung der Gallertoide,
erlauben aber auch im Gitter antagonistische Beziehungen und damit
muskelmotorische Beweglichkeit. Die Gallerte liefert somit die Vorbedingungen des Muskelantagonismus und der muskelmotorischen Pro-
pulsion. Metazoen sind keine Zellaggregate oder Zellstaaten, sondern

stellen Untergliederungen von Protozoen dar, in denen Subeinheiten des Cytoplasma mit eigenen Kernen vorliegen. Die Kompartimentierung zu einzelnen Zellen erfolgt durch Einlagerung von Gallerte und Bindegewebe, an das die Zellen sich formbestimmend angliedern können.

Die Gallertestützung liefert auch die Voraussetzung der Bildung von Kanälen durch Versenkung des zilienbewehrten Epithels. Auf diese Weise ist interne Verdauung und Versorgung von größeren Organismen mit Nahrung möglich. Während der Etablierung der Kanäle und der Formbestimmung durch Muskeln war Propulstion durch Zilien nötig. Gallertebildung und Zilien-Antrieb vermittelten zur Metazoen-Konstruktion.

Im Hinblick auf die weitere Entwicklung der Metazoen besteht Kontinuität in den generellen Eigenheiten der Hydraulik, weil Leben an wässrige Lösungen in Membranen gebunden bleibt. Es bauen sich muskelmotorisch propulsierte Systeme auf. Sie gewinnen Effizienz durch Ausweitung von internen Kanälen. Dabei fügen sich flüssigkeitsgefüllte Höhlen als leicht verformbare Einrichtungen in die steife Gallerteorganisation ein. Effizientere Bewegung mit geringerem inneren Widerstand wird möglich. Die hydraulischen Füllungen fügen sich primär in die formbestimmende muskuläre Verspannung ein. Vielkammrige Hydroskelett-Systeme mit starker Untergliederung durch Muskelverspannungen sind immer phylogenetisch ursprünglich. In der Kontinuität der Kanäle stehen Gastralräume, Coelomfüllungen und Nephridialkanäle, die allesamt von zilientragenden Epithelien ausgekleidet sind. Alle epithelial ausgekleideten Kanäle und Höhlen leiten sich lückenlos von den Kanälen der Gallertoide her. Wollte man von der Kontinuität der Epithelien abgehen und die Neuentstehung von Hohlräumen mit Epithelien annehmen, man müßte mit der Neuentstehung von Epithel und von Zilien sprunglos nicht erklärbare Entwicklungen fordern.

Epithelfreie Höhlen können bei Epithelverlust entstehen oder durch Spaltbildungen im gallertigen Bindegewebe; Blutgefäße bilden sich durch Spaltbildung im Bindegewebe. Es gibt jedoch auch Coelomräume, die das Epithel verloren haben. Bei diesen fehlt immer auch das Nephridiensystem. Eine Kontinuität des Muskelgitters der Gallertoide besteht in den vielkammrigen Gastral- oder Coelomhydrauliken bzw. deren muskelbesetzten Verspannungseinrichtungen. Das Bindegewebe höherer Metazoen stellt eine Sonderform der Gallerte dar, bei der die Fasersysteme verdichtet sind, die gallerte Füllung aber zurücktritt. Die Vernetzung der Muskeln durch Kollagenfasern des Bindegewebes bleibt bei nicht-gallertigem Bindegewebe bestehen. Der Wegfall der komplexen Muskel-verspannung hat die irreversible Entstehung einfacher Schlauch-Kon-struktionen zur Folge. Einfache Hautmuskelschläuche können nur ex-trem abgewandelte, nie urtümliche Konstruktionen sein. Epithelverlust und Reduktion interner räumlicher Verspannungssysteme sind irrever-sibel, markieren evolutiv stark abgewandelte Situationen.

Skelettstrukturen entstehen im Laufe der Metazoen-Ontogenese als Ein-schaltungen von zugfesten oder steifen Bereichen in den kraftschlüssigen Verband. Bei Coelomaten, als wurmartig gestreckten Systemen entstehen innere Skelettstrukturen, wie Chorden, Knorpelgebilde, Knochen; sie sind nur möglich, wenn eine intern stark durch Bindegewebe verspannte Konstruktion vorliegt, wie bei metamer organisierten Chordaten. In stark peristaltisch bewegten Konstruktionen vom Annelidentyp mit Cu-ticularbildungen bauen sich fast nur Außenskelette auf (Mollusken, Arthropoden).[20]

Durch Komplizierung der Skelettsysteme und fortschreitende Verstei-fung können sich Skelett-Muskel-Systeme ausbilden, bei denen die Hydraulik-Füllung zurücktritt. Aber auch hier bleibt die mechanische Kohärenz durch das Bindegewebe bestimmt und die Formbildung wird hydraulisch im embryonalen Weichkörper vor Anlage der Skelett-Struk-turen bewirkt. Alle Skelettstrukturen entstehen phylogenetisch in hy-draulischen Systemen, die durch ihre Form und Organisation die Bil-dungsorte, die Gestaltung der skeletalen Strukturen bestimmen. Jedes Wachstum von Skelettstrukturen wird durch hydraulisch arbeitende Ein-richtungen und durch deren formative Einflüsse bewirkt. Jedes skelett-tragende und skeletal ausgesteifte oder als Skelett-Muskelsystem wirken-de Gebilde entsteht in der Ontogenese in einem total hydraulischen Verband, auch ontogenetisch ist jede Skelettbildung total weichkörprig vorgeformt, jederzeit bleibt bei Anlage, Wachstum und weiterer Aus-formung die Abhängigkeit der Skelettstrukturen von hydraulischen Mechanismen gegeben.

Natürlich können alle Evolutionsstadien und -folgen nur im Zusammen-spiel mit Außen- und Umweltbedingungen gedacht werden. Die Ent-stehung der präbiotischen chemischen Bedingungen setzte eine bestimm-te physiko-chemische Situation sowie Energie- und Materialzuführung voraus. Präzellen-Bildung erforderte Turbulenz erzeugende Prozesse. Die Ablösung der anaeroben Verhältnisse durch aerobe ist durch die Organismen selbst bewirkt worden. Anpassungen im darwinistischen Sinne können die angedeuteten Abfolgen kaum genannt werden.

Die Ausformung der Baupläne in der aufgezeigten Folge erforderte natürlich ökologische Bedingungen: Wasser, Substrat, Flachsee, trockenes Land. In jeder Phase der Stammesgeschichte mußten die Außenbedingungen mit Erfordernissen der lebenden Organisation korrespondieren. Aber diese generellen Verhältnisse, die man für die Erklärung der Grundbaupläne benötigt, stellen Invarianzen dar, Bedingungen, die in allen Stadien der Erd-Entwicklung durchgehend gegeben waren. Nicht die Umweltverhältnisse mußten entstehen, um Bauplanabwandlungen zu evozieren; die Außen- und Umweltbedingungen waren seit dem frühen Präkambrium immer existent, und erlaubten somit die Übergänge zu den Organisationstypen.

Die Voraussetzung für die Entstehung aller wesentlichen Baupläne lag darin, daß die jeweiligen konstruktiven Vorbedingungen in den Vorläufern erreicht waren. Sie alleine bildeten den Schlüssel für die Entwicklung des jeweils nächsten Organisationsstadiums. Die konstruktive Ausgangslage erlaubte bei Entstehung tiefgreifender organisatorischer Wandlungen oft auch die Exploitierung alter oder neuer Umweltbedingungen. In den meisten Fällen dürfen wir vermuten, daß bei genereller Leistungsverbesserung im gleichen Lebensraum eine Verdrängung der Vorläufer-Konstruktionen stattfand oder die Vorläufer-Organisationen in Restbiotope verdrängt wurden, die von den konstruktiv weiterentwickelten Konstruktionen nicht genutzt werden konnten.

Für die Rekonstruktion der organisatorischen Wandlung ist es also nötig, bei Angabe der generellen Extern- und Environmentalbedingungen die konstruktiven Stadien aufzuzeigen, die sich im Evolutionsverlauf hintereinander staffelten. Nun ist es natürlich so, daß das stark aufgespaltene oft in parallelen Strängen verlaufende Entwicklungsgeschehen nur in groben Modellen der organisatorischen Transformation nachgezeichnet werden kann. Sequenzen notwendiger konstruktiver Bedingungen für die Entstehung von Bauplangefügen werden aufgezeigt, die Baupläne als Konstruktionsgefüge vorgeführt. Auch Details, spezifische Erscheinungen und Umweltbedingungen spielen eine Rolle. Aber diese Dinge, spezifische Details und Sonderanpassungen der Organismen, bestimmen nicht die Entstehung der Bauplanorganisation. Wegen des geringen Auflösungsvermögens der erklärenden und rekonstruierenden Theorie können natürlich nicht alle Detailstrukturen erfaßt werden. Auf das begrenzte Auflösungsvermögen der Rekonstruktionen hat W. Bock hingewiesen.

Natürlich gewinnt die Differenzierung der Umwelt Bedeutung für die Entstehung der Organisationsformen, die für kleinere systematische Einheiten charakteristisch sind. Weitere Aufspaltungen und Sonderentwicklungen von Bauplänen setzen eine kleindimensionierte, ökologische Gliederung der Welt voraus. Diese Verhältnisse sind für die je sich verwirklichende Vielfalt mitverantwortlich. Es ist jedoch die jeweilige Vorkonstruktion, die in Radiationen die vielfältigen Außen- und Umweltbedingungen ausnutzen kann.

Die im Verlaufe der Diversifikation von Bauplänen erreichbare organisatorische Vielfalt wird somit von der Gliederung der Lebensräume stark beeinflußt. Aber alle Radiationen, also diversifizierenden Entwicklungen verlaufen auf der Grundlage der je erreichten Konstruktionsverhältnisse, die jeweiligen Konstruktionseigenheiten schließen diverse ökologische Bedingungen auf, machen die Radiation möglich. In gegliederten Lebensräumen können multiple Wege der Transformation wegen der leichteren Isolation von sich trennenden Arten durchlaufen werden. In geographisch gesonderte Bereiche können verschiedene Organisationen eindringen. Aber immer geschieht dies durch die Ausbreitungstendenz der Organismen unter Nutzung ihrer Grundkonstruktion. Nur die Kenntnis der bauplan-bestimmenden Grundkonstruktionen erlaubt die Begründung der Aufspaltung. Somit können die systematischen Gruppierungen nur den Modellrekonstruktionen zugeordnet werden.

Es besteht die Neigung, auf dem Hintergrund der bisherigen Morphologie und ihren Methoden das Hydraulik-Prinzip für konstruiert und erfunden zu halten, die Modelle für Phantasie-Arbeit. Nun können Theorien nur lanciert und geprüft werden. Jede Entdeckung, auch die des Hydraulik-Prinzips ist eine theoretische Konstruktion, die Mechanismen der Erklärung müssen theoretisch antizipiert werden. Darin liegt nichts Ehrenrühriges oder Unwissenschaftliches. Aber das Hydraulik-Prinzip läßt sich, sobald es erkannt ist, aus der Natur der Baumaterialien und deren räumlichem Arrangement mit physikalischer Notwendigkeit begründen. An jeder einzelnen lebenden Konstruktion kann geprüft werden, ob die formbestimmenden Bauelemente tatsächlich so angelegt sind, daß sie die jeweilige Form und Architektur bestimmen und daß sie, indem sie dies tun, die Tendenz zur Abkugelung unterdrücken. In dieser Form stellt sich das Hydraulik-Prinzip als eine prüfbare Theorie dar, erscheint naturwissenschaftlich völlig unverdächtig.

Morphologie wird also auf eine physikalisch erklärende Ebene gehoben, bewegt sich von subjektiver Formbeschreibung und Formvergleich weg. Gerade die Differenz zur bisherigen Morphologie konstituiert die Wissenschaftlichkeit durch Begründung auf Naturgesetze bei gleichzeitiger Beseitigung der subjektiven Form- und Gestaltaspekte. Form erweist sich nach dem Hydraulik-Prinzip als durch das Arrangement von Elementen im kraftschlüssigen Gefüge erzwungen, durch energiewandelnde Arbeit erzeugt. Das füllende und expandierende Moment leitet sich von der osmotisch bestimmten Schwellung her, die der Abrundungstendenz abgerungene Form bildet das Ergebnis der Zügelung durch mechanische Elemente. Form aber als Leistung und Ergebnis mechanischer Arbeit zu begreifen, dies ist bisher noch nie gedacht worden. Darin liegt eine veritable wissenschaftliche Innovation, mit tiefgreifenden Folgen. Völlig außerhalb der bisherigen Denkhorizonte lag auch die Einsicht, daß die chemische Energie auf den kraftschlüssigen Verband der lebenden Konstruktion als eigengesetzlich strukturierte Apparatur hochgeleitet wird: das von chemischer Energie bewegte konstruktive Gefüge ist das hydraulische System.

Wenn es richtig ist, daß das Hydraulik-Prinzip die Form und die Evolution der Organismen bestimmt, wenn die auf die Konstruktionsnatur begründeten Ableitungen von aller bisherigen morphologischen Reihung und ihrer Interpretation abweichen, und wenn man von der Formerfassung und vom Formvergleich nicht zur Konstruktionserklärung vordringen kann, dann sind Morphologie und Systematik, die das lebende Material geordnet halten, in nichts Vorbedingung der Erklärung lebender Konstruktionen und ihrer evolutiven Abwandlungen. Wer also irgendwelchen Organismen oder systematischen Gruppierungen einen phylogenetischen Stellenwert geben will, muß dies so tun, daß er eine Zuordnung zu den rekonstruierten Stadien versucht oder von aufgezeigten Stadien aus durch weitere detaillierende Rekonstruktion eine Ableitung vornimmt. Die Modelle sind mit Absicht nicht bis in die Untergruppen verlängert, weil dann sofort die Homologien-Argumentation neu einsetzen würde. Die Befreiung der Morphologie von der

Homologien-Ideologie und ihrer pseudoästhetischen Beurteilungsweise der Lebewesen kann nur von den Vertretern der Morphologie selbst vorgenommen werden.

Ein besonderer Protest ist gegen die in der Phylogenetik weit verbreitete Suche nach Monophylie, also der Einmalentstehung von organisatorischen Typen, zu lancieren. Die Konstruktionslehre der Organismen sucht unter Absehen von jeder Monophylieerwartung nach Erklärungen für konstruktiv notwendige Transformationsschritte. Diese werden auf naturwissenschaftliche Prinzipien und Gesetze begründet. Deren Gültigkeit darf unter keinen Umständen auf Einmaligkeit eingeengt werden, denn sie gelten beliebig oft. Das Fahnden nach Monophylie, die man grundsätzlich nicht begründen kann, denn historische Einmaligkeit kann nicht durch Naturgesetzlichkeit abgesichert werden, ist Kennzeichen von Erkenntnisverzicht. Die Suche nach Genealogie stellt die Übertragung historischer Denkmuster auf Naturerscheinungen dar. Nicht die Ermittlung der Genealogie, sondern die Suche nach Erklärung für Entstehung und Wandlung von Organisationsformen der Lebewesen ist Ziel einer naturwissenschaftlichen Morphologie.

Morphologen und Systematiker, die ihre Phylogenetik aus der Systematik und vergleichenden Morphologie ableiten, müssen die Hydraulik-Erklärungen und die Begründungen der Evolution durch Konstruktionsreihungen ablehnen und zurückweisen, die auf das Hydraulik-Prinzip begründete Konstruktionslehre aber für eine Zerstörung der Morphologie halten. Insofern war und ist die Distanzierung von Siewing, Remane, Osche, E. Mayr, Kaspar konsequent und ernsthaft. Dieser Ablehnung korrespondiert der Vorwurf, den der Verfasser aus der Hydraulik-Erklärung ableiten muß: Die klassische Morphologie und Systematik haben die methodischen und theoretischen Voraussetzungen der Rekonstruktion der Phylogenese und der Begründung der Konstruktionsnatur der Lebewesen zerstört, indem sie die Gestalt- und Einteilungskriterien als Realität behandeln und den Zugang über Formbeschreibung und Formvergleich für verbindlich erklärten. Erst die Beseitigung einer auf Gestalt, Formvergleich und Formenreihung begründeten Morphologie macht den Weg zu einer naturwissenschaftlichen Konstruktions- und Evolutionslehre frei, die auf materiell energetische Theoreme begründet ist. Eine vermittelnde methodische und theoretische Position, wie sie von manchen Autoren in der Evolutionsmorphologie bezogen wird, erachte ich nicht für haltbar; sie wird, da sie Homologie-Zusammenhänge mit Konstruktionsbegründungen vermischt, nur in den Traditionalismus der Morphologie zurückzuführen. Außerdem sind Mischformen von erklärten Konstruktionsableitungen und Homologienreihen methodisch bedenklich und für strikte Erklärungsunternehmen ein Hindernis.

8. Ontogenese und Evolution

8.1 Die Variabilität von hydraulischen Konstruktionen

Mutationen treten in allen Organismen auf, sie betreffen alle Aspekte, Mechanismen und Ebenen der lebenden Konstruktion. Jede Population von Organismen unterliegt einem dauernden Anbranden von Veränderungen. Geordnete Organisation kann nur erhalten bleiben, wenn die »normale« Grundorganisation durch dauernde Elimination von mutativ erzeugten Varianten mit defekten und leistungsschwächeren Ausgestaltungen geschützt wird. Mit schwächeren und entgleisten Varianten wird deren Erbgut, das in die Population durch genetische Rekombination Eingang finden könnte und die Normalität stören würde, ausgeschaltet. Geordnete, bionomische Organisation des Lebendigen ist also kein garantierter Zustand, sondern das Ergebnis des permanten Stabilisierungsprozesses durch Selektion. Lebens- und Leistungsfähigkeit der normalen Organismen bemißt sich immer an der durch die Organisation bestimmten Fähigkeit zur Energiewandlung in der mechanischen Apparatur. Letztes Kriterium bildet die Fähigkeit der Erzeugung von Nachkommen, deren Reproduktion die Generationenfolge in Existenz hält. Dieses Geschehen spielt sich immer in Populationen ab. Wichtig ist aber die Einsicht, daß die Produktion von Nachkommen eine Leistung des energiewandelnden mechanischen Apparates ist und nur von solchen Organismen vorgenommen werden kann, die als konkurrierende Energiewandler schon erfolgreich sich durchgesetzt und überlebt haben. Es kann also nie die Reproduktionsleistung für sich alleine als entscheidend verstanden werden. Mutationen ändern primär die Struktur der Gene, also der Nukleotidsequenzen. Mutationen sind als Variabilität erzeugende Mechanismen primär molekulare Geschehnisse. Dies haben Genetik und Molekularbiologie zwingend nachgewiesen.

Schon auf der Ebene der Gene setzen Selektionsmechanismen ein. Es können genetische Veränderungen der Art entstehen, daß eine identische Reduplikation oder eine Codierung in Eiweiße ausgeschlossen ist. Mutationen wirken sich unmittelbar auf das biochemische Geschehen aus. Entgleisungen auf dieser Ebene, als mutativ bedingte Vergiftungen, werden Stoffwechselkrankheiten genannt. Sie sind selbst wieder Ausdruck von Selektion im organismischen Geschehen. In vielen Fällen kommt es über biochemische Vermittlung zu Veränderungen der Form der Organismen und in den Ontogenesestadien zu mehr oder minder großen Abweichungen. Es wird dann das mechanische Gefüge verändert. Wiewohl molekular ausgelöst, lassen sich die Effekte der Mutation nicht mehr in Begriffen der Moleküle beschreiben. Jedes Gefüge, vor allem das mechanische, kann nur nach Maßgabe seiner eigenen Organisationsprinzipien abgewandelt werden. Auf allen Ebenen aber liegen Gesetzmäßigkeiten und Constraints vor, die die Variabilität beschränken.

Damit wird noch einmal deutlich, was Gegenstand der vorangegangenen theoretischen Einleitung war, daß eine phylogenetische Transformation nur nach Maßgabe der internen organisatorischen Bedingungen auch der Ontogenese auf geordneten Bahnen verlaufen kann. Diese Bahnen der Phylogenese sind von Margen der Dysfunktion und Destruktion begleitet, Stoffwechselkrankheiten, Abnormitäten, Mißbildung und Monstrositäten belegen die internen Mechanismen der Selektion, markieren die Ränder der »Normalität« der Organisation. Die Bahnen ihrer phylogenetischen Transformation werden durch die Constraints des Apparates selbst und durch Umweltbedingungen gestellt.

Da alles phylogenetische Geschehen an Konkurrenz gebunden ist, die die Organismen durch ihre exzessive Produktionskraft bewirken, ergibt sich ein Ökonomisierungszwang. In der Konkurrenzsituation müssen bessere organisatorische Lösungen sich durchsetzen. Alle Varianten, die nicht mehr benötigte Strukturen besitzen, die also ältere Restgebilde früherer Stadien aufweisen, oder aufwendige mutativ bedingte Transformationen erleiden, erfahren eine Benachteiligung. Es muß im Ökonomisierungsgeschehen zum Wegfall der Strukturen ohne Bedeutung für Überleben und Nachkommenproduktion kommen. In der Konkurrenz setzen sich auch die Leistungssteigerungen durch, die den überlegenen Organismen verbesserte Reproduktionschancen sichern.

Diese Ökonomisierung der Konstruktionen kann nur im Ablauf der Ontogenese manifest werden. Durch Abwandlungen der Ontogenese ist alleine eine ökonomisierte oder leistungsverbesserte Endkonstruktion zu erreichen. Der Ontogenese-Ablauf selbst ist seinerseits Teil des durch die Konkurrenz bewerteten energetischen Geschehens.

Evolutiver Wandel wird nie alleine dadurch zustande kommen, daß das biochemische und molekulare Geschehen gewandelt wird. Es erfolgt immer eine Transformation des mechanischen Apparates. Das bedeutet, daß die als invariantes Prinzip vorhandene Hydraulik in ihrer Formbildung, den Organisationsprozessen und Aktionen umgesteuert wird. Variabilität auf der Genebene ist also eine Sache, die Variabilität und die Transformation auf der morphologischen eine zweite Angelegenheit. Indem von der Molekularbiologie nur die molekulare Ebene behandelt und schon als Gesamtheit der Variabilität angesehen wird, tritt ein riesiger Defekt der bisherigen Evolutionstheorie hervor.

Wenn der Organismus als Konstruktion nicht beachtet wird, kann gar nicht zum Ausdruck gebracht werden, daß das morphologische Transformationsgeschehen immer nach eigenen mechanischen und konstruktiven Prinzipien verläuft, seine Abläufe nur molekular beeinflußt und gesteuert werden können. Jede morphologische Transformation kann vor jeder Beachtung der molekularen Anstöße als mechanisches Ereignis, als Modifikation eines mechanisch kraftschlüssigen Verbandes beschrieben und für die gegebene Ebene auch begründet werden. Variabilität ist also ein vielfältig gestaffeltes Geschehen, dessen Anstöße alleine auf der makromolekularen Ebene liegen. Die Durchführung der Formbildung und die Veränderung geschieht durch mechanische Abläufe nach dem Hydraulik-Prinzip. Variabilität ist daher nie in den Termen der Molekularbiologie ausdrückbar.

Diese entscheidende Einsicht wird in einer nicht organismisch begründeten Evolutionstheorie nicht zugelassen. Sie spricht vom Organismus als Phänotyp, der die Genkonstitution ausdrückt. Genveränderung und Variabilität sind das Gleiche. In dieser Sicht beschränkt sich mutativer Wandel auf molekulare Mechanismen; die die Variabilität bestimmende Eigengesetzlichkeit der Organismen kommt nicht zum Tragen, ja wird durch Verweis auf genetische Information abgestritten. Dies aber ist ein schwerer Defekt, eine organismuszerstörende Komponente der synthetischen Theorie. Auf der Grundlage der synthetischen Theorie kann, wenn Variabilität gleich molekularer Abwandlung gesetzt wird, nicht organismischer Wandel als Transformation von Ontogenesen, also als Abwandlung hydraulischer Bildungsmechanismen verstanden werden.

Es gibt viele Autoren, die diesen Punkt sehen und auf die Bedeutung der Epigenese verweisen. Daß aber die Epigenese der energetisch gepowerte hydraulische Apparat ist, wurde bislang nicht verstanden. Als Folge davon wird nicht beachtet, daß eine Korrektur die Verwerfung der synthetischen Theorie und eine organismisch-konstruktive Neubegründung auf hydraulischer Grundlage nötig macht. Alle Versuche, im Organismus von Epigenetik zu sprechen, sind aussichtslos. Das Hydraulik-Prinzip als konstitutives Moment schafft hier die neuen Bedingungen. Die oft beschworene Epigenese zeigt in Form der hydraulischen Mechanismen der Formbildung eine ganz eigene konstuktive Gesetzmäßigkeit.

Es lohnt nun, auf Mutationen als Grundlage der Variabilität einzugehen, die zu morphologischen Veränderungen also zu Transformationen des mechanischen Gefüges führen. Die Anstöße gehen von den molekularen Mechanismen aus. Das Ergebnis aber im Organismus ist in vielen Fällen ein morphologisches; es wird dabei ein mechanisches Gefüge transformiert, das schon im Prozeß des Selbstaufbaus ist. Die Veränderung der Morphologie, also des mechanischen Gefüges, ist auf der kausalen Endstrecke nur mechanisch zu begründen. Mutationen wirken sich also auf die mechanischen Bildungsmechanismen aus. Wenn dies richtig ist, kann schon jede mutativ erzeugte Transformation, unabhängig davon, ob sie letztlich erfolgreich ist oder nicht, nur ein präexistentes mechanisches Gefüge nach Maßgabe von dessen konstruktiven Eigenheiten verändern. Mutativ erzeugte Varianten lassen sich nicht alleine von den molekularen Mechanismen aus begründen; immer ist schon eine Kanalisierung durch ältere Organisation gegeben.

Das aber bedeutet auch, daß das Argumentieren mit dem Zufall wenig Sinn ergibt. Mutationen sind ungerichtet, nach Maßgabe des im genetischen Apparat Möglichen. Sie treten in ihrer Ungerichtetheit mit Notwendigkeit auf. Das Ergebnis der Mutationen, die ungerichtet erzeugte Variabilität, ist immer durch die Gesamtheit der Wirkmechanismen des Organismus in einer gewissen Breite der Leistungsfähigkeit kanalisiert. Mutationen transformieren ablaufende, in sich geordnete und vorher schon stabilisierte Prozesse. Ihr Ergebnis ist nicht beliebig, sondern durch das Gesamtgeschehen und den mutativen Einfluß bestimmt. Die Vorstellung von der Zufälligkeit der Mutationen legt die Idee der Beliebigkeit der Transformation nahe. Dabei wird vergessen, daß auch untergehende Varianten geordnete Systeme sind, deren Selbstzerstörungen klaren organismischen Prinzipien folgen. Durch Mutationen kann es zu Veränderungen kommen, die die Constraints des Geschehens so verstellen, daß sie miteinander konflingieren und so Dysfunktion oder Extinktion der Organismen bewirken.

Es muß, da Mutationen sich morphologisch niederschlagen können, also Einflüsse der Biochemie auf die biomechanischen Mechanismen und das kraftschlüssige Gefüge der lebenden Apparate und deren morphologische Durchgliederung geben. Wie diese aussehen, ist unklar. Aber sie beschreiben zu können, setzt vor allem anderen das Verstehen des chemisch angesteuerten kraftschlüssigen mechanischen Apparates voraus. Die Wirkung der von den mutierten Genen ausgehenden chemischen Einflüsse auf den mechanischen Verband kann immer nur eine jeweils schon voll entwickelte Mechanik im Ontogenese-Prozeß steuern. Mit anderen Worten: organismischer Ablauf, Selbsterstellung und Ausformung, Autoformation als Teil der Selbstbeweger-Aktion der Organismen sind bei der Annahme von Variabilität vorauszusetzen. Im ablaufenden organismischen Geschehen der autoformativen Selbsterstellung findet molekulare, sich auf das Gefüge und seine ontogenetischen Wandlungen auswirkende mutative Veränderung statt.

Es lassen sich nun allerdings die möglichen Grundmechanismen der Genwirkung vom mechanischen Gefüge aus bestimmen. Es ist möglich, daß die osmotischen Mechanismen, die die Schwellung bewirken, beeinflußt werden. Dabei ist sowohl an die Aufnahme von Stoffen, wie auch an die Bestimmung der Partikelzahl durch Stoffwechselprozesse zu denken. Durch Geneinflüsse kann die Materialmenge für die Ausbildung von formdeterminierenden Elementen beeinflußt werden. Durch die Relation von formbestimmenden Strukturen und osmotisch bedingtem Füllungsgrad kommt es zu gerichteten Deformationen. Richtung von Durchbildungsgeschehen ist nur durch Ausweitung in Schwächezonen und Gleiten an jeweils schon existierenden Gefügen möglich.

Jede Steuerung des Geschehens setzt im Gerichteten und Gesteuerten ein mechanisch kohärentes Gebilde voraus; von Steuerung der Ontogenese-Prozesse zu reden, ohne die gesteuerten mechanischen Einheiten erfaßt zu haben, ergibt keinen Sinn. Ein großer Teil der vermuteten Steuerung in der Ontogenese (möglicherweise die Gesamtheit der Steuerungsprozesse) ist durch mechanische Gefügebedingungen gegeben. Bei allen treibenden, das Volumen beeinflussenden Mechanismen ist zu beachten, daß sie immer schon in einem gerichtet arbeitenden Geschehen wirksam werden und daß sie nur Geschehensrichtungen abwandeln oder neu bestimmen können. (Es ist nicht erforderlich, lebendes Geschehen als gerichtetes erst erklären zu wollen). Leben und Ontogenese stellen als solche schon gerichtetes über sich hinaus treibendes Geschehen dar. Zu fordern sind natürlich Regulationsprozesse und Mechanismen, die bewirken, daß im rechten Moment die Zellen ganzer Zellkomplexe zu arbeiten beginnen. Von diesen Regulationsmechanismen ist anzunehmen, daß sie teilweise (oder sogar in ihrer Gesamtheit) von mechanischem Geschehen in der kraftschlüssigen Konstruktion ausgelöst werden. Außerdem müssen die durch Regulation bestimmten Geneinflüsse wieder auf die mechanischen Verbände zurückwirken.

Die Geschichte in Form der schon gewordenen ontogenetischen Mechanismen spielt also bei der Variabilität schon mit. Diese Tatsache nimmt der Vorstellung, die Gene enthielten die Informationen für den Organismus jeden Sinn; es wird durch die Informations-Ideologie die konstruktive Vorbedingung, der Aspekt der Geschichtlichkeit, ausgeblendet.

Wenn Gene einen steuernden Einfluß auf die Formbildung gewinnen, so kann diese Steuerung nur in der Kontrolle von mechanischen Gefügen bestehen. Wir müssen dabei beachten, daß Gene immer innerhalb des kraftschlüssigen Verbandes von Zellen oder vielzelligen Gefügen wirken. Sie werden über Regulationsmechanismen aktiviert oder inhibiert. Nur innerhalb eines mechanischen Verbandes entfalten sie ihre Wirkung (dieser ist in seinen physikalischen Eigenschaften durch kein Reagenzglas zu simulieren). Er stellt sich in Form des kraftschlüssigen Gefüges des in ontogenetischer Wandlung befindlichen Organismus dar.

Die Wirkung der Gene auf die Morphologie geschieht sicher über biochemische Verbindungsglieder, aber diese wirken auf einen Verband, der eigenen Gesetzen, denjenigen der Hydromechanik, gehorcht. Das bedeutet, daß die biochemische Wirkung der Genwirkkette notwendige Bedingungen liefert, aber das Resultat von den organisatorischen Prinzipien der morphologisch-mechanischen Ebene abhängt. Variabilität ist also nicht einfach eine Umstellung der makromolekularen Mechanismen, sondern die Transformation eines mechanischen Gefüges. Bei der Variabilität der morphologischen Gefüge ist also der kraftschlüssige Verband im Spiel und die Vorkonstruktion, die im Ablauf Veränderungen erfährt. Jede Veränderung ist eine Modifikation eines vorher schon vorhandenen Gefüges; dieses vorher schon vorhanden gewesene in der Ontogenese sich entfaltende Gefüge ist in der Evolution entstanden, setzt also

146

für die in ihm auftretenden Mutationen schon die Vorbedingungen. Die Geschichte in Form der schon gewordenen ontogenetischen Mechanismen spielt also bei der Variabilität schon mit.

Von vielen Autoren ist der Sprung in der Kausalität von der Biochemie zum komplexen Gefüge der Organismen erwartet worden (POLANY, WADDINGTON, BÖHM, ELSÄSSER), ohne daß aber für die komplexen Beziehungen in den Organismen spezifische Gesetze, diejenigen, die die Form regulieren, angegeben werden konnten. Es hat allerdings Autoren gegeben, die auf die mechanischen Bedingungen der Formbildung verwiesen haben (WURMBACH, BLECHSCHMIDT, CHAPMAN, OTTO, BONIK, GRASSHOFF, GUTMANN), doch ging deren Stimme im Anspruch der Molekularbiologie unter, die alles von der biochemischen Ebene aus erklären will.

Außerdem hat bisher kaum jemand, der das Mitwirken der Mechanik in der Ontogenese betonte, das Prinzip der Kraftschlüssigkeit und der Hydraulik formuliert und als eigene Ebene von kausalen Mechanismen ausgewiesen. D.h. die biomechanischen Erklärungen wurden mit biochemischen und physiologischen Mechanismen wieder vermischt, eine Abtrennung der Mechanik auf einer organismischen Ebene nicht vorgenommen. Es kann dann nicht mehr formuliert werden, daß das biochemische Geschehen auf den mechanisch kohärenten Verband wirkt.

Mit dem Hydraulik-Prinzip und den seine Form bestimmenden Mechanismen ist nun aber der Modus der Formerzwingung, das Epigenese bestimmende Prinzip bekannt und auch das Wirkziel der biochemischen Mechanismen. Keine Gestalt kann mehr als zufällig angesehen werden, jede Form ist Ausdruck des Arrangements von die Gestalt und Architektur erzwingenden Bauelementen (GUTMANN 1972, GUTMANN & BONIK 1981, OTTO 1979). Wenn genetische Veränderungen morphologisch erkennbare Folgen haben, können sie nur in mechanischen Begriffen und nicht nur denjenigen der Biochemie (die heute alleine beachtet wird) beschrieben werden. Genwirkung über biochemische Zwischenglieder steuert also ein mechanisches Gefüge, das nur nach Maßgabe von mechanisch hydraulischen Prinzipien im Energiewandel transformiert werden kann. Dies gilt für alle morphologisch relevanten Mutationen, die sich zwar auf der biochemischen Ebene ereignen, deren Effekt aber nur mechanisch, also nach nicht-chemischen und somit supramolekularen Prinzipien beschrieben und begründet werden kann.

Diese Einsicht hat geradezu grausame Konsequenzen. Während kein Zweifel besteht, daß die Molekularbiologie die Geschehnisse auf der biochemisch-molekularen Ebene angemessen beschreibt und unverzichtbare Aspekte der Mutabilität molekular begründet, ist sie grundsätzlich nicht befähigt, die Ausbildung von Architektur und Form zu behandeln, die nur nach supramolekularen Gesetzen durch energetische Powerung konstruktiver Systeme verlaufen kann. Sie kann schon wegen des Fehlens der Biomechanik für das morphologische Gefüge nicht erklären, wie jenseits der Makromoleküle morphologisch sich ausdrückende Variabilität zustande kommt.

Damit wird das gesamte neuere Theoretisieren über morphologische Pattern und Morphogenese zu Makulatur. Die Suche nach den morphogenetischen Mechanismen ist total auf Biochemie und stoffliche Gradienten sowie morphogenetische Muster oder Pattern festgelegt. Es besteht nicht die Erwartung, es könne mechanische Zwänge oder die Steuerung von mechanischen Mechanismen geben. Hier zeigen sich die Folgen des Fehlverstehens der Organismen als offene Systeme, die Konsequenzen einer entmorphologisierten Biologie, die sich in einer Welt der Moleküle eingerichtet hat. Natürlich bilden Gene Wirkmechanismen im Gefüge, an ihnen setzen die erblich sich auswirkenden Veränderungen an. Es liegen jedoch im genetischen Apparat und dessen Kodierung nicht die Informationen für den Organismus vor. Die Informationsvorstellung ist sinnleer, weil sie die gestaffelte Eigengesetzlichkeit, die Konstruktions- und Energiewandler-Natur von Organismen nicht beachtet. Alle Form muß als mechanisch bedingt, aber materiell und energetisch aus dem molekularen Bereich gepowert, also mit Material und Energie versorgt, verstanden werden. Erst wenn Zelle, Embryo, Organ, Organform als mechanische Systeme nach ihren hydromechanischen Gesetzen verstanden sind, können morphogenetische Erwägungen auf einer neuen Ebene angestellt und die Frage behandelt werden, wie chemisches Geschehen auf mechanische Gefüge wirkt und wie mechanische Abläufe von Zellteilung, Organbildung und Morphogenese einer chemischen Steuerung unterliegen können. Auch von Steuerung und Musterbildung kann sinnvoll erst gesprochen werden, wenn die mechanischen Einheiten, auf die die Steuerung wirkt, erfaßt sind, Musterbildung als mechanische Leistung begriffen ist. Morphologie muß hier den Bezugsrahmen für die Biochemie liefern. Mit dem neuen Verständnis von mechanischer Variabilität kommt eine ganz neue Perspektive, die Frage der Formbeeinflussung von Mutationen in die evolutionäre Problematik hinein, die bisher nicht behandelt werden konnte.

Auch die Anwendung der Synergetik (HAKEN) und der Thermodynamik der offenen Systeme (PRIGOGINE) erweisen sich als irrelevant, weil beide Ansätze keine Mechanik und den Organismus nicht als mechanisch sich ausformendes Gebilde kennen. Dissipative Strukturen haben keine Mechanik, alle Beispiele, die der Synergetiker HAKEN für die Anwendung der Synergetik auf die Biologie speziell die Embryologie bringt, betreffen Fälle, in denen mechanische Abläufe Form und Muster produzieren, die aber nicht chemisch begründet werden können. Das heißt, an den Beispielen, die Haken gibt, wird deutlich, daß die Synergetik nichts erklärt. Das bedeutet aber vor allem auch, daß diese Beispiele die Irrelevanz und Unangemesseneit der Synergetik für Fragen der Ontogenese untermauern.

Ohne die Bedeutung der Physik als Erklärungsgrundlage aller Biologie in Frage zu stellen, können vom neuen Verständnis des Organismus aus Übergriffe der Physik auf die Chemie und die Angebote einer falschen Physik für die Biologie abgewehrt werden. Erforderlich ist eine von der Biochemie und Molekularbiologie beeinflußbare Biomechanik des hydraulischen Systems, die einer eigenständigen Physik lebender Systeme gehorcht. Welche Bedeutung das für die Phylogenetik hat, soll im folgenden an einem Modellfall behandelt werden.

8.2 Die ontogenetische Grundlage phylogenetischer Transformation

Phylogenetische Entwicklungen, also Veränderungen der Organisation, können nur durch mutativ bedingte Transformation der Ontogenese zustande kommen. Mutativ ausgelöste ontogenetisch erzeugte Varianten von Organismen entstehen und werden durch Selektion, also nach Maßgabe der internen Erfordernisse und der Fähigkeit zum Überleben und der Nachkommenproduktion in Existenz gehalten oder selektiv eliminiert. Dieses Geschehen mündet in eine Folge von geordneten Umbauten ein, wird also auf neue phylogenetische Bahnen gezwungen. Selektiv

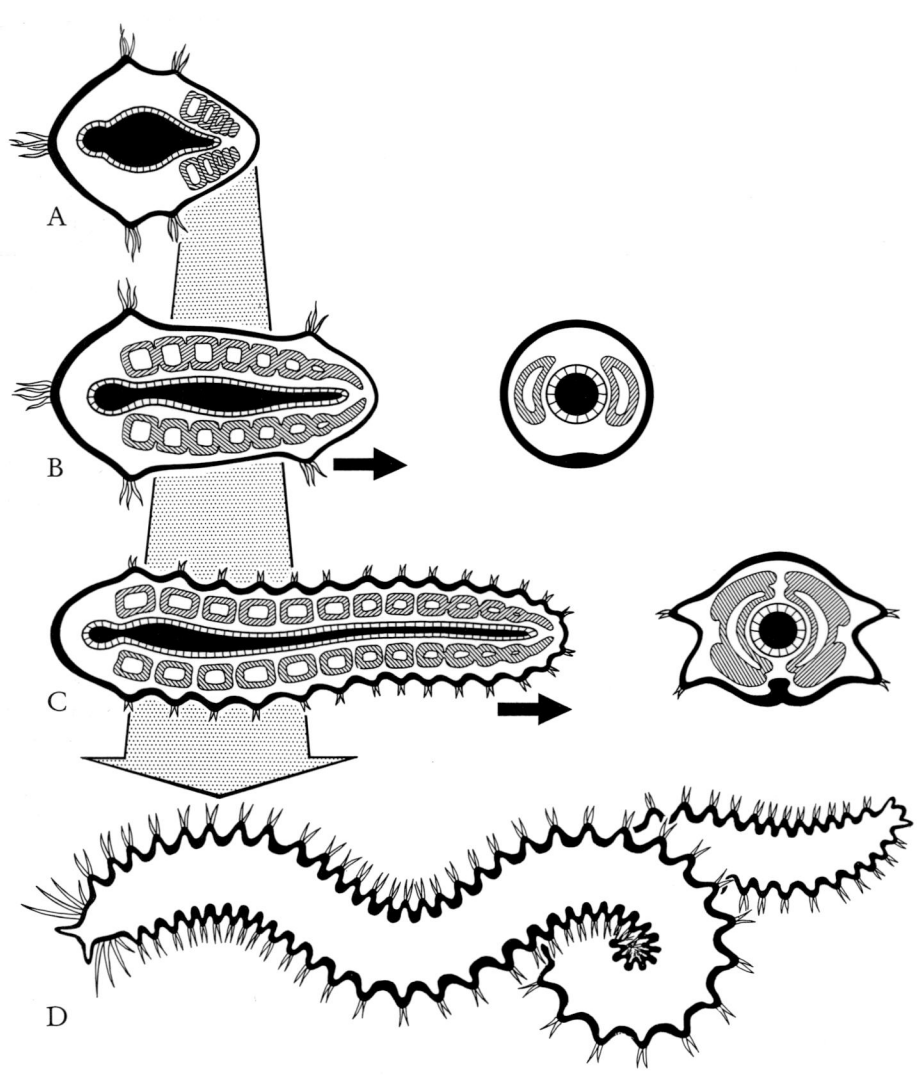

Abbildung 31

Ontogenese-Ablauf nach dem Grundmodell der Anneliden.

A. Es bildet sich eine mittels Zilien schwimmende Larven-Konstruktion aus, in deren Rahmen sich als Hohlorgane der Darm und aus dem Mesodermstreifen die ersten Coelomräume bilden.

B. — C. Durch Teloblastie, den Aufbau von Coelomräumen am Hinterende, kommt es zur Wurm-Streckung der Konstruktion. Teloblastie ist der Streckungsmechanismus aller Organismen mit einem über die Längserstreckung gleichförmigen Aufbau. C. — D. Die Larve bildet sich in den hydraulisch beweglichen Wurm um. Der gesamte Prozeß der Ontogenese ist ein hydraulischer, indem Hohlsysteme aufgetrieben werden und sich verschachtelnd beim Wachstum Freiräume nutzen. Die Querschnitte rechts zeigen wie im Rahmen der Gesamtform bei Abgrenzung durch das äußere Epithel im Inneren der Darm und das Coelom die Zwischenräume festlegen, in denen sich Bindegewebe und Muskeln ausbilden. Die Binnenräume der Hohlorgane, Darm und Coelom bleiben frei und übernehmen spezifische Funktionen, Verdauung und Hydraulikfüllung.

Darstellung: A. Siebel

wirkende Constraints gibt es schon in der Ontogenese (GUTMANN & PETERS 1973; BONIK, GRASSHOFF, GUTMANN 1978—1979; ALBERCH 1987), es dürfen weder die biochemischen Mechanismen noch die biomechanischen Abläufe fehlgeleitet oder zum Stillstand gebracht werden.

Obgleich so deutlich wird, daß die ontogenetischen Mechanismen nicht alles zulassen, ist es doch nicht möglich, alleine aus der Ontogenese die Richtung der Entwicklung und die möglichen Abwandlungswege zu bestimmen. Es muß jederzeit ein Organismus entstehen, der sich als fertiges Tier mit materiell-energetischem Input versorgen und nach entsprechender Verhaltensleistung Nachkommen zu produzieren vermag. Alle ontogenetisch möglichen Abweichungen müssen im Ablauf der Phylogenese zu einer funktionstüchtigen fertigen Konstruktion führen. Die Bildungs- und Erstellungsmechanismen bleiben nur in Existenz, wenn sie zu einer funktionierenden und sich reproduzierenden Konstruktion überleiten. Aber was es an fertigen wirkungsfähigen Konstruktionen gibt, muß jederzeit durch die Möglichkeit der ontogenetischen Erstellung bedingt sein. Es kann keine organismischen und leistungsfähigen Systeme geben, für die Erstellungsmechanismen nicht existieren. Es ist also immer auch die Kanalisierung durch Verhalten, Betrieb der fertigen lebenden Apparatur in der Umwelt und die Fähigkeit zur Reproduktion als den organisatorischen Wandel bestimmend zu beachten. Sie bildet gleichsam die letzte Instanz der Selektion. Evolutionstheoretische Entwürfe, die nur die richtenden und steuernden Einflüsse der Ontogenese, zumal noch ohne Beachtung der Mechanik in der Morphogenese als selektiv bestimmende ansehen (ALBERCH, WAKE), heben zwar rein schematisch interne Mechanismen der Selektion ins Bewußtsein, greifen aber insgesamt zu kurz. Von den ontogenetischen Selektionsdrucken und Constraints alleine läßt sich der phylogenetische Wandel nicht begründen. Es gibt, so könnte man meinen, mehr ontogenetische Optionen als phylogenetische Abläufe. Nur in beträchtlicher Kürze kann hier aufgezeigt werden, was das neue kausalmechanische Verständnis der Ontogenese für die Phylogenetik, also die Rekonstruktion der Stammgeschichte, bedeutet. Es sollte möglich sein, modellhaft verkürzt zumindest die organisatorischen Wandlungen der Ontogenese zu rekonstruieren.

Am Beispiel der Chordaten- und Vertebraten-Entwicklung läßt sich dies aufzeigen. Nach der Hydroskelett-Theorie, die als einzige eine völlig lückenlose Begründung für die Entstehung der Chordaten-Organisation gibt, waren deren Vorläufer wurmartige Konstruktionen mit einem durch viele Querwände und sagittale Mesenterien im Innern untergliederte Coelomaten. Bei der Spezialisierung auf Schlängeln als einzigem Antrieb kam es wegen der Vorteile, den Körper längenkonstant zu halten, zur Ausbildung einer die Verkürzung des Körpers hindernden Achse. Diese rekrutierte sich aus turgeszenten Zellen im Mesenterium oberhalb des Darmdaches. Durch dichtere Packung und Einschluß in eine Bindegewebsscheide konnten diese Zellen zunehmend die Längenveränderungen behindern und dann unmöglich machen.

Das metamere Coelom war als konstruktive Grundlage der Chorda-Entstehung nötig, denn schon die entstehende Chorda mußte in ein dichtstehendes System von Dissepimenten im Körper einbezogen werden. Nur dichte Verspannung konnte die Achse in der Lage halten. Es scheiden also als Vorläufer der Chordaten die Wurmformen aus, die keine innere Untergliederung (Oligomerie) zeigen.

Mit dem Auftreten der Chorda wurden Ring- und Dissepimentmuskeln als formkontrollierende Elemente des hydraulischen Körpers überflüssig. Die für die schlängelnde Biegung des Körpers erforderlichen Längsmuskeln bildeten dicke Pakete und ließen so einen effektiven Antrieb entstehen. Der Wegfall der Dissepiment- und Ringmuskeln muß einen beträchtlichen selektorisch wirksamen Effekt im Sinne der Leistungssteigerung und Ökonomisierung gehabt haben. Verminderung des Aufwandes für Formkontrolle ist in jedem Falle ein großer Vorteil, ihn bot die Achse, die den Körper bei Schlängelung ohne Muskelaufwand auf Längenkonstanz festlegte.

Die phylogenetische Transformation kann nun, wie schon gesagt, nur durch Veränderung der Ontogenese in einer langen Generationenfolge verstanden werden. Es müssen Mutationen aufgetreten sein, die die morphogenetischen Prozesse der Ontogenese veränderten. Unter den so erzeugten Transformationen des mechanischen Verbandes las die Selektion die günstigeren, ins Gefüge und seine Leistungsverbesserungen passenden Varianten aus. Selektion bedeutet hierbei, daß nur die in das ontogenetische Gefüge passenden mutativ erzeugten Veränderungen erhalten blieben. Von diesen aber ist gefordert, daß sie solche Veränderungen besorgten, die in der fertigen Konstruktion Verbesserung bewirkten, also den Antriebsapparat der entstehenden Chordaten so veränderten, daß auf der Ebene der Muskelwirkung und der Hydrodynamik des Vortriebes sich Ökonomisierungen ergaben. Selektion erweist sich so als ein überaus vielstufiger Ausleseprozeß, der durch die Organisation selbst bestimmt ist.

Im Wurmstadium wurde der gesamte Körper ontogenetisch durch die Ausbildung der Höhlen organisiert. Es tritt ein Darmrohr auf und das Mesoderm höhlt sich zu flüssigkeitsgefüllten Coelomhöhlen aus. Daran wird schon etwas Wesentliches deutlich: Daß die Füllung interner Höhlen nach hydraulischen Prinzipien Teil des morphogenetischen Prozesses der Architekturerstellung und des Wachstums ist. Die formative Bedeutung der Hydromechanik ist alleine für die Form und Architektur verantwortlich, weil im frühen Embryo alle Strukturen, also die Zellagen und das eingeschaltete Bindegewebe, flexibel und instabil sind.

Betrachtet man als Beispielsfall (und nicht als Modell für die Chordaten-Phylogenese) die Ontogenese von Polychaeten, die Weiterentwicklungen der urtümlich metameren Coelomaten sind, so ist das Gesagte nachweisbar. Darmhöhle und Coelomhöhlen treten die Form durch Inflation determinierend auf. Praktisch die gesamte Embryologie beschreibt bisher ihre Befunde ohne diese die morphologische Organisation bestimmenden biomechanischen Mechanismen zu bemerken.

Beim Übergang zu den Chordaten trat dann auch in der Ontogenese die Chorda auf. Die Körperarchitektur wird aber zuerst noch, wie bei Branchiostoma, durch Höhlenfüllung bewirkt. Auch die Chorda entsteht als Polster von Zellen, also als hydraulisches Organ. Es wird also nicht ein Wurmstadium mit Ring- und Dissepimentmuskeln eingebaut, sondern früh die Chorda angelegt, so daß sie sofort mit den alleine ausgebildeten Längsmuskeln zusammenwirken kann.

Im Wandel der Ontogenesen muß es auch zum Abbau der Ring- und Dissepimentmuskeln gekommen sein, indem die Chorda zeitlich früher auftrat und die Coelomhydraulik ihre Funktion verlor. Es setzen sich also solche Ökonomisierungsvorgänge, wie sie aus der Konkurrenz der Energiewandler gefolgert werden, ontogenetisch durch. Ontogenetische Transformation ist selbst Teil der phylogenetischen Ökonomisierung, der Verminderung des Aufwandes.

Es weisen alle Chordaten und Vertebraten — soweit sie Myomere, segmentale Muskelblocks, besitzen — metamere Coelomhöhlen auf. Das bedeutet, daß eine Vordehnung von Hohlräumen geschieht, in die hinein die Differenzierung der Muskeln stattfinden kann, ohne daß sie Widerstand finden. Außerdem wird durch die ontogenetische Somitengliederung das Material für die Körperstamm-Muskeln vorgegliedert. Es ist somit deutlich, daß solche »Rekapitulationen« eine notwendige Funktion in der Ontogenese wahrnehmen. Immer ist diese an die Etablierung von Höhlensystemen, also an die Hydromechanik gebunden.

Auch im Schädelbereich der Wirbeltiere kommt den hydraulischen Mechanismen eine bisher noch nicht beachtete Bedeutung zu. Phylogenetisch muß man sich den Schädelabschnitt der Wirbeltiere als einen Bereich vorstellen, der seine Myomerengliederung verlor. Diese Transformation ist leicht erklärbar, wenn man die Ausbildung der großen Sinnesorgane, Nase, Augen und Gleichgewichtsorgane, sowie des ihnen zugeordneten Gehirns beachtet. Solche Organe konnten nur entstehen, wenn es zur Unterdrückung des Chorda-Myomeren-Apparates bei Steifstellung des Schädel-Abschnittes kam.

Bei allen Vertebraten bildet sich ontogenetisch der Schädel so, daß zuerst der vordere Gehirnabschnitt durch Flüssigkeit stark aufgeblasen wird. In den Flanken des Schädels entstehen die Kopfhöhlen als weitere Flüssigkeitspolster. Erst dann bildet sich im Bindegewebe knorpeliges und sodann knöchernes Skelett. Das bedeutet, daß die gesamte Kopforganisation und Architektur hydraulisch, also mittels Füllung von flexiblen Hohlsystemen erstellt wird.

Für die Phylogenese kann man den Schluß ziehen, daß der Schädel als versteifter Körperabschnitt nur so entstehen konnte, daß sich an die Stelle

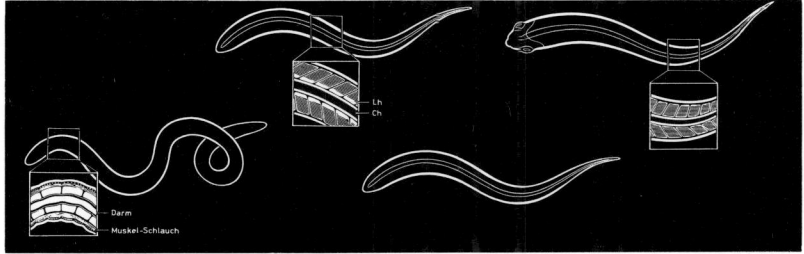

Abbildung 32
Evolution als Wandel von ontogenetischen Erstellungs-Abläufen.
Die Entwicklung der Chordatiere aus wurmartigen Coelom-Hydroskelett-Konstruktionen muß in der Transformation der ontogenetischen Bildungsprozesse bestanden haben.
Im Wurmstadium können Darm und Coelom nur als Hohlraumsysteme angelegt worden sein. Zwischen den epithelial abgegrenzten Räumen organisierte sich das Bindegewebe und die Muskulatur. Indem die Chorda zunehmend früher auftrat (zweite senkrechte Reihe), konnte die Ring- und Transversalmuskulatur völlig wegfallen, die Ökonomisierung der Konstruktion setzte sich in der Ontogenese durch. Bei voll entwickelten Chordaten bleibt die Materialgliederung so weit metamer, wie sie in metamere Endorgane einmündet; Darm, Coelom, Somite legen den mechanischen Rahmen für das Bindegewebe, die Muskeldifferenzierung und das Auswachsen der Nerven fest.

Darstellung: R. Tschapka

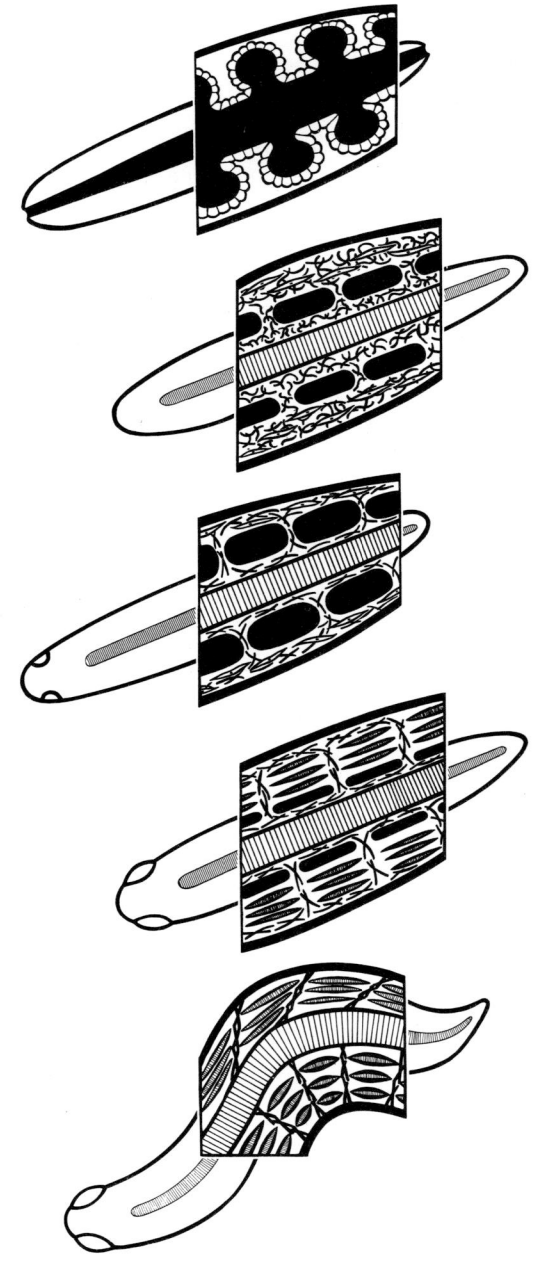

Abbildung 33

Der ontogenetische Aufbau von Vielzellern.
Die Ontogenese läuft prinzipiell anders ab als die Phylogenese, weil geschützte nicht völlig autonome Stadien die Durchgliederung übernehmen.
Die frühen Ontogenesestadien können, weil sie sich nicht selbst mit Energie-Input versorgen, keine Vertretung oder Rekapitulation der Phylogenese darstellen. Da in der Ontogenese aus energetischen Gründen Bindegewebsbildung immer verzögert eintritt, kann keine frühontogenetische Entwicklung irgend etwas mit der Metazoen-Phylogenese zu tun haben.
So wird frühestmöglich aus Zellen die Grundarchitektur der fertigen Konstruktion erstellt. Aus Zellen wird nicht nur das architektonische Gefüge mit verbleibenden Hohlsystemen, Wandstrukturen und Anlagen für alle Organe möglichst früh ausgebildet, vor allem die Anlage des in Spalten auftretenden Bindegewebes (oft über mesenchymatische Vorbedingungen) wird früh durch zelluläre Leistung angelegt. Dies erspart spätere Verlagerung, Umbau und Neubildungen. Die verspätete Bindegewebsanlage sichert in sehr kleinen Organisationsstadien den Aufbau der Architektur ohne Umbau des Bindegewebes. Diese dominierenden ontogenetischen Selektionsdrucke destruieren jede Rekapitulation in der ontogenetischen Anlage der Grundorganisation. Der Embryo wird prinzipiell aus Zellen organisiert und baut alle Hohlsysteme auf. In den Zwischenräumen zwischen den Höhlen entsteht eingegrenzt durch Epithelien das Bindegewebe und die Muskulatur. Dehnendes Wachstum der Konstruktion und ihrer internen Hohlraumsysteme erfolgt hydraulisch. Bewegung der Embryonen ist für die Ausbildung und angemessene Ausrichtung der Kollagenfasern nötig. Die Stadien der Durchgliederung (Zellaggregate, Determination der Bindegewebsorte, Muskelanlage) sind für einen Chordaten dargestellt. Im Endstadium ist Bewegung angedeutet, die für die Durchgliederung des Bindesgewebes essentiell ist.

Darstellung: S. Zoschke

der verschwindenden Somite eine Aufblähung durch geweitete Hirnventrikel setzte. Das Gehirn also wird in der Ontogenese als Baugerüst genutzt.

Das am stärksten skeletal versteifte Gebilde des Wirbeltierkörpers wird somit als Hohlorgan aus hydraulischen Teilsystemen völlig durchgegliedert, bevor es durch skeletale Strukturen versteift wird, die also der Weichkörper-Organisation und -Architektur sich zuordnen und auf diese Weise ihre Form borgen. Da dieser Aspekt der Hydromechanik nicht zulänglich ausgearbeitet ist und zu einer neuen Begründung der Schädelbildung führen muß, kann hier keine weitere Begründung, die so nahe liegt, entfaltet werden.

Die Rekonstruktion der Phylogenese müßte in jedem Falle, wie hier paradigmatisch verdeutlicht, aus einer Abfolge von Ontogenesen bestehen, allerdings nicht als Folge von Formen (diese Erwartung existiert oft). Jeder Ontogeneseverlauf wäre als Sequenz von Konstruktionen zu begreifen, die durch Energiewandel von den Eizellen aus zur Komplexität der mechanisch kohärenten sich selbst versorgenden Endkonstruktion treiben. Ontogenese wäre in jedem Stadium als Folge von hydraulischen Formbildungs- und Organisationsprozessen zu begreifen und zu beschreiben. Der Wandel dieser energetisch getriebenen und über mechanisch kohärente Phasen laufenden Erstellungsmechanismen mit ihrer Einmündung in fertige sich graduell transformierende Endstadien wäre dann Phylogenese insgesamt. Im Ablauf der Phylogenese ist es so, daß die jeweils vorangehenden Stadien die konstruktiven Vorbedingungen und Zwänge für die Folgestadien liefern, so daß eine Erklärung der Ontogenese nur über die Staffelung der aufeinander aufbauenden hydraulischen Organisationsprozesse möglich ist.

Mutative Veränderungen können alle Stadien der Ontogenese betreffen, alle Strukturen in ihrer Ausformung und in ihrer wechselnden Beziehung affizieren und relative, zeitliche Verschiebungen von Strukturen und Bildungsmechanismen bewirken. Außerdem lastet dauernder Ökonomisierungsdruck auf den Ontogenese-Abläufen. In ihnen werden alle nicht wichtigen, nicht für Überleben und Erstellung nötigen Strukturen beseitigt, also nichts Älteres wegen seiner Anziennität mitgeschleppt, d.h. der Ökonomisierungsdruck wird auf möglichst umwegfreie Erstellung der fertigen Organisation treiben.

Der Wandel der Ontogenese bzw. des konstruktiven Erstellungsmechanismus verläuft allmählich, schrittweise, die konstruktiven hydraulischen Bedingungen der Erstellung einhaltend. Ältere Teilmechanismen müssen teilweise vorübergehend oder permanent erhalten bleiben. Erhalten bleiben solche älteren konstruktiven Mechanismen (nicht Form oder Gestalt, sondern Konstruktionsteile, Erstellungsphasen), die eine indispensable Erstellungsfunktion in den späteren Phylogenese-Phasen besitzen. Diese Erklärung für das Persistieren älterer Konstruktionsstadien muß immer in biomechanischen hydraulischen Begriffen gegeben werden. Alles andere fällt langsamer oder schneller der eliminierenden Selektion zum Opfer, es kommt zu zeitlichen Verschiebungen, der Einschaltung neuer Strukturen und Bildungsmechanismen durch allmähliche

Transformation. Es ist die Begründung allmählicher Transformation von biomechanisch-hydraulischen Bildungsmechanismen nötig. In ihrer Transformation wird auch ihre konstruktiv bedingte historische Vorbedingung erkennbar. Es gibt nur biomechanisch begründete Transformation von Erstellungsmechanismen, die in biomechanischen Termen bei Begründung der Steuerung dargestellt werden müssen.

Diese naturwissenschaftliche Erfordernis wird verspielt, wenn man mit der Erwartung an die Ontogenese herangeht, in ihr könne es Wiederholung älterer Stadien geben. Diese Erwartung, die auf Haeckel zurückgeht, ist das größte Hindernis, Ontogenese als energetisch getriebenen biomechanisch gefaßten Erstellungsprozeß samt einer evolutiven Bedingtheit zu begreifen. Ontogenese ist in jedem Falle ein Prozeß, der von einer hydraulischen Einheit ausgeht, sich als energetisch getriebene Aktion mechanischer Gebilde darstellt und im Organisations- und Formationsgeschehen hydraulische Schwellungsmechanismen sowie den formkontrollierenden Einbau von mechanischen Elementen nutzt. Versteht man Ontogenese so und erfaßt Phylogenese als Sequenz transformierter hydraulischer Bildungsprozesse, so bewegt man sich auf einem von der bisherigen Diskussion von Rekapitulationserwägungen gar nicht mehr erreichten Feld.

8.3 Phänotyp — die Karikatur des Organismus

Insgesamt wird an der Ontogenese, dem Ablauf der Selbsterstellung der Organismen deutlich, worin ein weiterer schwerer Defekt der altdarwinistischen Evolutionstheorie besteht, der nicht ohne totale Neuformulierung der Theorie der Evolution zu beseitigen ist. Indem der Organismus als Phänotyp und damit als Ausdruck des Genoms mißverstanden wird, werden ihm die vielfältig gestaffelten Eigengesetzlichkeiten abgesprochen. Damit geraten aber auch die bisher gar nicht verstandenen Mechanismen der ontogenetischen Autoformation ins Abseits, die eine genetisch nicht verschlüsselte Eigengesetzlichkeit vertreten. Mutationen werden zu Recht als Anstoß zur Variabilität verstanden aber vielfach schon als Variabilität insgesamt mißinterpretiert.

Solange die altdarwinistische Vorstellung vorherrscht, die Organisation müsse als Kombination von Genotyp und Phänotyp in der Weise verstanden werden, daß der Phänotyp die Konstitution der Gene spiegele, wird sich Variabilität nur als molekulares, letztlich genetisches Geschehen darstellen. Eine völlig defekte und Erklärung ausschließende Konzeption von Variabilität entsteht so. Die molekularen Mechanismen, die sich aus mutativem Geschehen ergeben, werden schon für Variabilität gehalten. Variabilität kann im organismischen Sinne nur dann angemessen bestimmt werden, wenn man die vielfältig gestaffelten organismischen Eigenheiten der Lebewesen und den Prozeß der Ontogenese als Wandel einer energetisch gepowerten Konstruktion im Auge hat. Die Gene sind die Orte der Mutation, die Variabilität ergreift das mechanisch kohärente Gefüge. Solange aber die Wirkung der Gene auf den Verband des Organismus, auf die sich staffelnden organismischen Bezüge nicht begriffen wird, weil das mechanische Energiewandlergefüge nicht verstanden wird, läßt sich Variabilität der Organismen gar nicht angemessen begründen. Es kann auch der evolutionistische Wandel des Ontogenese-Mechanismus nicht dargestellt und begründet werden, weil sich in der Ontogenese nicht Formen ändern, sondern energetisch betriebene Konstruktionen, die durch Energiewandel und energetischen Antrieb kraftschlüssiger Verbände realisiert werden.

Das Mutationsgeschehen in der DNS und die molekularen Anschlußverläufe sind noch nicht die »Variabilität«, sondern die molekularen Mechanismen, die Prozesse anstoßen, die sich erst im weiteren energetisch getriebenen mechanischen Gefüge durch Transformation eines Konstruktionsgefüges niederschlagen. Die Eigengesetzlichkeit der autoformativen Mechanismen des mechanischen Verbandes als Voraussetzung der wirksamen lebenden Maschine fehlen im Darwinismus und in der Embryologie.

Die angeschlagene Problematik der Genwirkung erfordert einen neuen Erklärungsmodus, der ein eigenständiges Denkschema voraussetzt. Es ist zu denken, daß sich biochemische Mechanismen auf einen vorgegebenen und vorgedachten kraftschlüssigen Verband auswirken. Um die Effekte zu beschreiben, muß der Kraftanschluß des hydraulischen Gefüges antizipiert werden, das Hydraulik-Prinzip muß vorab durch Begründung der Formbildung und durch Begründung der Formabwandlung auf einer eigenen Ebene akzeptiert sein.

160

8.4 Konsequenzen

Das Verständnis der Organismen als sich selbst versorgende Energie- und Materialwandler hat im Gefolge der Aufhebung von Engführungen, die sich aus der teilweise nur richtigen, auf die Biochemie beschränkten Theorie der offenen Systeme ergibt, tiefgreifende Folgen, die hier nicht ausgelotet werden können. Der Verfasser kann als Morphologe nur auf die hydraulischen Eigengesetze und die organismische Synthese sowie auf die Folgen für die Phylogenetik und die Embryologie verweisen. Andere Fachdisziplinen müssen ihre eigenen Folgerungen ziehen.

Die experimentelle embryonal-ontogenetische Forschung, die sich die Beziehung zwischen Chemie und Mechanik vornimmt, muß ihren Gegenstand erst neu, unter Nutzung älterer Kenntnisse, aber im Rahmen der mechanischen Constraints in veränderter Weise bestimmen. Allerdings werden auch in anderen Bereichen um den Preis eines profunden Paradigmawechsels tiefe Forschungsperspektiven deutlich: Auch und gerade für die Morphologie und Phylogenetik. Die Teratologie, die Lehre von den Mißbildungen, erhält einen festen und zentralen Platz in der Evolutionslehre. Sie markiert die intern-organisatorischen Prinzipien der Lebewelt. Die Begründung aller teratologischen Erscheinungen aus den biomechanischen Formerzwingungsmechanismen nach Maßgabe des Hydraulik-Prinzips muß eine reizvolle morphologische Forschung an zugegebenermaßen schrecklichen Objekten in Gang setzen, die neue Einsichten erbringen wird.

Besondere Rückwirkungen des Konstruktionsverständnisses sind für die auf die Ontogenese begründete phylogenetische Forschung zu erwarten. Mittels des Verweises auf ontogenetische Mechanik könnte eine endgültige Eliminierung des sogenannten biogenetischen Grundgesetzes gelingen, wenn man Embryonal-Entwicklung als das darstellen kann, was sie ist: der energetisch getriebene Prozeß der autoformativen Transformation hydraulischer Gebilde. Es muß dann möglich sein, phylogenetische Abwandlungen der Adultformen durch die Begründung der Wandlung der ontogenetischen Mechanik zu erklären, Phylogenese also als Sequenz transformierter Ontogenese-Abläufe darzustellen. Doch weist diese Problematik über das hier zu behandelnde hinaus.

Noch wichtiger ist ein weiterer Punkt. Wenn es gelingen soll, die Wirkung von Genen zu ermitteln, so muß und kann dies nur dadurch geschehen, daß der mechanisch kohärente Verband ins Spiel gebracht wird. Vom kraftschlüssigen mechanischen Gefüge aus alleine kann es möglich sein, die Regulationswirkung auf die Gene zu erfassen. Es muß Wirkungen von der kraftschlüssigen Konstruktion auf die molekularen Systeme geben. Umgekehrt können Genwirkungen nur erfaßt und begründet werden, wenn nach Vorgabe der biomechanisch-hydraulischen Kraftschlüssigkeit ermittelt wird, wie molekulare Mechanismen steuernd auf ein kraftschlüssiges Gefüge und dessen in der Entwicklung sich umstrukturierende motorische Aktion wirken.

Molekularbiologie würde man dann nur noch im konstruktiven Zusammenhang und mit Bezug auf ihn betreiben. Dann erst könnte der Einfluß der Gene auf Form und Organisation ermittelt werden. Die Prinzipien der biomechanisch-hydraulischen Konstruktion braucht die Molekularbiologie nicht zu ermitteln. Sie liegen vor. Gene stehen nicht einem epigenetischen System gegenüber, sondern sind in ein hydraulisches Gefüge einbezogen, in dem sie unverzichtbare steuernde Mechanismen darstellen, die selbst regulatorisch vom Gefüge gesteuert werden. Sie wirken auf die Füllung und die kraftschlüssigen Zusammenhänge der hydraulischen Gefüge ein, die Hydraulik mit Füllung, Abschluß, formbestimmenden Elementen und Kraftschlüssigkeit bilden das, was man als das epigenetische System begreifen muß. Die Charakterisierung des epigenetischen Systems erfolgt von der organismisch-konstruktiven Theorie aus.

9. Wissenschaftstheoretische Schlußbemerkungen

9.1 Die generellen Folgen aus der Konstruktionssicht

Lebende Organisation und Evolution wurden in allen ihren Aspekten auf theoretische Grundlagen gestellt und die theoretischen Prämissen durch Verweis auf physikalische Mechanismen und Prinzipien untermauert. Es ist so auf der ganzen Linie der überkommene Induktionismus der klassischen biologischen Disziplinen überwunden, der Anschluß an ein modernes wissenschaftstheoretisches Verständnis erreicht.

Das Hydraulik-Prinzip mit Einschluß der Formdeterminations-Mechanismen beschreibt eine alles Leben und alle lebende Organisation und die Evolution übergreifende Gesetzmäßigkeit und stellt die Morphologie auf eine eigenständige kausale Grundlage. Das Hydraulik-Prinzip stellt ein generelles Natur-Prinzip dar, kein Naturgesetz im engeren Sinne; seine Verbindlichkeit ergibt sich jedoch aus den unabweisbaren naturgesetzlichen Bedingungen, die ihre Grundlage in der Verkoppelung von flüssiger Füllung in flexibler Membran mit kraftschlüssig ihnen zugeordneten formbestimmenden Elementen haben. Das Vorliegen der Kraftschlüssigkeit und der Formbestimmung aus dem Arrangement von Bauteilen heraus ist durchweg prüfbarer Gegenstand wissenschaftlicher Forschung. Die Prüfungen brauchen nicht experimentell-manipulierend zu erfolgen, sondern ergeben sich aus morphologischer Inspektion der die Form bestimmenden Strukturen. Diese Prüfungen sind absolut und zuverlässig.

Im wissenschaftlichen Geschehen könnte die Formulierung, Begründung und fruchtbare Anwendung eines solchen grundlegend neuen Erklärungsprinzips eine Sternstunde der Biologie darstellen und neue Perspektiven der Forschung eröffnen. Überall sind Morphologen aufgerufen, die Konstruktionszusammenhänge, die mechanische Kohärenz der lebenden Gefüge zu prüfen und die Formbildungsmechanismen von den die Form erzwingenden Bauelementen her zu beschreiben. Es wäre so möglich, die Biomechanik und Molekularbiologie mit ihren überzogenen Ansprüchen zurückzuweisen, indem die Baupläne biomechanisch begründet würden und die Evolution der Organisation als Transformation von Energiewandlern und hydraulischen Gefügen rational erklärt und an den bekannten Organismen belegt wird.

Die Entdeckung der Doppelhelix-Struktur, die als Parallele gelten könnte, hat im Bereich der Molekularbiologie Jahrzehnte intensiver Forschung ausgelöst. Als klar war, wie die identische Reduplikation, die Gleichverteilung des Erbgutes in den Erbsträngen der DNA bei der Zellteilung gesichert ist, wurde konsequent nach den weiteren molekularen Prinzipien von Vererbung, Stoffwechsel und metabolischer Steuerung gesucht. Revisionen alter Vorstellungen wurden in Kauf genommen und solche Korrekturen als Erfolg sowie als Beweis für Erkenntnisfortschritt gewertet. Der Anstoß für eine moderne morphologische Forschung könnte ebenso groß sein und einen Aufbruch zu neuen Ufern darstellen.

Die Einführung des Hydraulik-Prinzips als Grundlage der Morphologie wird in Lehre und Forschung jedoch blockiert, konsequent ausgeschaltet, in Lehrbüchern nicht zugelassen. Grund hierfür kann nur sein, daß die Folgeprobleme unendlich viel größer sind als bei Etablierung der Molekularbiologie. Die Doppelhelix-Erklärung paßte sich in die Vorkenntnisse von Zell-, Kern- und Chromosomenteilung ein, eröffnete neue Einsichten in die molekularen Mechanismen, die erwartet worden waren, für die es aber andere falsche Vorstellungen nicht gab, die erst hätten beiseite geräumt werden müssen. Beim Hydraulik-Prinzip ist es anders. Es bestand und besteht in der Morphologie kein Problembewußtsein, weil niemand ein Kausalprinzip für morphologische Organisation erwartet. Die Stelle der hydraulisch-mechanischen Erklärungen ist durch andere morphologische und adaptationistische Darstellungsweisen und Scheinbegründungen der lebenden Organisation besetzt. Die alten Argumentationen sind fest etabliert, werden wie Wahrheiten verstanden. Sie erscheinen im neuen Licht als verfehlt und hinderlich und müssen durch das Hydraulik-Prinzip verdrängt werden. Vor dessen Rationalität erscheinen sie als unhaltbar.

Was bei der breit aufgezogenen Abwehr des Hydraulik-Prinzips erstaunt ist, daß nicht gesehen wird, in welch hohem Maße durch Verweis auf dieses Konstruktionsprinzip die Eigenständigkeit der Morphologie als Disziplin gestärkt werden könnte. Die Morphologie kann in den Organismen als mechanisch kohärenten, mechanische Arbeit leistenden

Systemen ihren Forschungsgegenstand selbst bestimmen und Gesetze und Prinzipien für lebende Organisation vorführen, die aus keinem anderen Bereich der Biologie geliefert werden können. Das Hydraulik-Prinzip beschreibt die Natur lebender Konstruktion, liefert die Erklärung der mechanischen Kohärenz, verweist auf die Formbildungs- und Formerhaltungsmechanismen und liefert die Erklärungsvoraussetzung für die evolutive Entstehung von lebenden Systemen und ihrer Transformation. Darüber hinaus läßt sich die Morphologie als Bezugswissenschaft der Biologie insgesamt bestimmen, weil sie mit ihren eigenständigen Kausalprinzipien den Rahmen für molekularbiologisches, biophysikalisches und physiologisches Geschehen abgibt, molekulares und physiologisches Geschehen limitiert. Biophysikalisches, molekulares und physiologisches Geschehen findet seinen Bezugsrahmen in der Konstruktion, die durch die molekularen Mechanismen gepowert wird.

Die Organismusvorstellung und die Mechanismen der Evolution werden auf solide physikalische Prinzipien begründet, dennoch entsteht kein Physikalismus oder eine Versklavung der Biologie durch Physik, weil die Biologie als Wissenschaft, die ihren Gegenstandsbereich bestimmt, deutlich hervortritt und der Physik nicht den absoluten Vorrang einräumt.

Relativierung des Anspruchs der Physik, lebende Organisation zu behandeln, ergibt sich bei Beachtung der organismischen Eigenheiten und der Betonung der mechanischen Kohärenz der Organisation, der Selbstbeweglichkeit durch Energiewandel, der Weiterleitung der Energie auf den deformierbaren, Energie auf die Umwelt übertragenden Verband. Die Relativierung der Physik hat ihre Grundlage auch darin, daß Aufbau, Form und Architektur in Genese und status quo der lebenden Organisation als Ergebnis von Prozessen und energiewandelnden, mechanisch sich niederschlagenden Effekten von Abläufen verstanden werden. Die Abstraktionen der Physik sind bei der Begründung und Abgrenzung der Organismen aufgehoben, bilden nur die Grundlage partieller Erklärungen, die sich in den prozessual-organismischen Rahmen des mechanisch kohärenten organismischen Verbandes einfügen.

Man könnte hier einwenden, es werde so eigenständig Biophysik von lebenden Konstruktionen geschaffen. Gegen diese Charakterisierung wäre nichts einzuwenden, wenn damit die Einsicht verbunden wäre, daß die vorherrschende Biophysik vor allem eine Wissenschaft ist, die aufweist, daß die Gesetze der abiotischen Physik auch in Lebewesen gelten.

9.2 Der Naturalismus in der Biologie

Man kann die Gesamtheit der naiv-induktiven Zugänge zu den Organismen, das Anpassungsdenken, die Vergleichsmethodik der Homologienforschung und das Ausgehen von Beschreibung als Klassifikation, die Begründung von Evolution als Umweltanpassung, als Naturalismus verstehen. Naturalismus ist die fest zementierte Überzeugung, die Naturobjekte gäben ihre Eigenheiten von selbst dem Betrachter frei. Von ihm wird nur verlangt, daß er sich intentiv mit den Objekten befasse. Gemeint ist hier die Hoffnung, aus einem (vermeintlich) theoriefrei vorgenommenen Vergleichen der Formen, aus der Ermittlung von Merkmalen und ihrer Aufschlüsselung oder Bewertung, ließe sich unmittelbar an den Objekten die Einsicht in die natürlichen Beziehungen erlangen.

Es zeigt sich darin eine Mischung von Naturromantik, Goethescher Anschauungsideologie und blauäugigem Induktivismus. Der Überzeugung, unvoreingenommene Beobachtung sichere die wesentlichen Schlüsse, kann entgegengehalten werden, daß die gesamte moderne Naturwissenschaft sich nur hatte entwickeln können, weil man nach abstrakten Prinzipien und Gesetzen suchte, der einfachen empirischen Erfahrung aber mißtraute. Nicht weniger wichtig ist, daß man abseits jeder Anschaulichkeit nach unsichtbaren Prinzipien, theoretisch vorgebbaren gedanklichen Schemata suchte und diese auf ihre Adäquatheit in Beobachtungen und Experimenten prüfte.

Als Naturromantik muß die Vorstellung der Anpassung von Lebewesen an die Umwelt gekennzeichnet werden. Sie legt den Gedanken nahe, man müsse sich zu den Organismen in den Lebensraum begeben, um an ihrer Lebensweise die Anpassung und mit der Anpassung die Gründe für ihre Organisation und die Entstehung der Organisation zu ermitteln. Nicht die Autonomie der Lebewesen, auch nicht eine nur naturphilosophisch zu begründende Konstruktion, sondern die vermeintliche Verklammerung der Lebewesen mit ökologischen Beziehungen, das Mitspielen der Organismen in einer komplexen, als harmonisch erlebten Außen- und Umwelt werden als bestimmende Faktoren von Evolution und lebender Organisation begriffen und so Naturvertrautheit zur Vorbedingung für das Verständnis von Leben und Organisation hochstilisiert.

Sieht man die bisherige Evolutionstheorie als Ausdruck dieses Naturalismus, dann kann man Darwins und Wallaces Theorie als naturalistische

Naturdeutung verstehen, die Autoren widerfuhr, als sie auf Reisen der verwirrenden Fülle der Natur ausgesetzt waren und die »rechte« Empfindung entwickelten, daß ältere Vorstellungen von ruhender Ordnung und Unveränderlichkeit der Arten nicht angemessen sein konnten. Dieses Erkennen ist Zeichen von Genialität, die Entwicklung der Tiere aus den ökologischen Beobachtungen heraus begründen zu wollen, bleibt jedoch reiner vordergründiger Naturalismus, der bestenfalls im Vorfeld wirklicher Naturwissenschaft angesiedelt ist.

Die theoretischen Erklärungsmechanismen, die Darwin entfaltete, waren dem Alltagsbetrieb des Landwirtes und Landedelmannes abgewonnen, enthalten also selbst wieder vortheoretische, pragmatische Momente und naturalistische Aspekte. Einsicht in die Variabilität der Zuchttiere und Auslese durch den Züchter stehen an der Wiege der Evolutionstheorie. Diese Aspekte zu erkennen, war gleichzeitig Genialität wie Begründung einer grandiosen Fehldeutung. Nicht daß Darwin die Unzulänglichkeit seiner Theorie nicht bemerkt hätte, er erfaßte alle organismischen Aspekte, die in der Evolution hätten beachtet werden müssen, konnte aber die fehlkonzipierte Theorie nicht mehr korrigieren und fiel in einen eigentümlichen Lamarckismus zurück.

Es gelang nicht zu erkennen, daß der Grundgedanke der natürlichen Auslese und der züchtenden Tätigkeit der Natur von Grund auf verfehlt war. Die einzige nicht-naturalistische Korrektur der darwinistischen Theorie erfolgte durch Weismann. Hier ist die Verbindung zu den abstrakten Prinzipien der Vererbung gegeben, zu der Einsicht in Mutabilität, der Forschungsstrang bis zur Molekularbiologie angelegt. Einzig dieser Traditionsstrang der Forschung kann in seiner begrenzten Anwendbarkeit als wissenschaftlich angemessen bezeichnet werden.

Sieht man von der Genetik und der Molekularbiologie ab, so ist die Evolutionstheorie noch heute eine naturalistische und damit nicht im eigentlichen Sinne wissenschaftliche Sichtweise. Evolutionseinsicht ist so vermittelt, daß sie den Durchstieg vom Schmetterling- und Fossilien-Sammeln, von der Naturbeobachtung und Registrierung des Geschehens in der Natur zur Evolutionseinsicht ermöglichen soll. Evolution wird noch heute auf dem naturalistischen Wege als Einsicht erlangt. Diesem Naturalismus wird im Bereich der klassischen Disziplinen der Biologie der Rang von Methode zugewiesen.

Goethesche Anschauung und mit ihr eine eigene Form der Abstraktion liegt der Morphologie zugrunde, die eine unmittelbare meist durch keine optischen Hilfsmittel gestützte Betrachtung der lebenden Organisation vorschlägt. Die Eigenheiten lebender Organisation sollen sich der Betrachtung unmittelbar erschließen. Von der psychologischen Fähigkeit der Formerfassung und Formverarbeitung wird erwartet, daß sie den Schlüssel für das erklärende Verständnis der lebenden Organisation und der Evolution liefert; die eigene Psyche und das Objekt verraten dann ganz automatisch die Konstitution der Lebewesen. Eine fürwahr erstaunliche Erwartung im Rahmen einer Naturwissenschaft, die ihre Fortentwicklung in der evolutionären Erkenntnistheorie erfahren hat (LORENZ, RIEDL, WUKETITS, VOLLMER). Diese Lehre glaubt, die Evolution sei durch Anpassung so verlaufen, daß automatisch unsere Sinnesorgane und unser Gehirn die Struktur der Realität ermittelten, weil doch so lange schon Auslese von der Umwelt her geschehe. Im weiteren Sinne sind all diese naturalistischen Konzeptionen einem Induktivismus verpflichtet, wie er im 19. Jahrhundert weit verbreitet war. Induktivistisch sind diese Vorgehensweisen, weil sie nicht Theorien zur Prüfung an der Empirie vorgeben, ja überhaupt nicht Theorien-Formulierung als Triebmittel bei der Entwicklung wissenschaftlicher Einsichten empfehlen, sondern alle Einsichten aus Betrachtung und Beschreibung, Beobachtung oder Realitätserfassung ableiten wollen. Daß es eine angemessene theoriendynamische Forschung in Morphologie und Evolutionslehre nicht gibt, daß die Theoreme nur implizit eingebracht werden, vermeintlich nur aus der Beobachtung abgeleitet werden, läßt letztlich einen unkritisierbaren Dogmatismus entstehen, denn man kann natürlich unterschwellig eingeführte Theorien nicht kritisieren; außerdem meinen Inhaber solcher induktiver Kenntnisse, sie brauchten sich kritischer Prüfung nicht zu stellen, weil ihre Einsichten durch die Naturobjekte selbst bewirkt würden. Den Zwang zur Legitimierung ihrer impliziten Grundüberzeugungen empfinden sie ebenfalls nicht. Das im Naturalismus amalgamierte Konvolut von Naturromantik, Goethescher Anschauung und plattem Induktivismus dient nur dazu, die Morphologie und Evolutionslehre auf einem historisch vorgegebenen Stand einzufrieren, der eine Begründung als kausale Wissenschaft nicht zuläßt. Auch Entwicklung über Haeckelsche Fehlabstraktionen und Remanesche Willkür hinaus darf nicht erlaubt sein, weil man so tiefgreifenden Wandel, Neubegründung nahezu aller Grundlagen der Biologie und der Evolutionslehre vornehmen muß. Aber auch der Anschluß an die Entwicklung der allgemeinen Wissenschaftstheorie, die theoretische Fundierung fordert, soll unterbunden werden (HÖLDER, MOHR). Dabei wird in Deutschland systematisch, unter Nutzung aller institutionellen Mittel, ausgeschlossen, daß Organismen als Energiewandler, Hydraulik-Konstruktionen und Selbstversorger erklärt und Evolution als eine Theorie der Transformation hydraulischer Systeme begründet wird. Die Propagation solcher für die überkommenen Kenntniszusammenhänge destruktiven, weil neue Ordnung schaffenden, tiefe Erkenntnis begründenden neuen Einsichten stößt auf das Monopol der Lehrbuchschreiber. Dies ist am Beispiel von Remane, Storch & Welsch, Hadorn & Wehner, Fioroni, Kuhn-Schnyder & Rieber, zu erkennen. Die genannten Werke halten das »Wissen« auf einem seit Jahrzehnten überholten Stand.

Der Naturalismus, der die klassischen Fächer der Biologie bestimmte, der die Biologie der Pflanzen und Tiere so gut verständlich erscheinen ließ, jeden Laien einlud über Biologie ungehindert mitzureden und dem altdarwinistischen Adaptationismus und seiner Anhängerschaft eine vermeintlich leicht verständliche Grundlage lieferte, wird durch das neue Konstruktionsverständnis und die organismisch begründete Evolutionstheorie nicht nur getroffen und revidiert, sondern beseitigt. Alle Erklärungen werden auf abstrakte, nicht durch Betrachtung, Vergleich und Anschauung zu gewinnende Prinzipien und Gesetzmäßigkeiten zurückgeführt, die letztlich physikalischer Natur sind. Es gibt als methodische Vorbedingung keine so einfach verständlichen Dinge wie Anpassungen an Umwelt, keine vertraute lebendige Form, keine einfache Betrachtung, Beschreibung der Natur der Organismen und keine unmittelbar gestaltbezogene Komparation der Form und Gestalt mehr. Theoretische Erwartung ist jeder Erklärung vorgeordnet, sie verfremdet die vertrauten Objekte, denkt sie um. Lebewesen werden als Ausdruck der organisatorisch konstruktiven Prinzipien aufgefaßt und dargestellt.

Neue Prinzipien für die Erklärung lebender Organisation und ihrer Evolution mit naturwissenschaftlicher Grundlage treten in ihr Recht. Abstraktion, Unanschaulichkeit und Erklärung herrschen vor. Form und Architektur, die anschaulich bleiben, erweisen sich als Ausdruck von Formerzwingung, die auf abstrakte Prinzipien zurückgehen und selektorisch durch Konstruktions- und Funktionserfordernisse bestimmt sind. Konstruktion, Energiewandel und Konstruktionswirkung erscheinen als durch abstrakte aber prüfbare Prinzipien determiniert, die nicht durch Betrachtung, Beschreibung und Vergleich ermittelt werden können. Biologie erscheint bei aller Vielfalt durch generelle abstrakte und dynamische Prinzipien beherrscht. Die Verwüstung der Biologie durch den adaptationistischen Darwinismus wird zurückgenommen. Systematik und Morphologie rücken aus den Vorbedingungen phylogenetischer Erklärung heraus. Sie stellen nur noch unverbindliche Materialordnungen und Formbeschreibungen dar.

Die Ordnung der Lebewelt, ihre deskriptive Erfassung und klassifikatorische Einteilung waren und sind nötig. In nun schon Jahrhunderte dauernder Bemühung ist Übersicht geschaffen, wird das Material mit seinen Belegen geordnet gehalten. Für ökologische und physiologische Arbeiten, für die Parasitologie bietet sich in der Systematik ein Bezugsrahmen an. Die Museen sind wichtige Archive. Aber gleichzeitig liefern Beschreibung und Ordnung unübersteigbare Hindernisse für organismische Erklärungen und evolutionäre Rekonstruktionen. Sie wirken umsomehr als Hindernisse, in je höherem Maße die systematische Ordnung den als natürlich und real verstandenen Rahmen abgibt, in dem die Kenntnisse bereitgehalten werden. Der Grund für die Behinderung liegt darin, daß jede systematische Ordnung und jede morphologische Beschreibung traditioneller Art ein menschengemachtes, total artifizielles Muster erstellt. Jede schematische Ordnung von Naturerscheinungen ist künstlich. Sobald man in diese artifizielle Ordnung ein Erklärungsschema einbringt und Systematik und Deskription selbst zum Gegenstand der Erklärung macht, systematische Gruppierungen evolutiv ordnet, ist es nicht mehr die Natur, sondern die selbstgemachte anthropomorphe Ordnung, die man zu begründen sucht. Erklärt werden dann hochgradig beliebige, als Ordnungsschemata nutzbare Konzepte. Solche Erklärungen können aber gar nicht gelingen, weil alle Bauplan-Typologien völlig künstliche, quasiästhetische Konzeptionen sind. Die Beschreibungs- und Ordnungs-Kategorien beziehen sich auf reale Objekte und deren Konfiguration, aber was real und was künstlich ist, kann nach vorgezogener Beschreibung und Klassifikation nicht mehr festgestellt werden.

Die konstruktiv erklärten Organisationspläne der organismisch-konstruktiv begründeten Evolutionstheorie sind vom Grundverständnis her etwas völlig anderes als die rein deskriptiv-morphologischen Bau-

170

pläne, sie fügen sich nicht der traditionellen Beschreibung und der überkommenen Klassifikation. Dies erhellt, daß bei aller Bedeutung der taxonomisch-morphologischen Ordnung die Systematik und die auf Homologien begründete Morphologie derzeit, solange die Homologienforschung mit ihren methodischen Vorschriften vorherrscht, das größte Erkenntnishindernis für ein angemessenes Evolutionsverständnis darstellen. Die Morphologie, die an Gestalt- und Klassifikations-Kategorien klebt, sie für vorgeordnet und zeitlos verbindlich erklärt, verkauft sich unter Wert, bringt die Erklärungsprinzipien, die sie auszeichnen, nicht zum Tragen. Auf diese Weise vermag Morphologie ihren Platz in den erklärenden Disziplinen der Biologie nicht einzunehmen.

Von der Morphologie aus läßt sich die gesamte Biologie neu organismisch konstruktiv und dynamisch prozessual begründen, wenn man die bisherigen methodischen Erwartungen und Vorschriften opfert und bereit ist, gerade alt bekanntes Wissen neu zu begreifen. Lebewesen müssen, so wie es physikalisch zwingend ist, als Energiewandler und mechanische Arbeit leistende hydraulische Konstruktionen verstanden werden, die sich evolutiv nach Maßgabe ihrer organisatorisch-konstruktiven Bedingungen in einer Weise transformieren, daß die subsequente Organisation durch die präzedente bedingt und limitiert erscheint.

10. Abschlußthesen

Die vorgelegte organismisch-zentrierte Theorie der Evolution bricht mit der darwinistischen Tradition, indem sie unbezweifelbare theoretische Grundpositionen jeder biologischen und evolutionären Erklärung voranstellt.

Grundtheorie ist die des Organismus als energiewandelnder automobiler, sich durch Betrieb einer mechanischen Konstruktion selbst mit Materie und Energie versorgender, lebender Einheit, die ebenfalls durch Energiewandel und mechanische Aktion ihres konstruktiven Gefüges Nachkommen produziert. Die Nachkommen organisieren sich autoformativ als mechanische Konstruktionen selbst durch Energiewandel und mechanische Arbeit.

Als Konstruktionen stellen sich die Lebewesen dieser Erde in Form mechanisch kohärenter hydraulischer Apparate dar, deren Ausformung und Körper-Architektur selbst schon Ausdruck mechanischer Leistung ist. Morphologie befaßt sich mit der Konstruktions- und Apparatestufe der lebenden Gebilde. Biophysik, Molekularbiologie und Physiologie behandeln die materiell-energetische Powerung der lebenden, Arbeit leistenden Konstruktionen. Das Verständnis der Organismen ist vollkommen dynamisch und prozeßhaft, weil Lebewesen nur im schon bestehenden Lebensablauf der Individualentwicklung begriffen werden. Das Lebensgeschehen erscheint im konstruktionsmechanischen Rahmen energetisch gepowert und verläuft über verschiedene Stadien der Organisation, die je in ihrer Gestaltung Ausdruck der die Organisation bestimmenden Prozesse sind. Morphologie bildet Erzeugung von Form und Architektur ab und spiegelt im Verharren die Prozesse der Formerzwingung nach konstruktiv-mechanischen, d.h. hydraulischen Prinzipien.

Evolution geschieht durch Transformation der hydraulischen Konstruktion nach Maßgabe der internen Konstruktions- und Organisationsbedingungen und kann nicht mehr im Sinne des Altdarwinismus durch Formenreihung nach Maßgabe von Homologien-Ähnlichkeiten oder durch stammbaumartige Gruppierung von systematischen Einheiten und durch Merkmalsbewertung repräsentiert werden. Phylogenetik erfordert die Begründung des Wandels organismischer Konstruktionen über notwendige Stadien der Transformation der energiewandelnden mechanischen Systeme. Die phylogenetische Entwicklung kann nur in Form von Modellen mit Zuordnung von Evidenzen vorgestellt, nicht an Objekten oder deren Reihung (etwa Fossilien) aufgewiesen werden.

Evolution kommt dadurch zustande, daß Mutationen auf der molekularen Ebene auf hydraulische Mechanismen der ontogenetischen Gliederung umsteuernd und Variabilität erzeugend einwirken, wobei Variabilität eine konstruktive (keine rein molekulare) Eigenheit der lebenden Organisation ist.

Evolutionäre Transformation ist nur im Rahmen und nach Maßgabe der jeweiligen konstruktiven Vororganisation möglich und wird durch die Konkurrenz der Energiewandler im Sinne einer Ökonomisierung und Optimierung (Wegfall von materiell-energetischen Belastungen, Durchsetzung konstruktiver Leistungsverbesserungen) vorangetrieben. Der Prozeß der Ökonomisierung kann nur an der Konstruktionsnatur der Lebewesen in Modellform vorgeführt und begründet werden.

Die Nutzung der Umweltbedingungen durch evoluierende Organismen geschieht nach Maßgabe der Leistungsfähigkeit organismischer Konstruktionen; extern-environmentale Selektionseinflüsse werden nach Maßgabe der konstruktiven Eigenheiten lebender Organisation wirksam.

Die vorgelegte Theorie ist vollkommen dynamisch und prozeßhaft konzipiert, weil sie nicht erst evolutive Transformation, sondern schon das Verharren organisatorischer Ordnung als Ausdruck des Evolutionsgeschehens begreift. Die Rekonstruktion der Stammesgeschichte muß strikt nach den Konstruktions- und Evolutionsprinzipien in begründeten Modellen erfolgen und die durch die Organisationseigenheiten bestimmten Stadien der Transformation erfassen.

Es ist durch kritische Begründung aufgezeigt, daß die überkommenen Methoden der Biologie, der auf molekulare Prinzipien abhebende Reduktionismus der Molekularbiologie, die reduktionistische Physiologie, die beschreibende Morphologie und die morphologischen Vergleichsverfahren sowie die Interpretation von Evolution als Ablauf einer Umweltanpassung mit logischer Notwendigkeit zwei Einsichten unmöglich machen mußten:

a) daß Organismen Energiewandler und hydraulisch-mechanische Konstruktionen sind,
b) daß Evolution in der intern geleiteten Transformation hydraulischer Konstruktionen besteht.

Die Frage relativ zur darwinistischen Theorie mit ihrem Wahrheitsanspruch stellt sich nicht so, daß zu ermitteln wäre, ob und in welcher Hinsicht die vorliegende Theorie eine Erweiterung oder Revision der darwinistischen Theorie und der heute dominierenden synthetischen Theorie der Evolution bildet. Die organismisch-konstruktiv begründete Theorie der Evolution ruht mit Sicherheit einer neuen theoretischen Begründung auf. Die einzige Frage, die sich stellt und die Beweislast den Darwinisten zuschiebt, betrifft den Anspruch des Darwinismus: Wie konnte der Darwinismus — und im engeren Sinne die heute gültige synthetische Theorie — jemals den Anspruch erheben, Evolution erklären zu können, ohne eine organismische Grundlage zu haben und die Natur der Lebewesen als hydraulische Konstruktionen und Energiewandler der Evolutionsbetrachtung vorgeordnet zu haben? Wovon, so ist zu fragen, handelte eigentlich die zur Wahrheit hochstilisierte Evolutionstheorie darwinistischer Provenienz?

Die vorliegende organismisch-konstruktiv begründete Theorie der Evolution läßt sich nicht aus der Darwin-Wallaceschen Vorstellung oder der synthetischen Theorie ableiten oder ohne logische Widersprüche mit ihr konsistent machen. Sie ruht neuen nicht-darwinistischen Prämissen auf, baut nur manche Teilansätze des Darwinismus in einen neuen Rahmen ein.

Besonders wichtig ist es zu beachten, daß evolutionäre Konkurrenz die Konkurrenz von Energiewandlern ist, was im Paläodarwinismus nicht ausdrückbar ist. Selektion ist nicht darwinistische Auslese, sondern Sicherung von Organisation von Lebewesen durch Selbstzerstörung und Selbstbehinderung der defekten Konstruktionen, wodurch deren Eigenschaften untergehen und aus der Population und der weiteren Generationenfolge beseitigt werden. Positiver Aspekt von Evolution ist der durch die interne Organisation bestimmte und kanalisierte Umbau des Gefüges, die intern geleitete Transformation der Energiewandler- und hydraulischen Konstruktion. Der energetische Aspekt der Selektion (es gibt nur eine Selektion) ergibt sich aus der Konkurrenz der Energiewandler. Variabilität wird durch makromolekulare Prozesse ausgelöst, stellt sich aber in der Veränderung hydraulischer Formbildungsmechanismen in einer Weise dar, die nicht molekular zu beschreiben ist.

Die organismisch-konstruktive Theorie der Evolution ist auch keine Systemtheorie der Evolution, da die Systemtheorien oder kybernetischen Theorien der Evolution den Organismus als energiewandelnde hydraulische Konstruktion nicht kennen, also in organismischer Hinsicht leer sind. Auch eine Vermittlung zu morphologischen Konzeptionen der Homologienforschung ist nicht möglich, wiewohl das traditionelle Kenntnisgut im neuen Rahmen und mit neuer Begründung genutzt wird. Es ist sogar zu betonen, daß die Konstruktionslehre der Organismen sich am Gegensatz zur gestaltbezogenen Homologienforschung konstituiert.

Sollte der Leser vielleicht wegen der Stringenz und aufgrund des zwingenden Charakters der vorgelegten Evolutionsbegründung den Eindruck gewinnen, es beschreibe die organismisch-konstruktiv begründete Theorie der Evolution das, was Darwin und anderen Evolutionisten wirklich als Ziel vorgeschwebt hatte, so wäre dies Argument dafür, den entgleisten Traditionsdarwinismus durch diese Theorie zu ersetzen.

11. Die neuen Entwicklungen: Eine offene Sache

Das Klima

Nach der Publikation des Tagungsbandes der Konferenz der Reimersstiftung (SCHMIDT-KITTLER & VOGEL 1991, VOGEL 1991) und der offenen Bezugnahme auf Konstruktionsmorphologie im Weißbuch der Plaläontologischen Gesellschaft (SCHMIDT-KITTLER 1992) kann die Konstruktionsmorphologie als anerkannte Methode der Morphologie gelten; sie stellt einen akzeptierten Rekonstruktionszugang für Phylogenese dar. Die Deutsche Zoologische Gesellschaft hat die Präsentation der Hydraulik auf zytologischer Ebene ebenfalls zugelassen (BEREITER-HAHN 1992, 1994), die Konstruktionserklärung für den Normalbereich der klassischen Zoologie aber noch nicht zum Ausdruck gebracht. Es wird die normale Biomechanik mit von außen wirkenden Kräften und aus Elementen gefügtem Apparat im Spiel gehalten (Preuschoft et al. 1994); der Traditionalismus zeigt auch hier seine Stärke. Leider hat das Zugeständnis der Legitimität von Konstruktionsmorphologie auch im Weißbuch der Paläontologischen Gesellschaft nirgends eine Förderung der Forschung gebracht.

Das Klima im Bereich des Biotheoretisierens, der Evolutions- und Organismus-Konzeptionen, aber auch der Präbiotik hat sich in den letzten Jahren grundlegend gewandelt; es ist eine beträchtliche Entspannung eingetreten. Das Feld wird heute durch die Selbstorganisationstheorien der Physik einerseits und durch Organismustheorien, vor allem die von MATURANA, VARELA und ROTH (1994) andererseits, bestimmt (PRIGOGINE, HAKEN u.a.).

Selbstorganisationstheorien, die überall dort das Feld beherrschen, wo nach theoretischen Begründungen von Evolution gesucht wird, führen geordnetes molekulares Geschehen auf energetische Mechanismen zurück und durchbrechen den traditionellen Atomismus, indem sie zeigen, daß unter Bedingungen weit ab vom thermodynamischen Gleichgewicht Struktur und Ordnung sich einstellen, die die Elemente in ein Muster zwingen. In einer ganz generellen Weise wird durch Organismus- und Selbstorganisationstheorien der Gedanke der Anpassung an die Umwelt und der Determination des komplexen Geschehens von genetischen Me-

chanismen her abgeschnitten. Der Gedanke der Autonomie und der Auto-
poiese, der Eigenständigkeit relativ zu Außenfaktoren und der Selbstfor-
mung von Organismen, wird durch die Vorstellungen von MATURANA und
VARELA vor allem außerhalb der Biologie verbreitet; auch hier ergibt sich
Distanz zum Darwinismus, weil theoretische Begründung organismischer
Aspekte nur umweltdistant erfolgen kann.

Eine entscheidende Rolle spielt heute der Relevanzverlust der klassischen
Biologie, der Morphologie, Systematik und Phylogeneseforschung. Diese
Sparten der Biologie können kaum noch überzeugen, da sie keine
erklärenden Prinzipien anführen und so zu einer Zeit, da im breiten Publikum Evolutionsdenken Fuß faßt, der Physik, im Hinblick auf naturwissenschaftliche Inhalte leeren Systemtheorien und schwebenden Selbstor-
ganisationsvorstellungen, das Feld überlassen. Von Insidern der klassischen
Biologie wird konstatiert, daß vor allem auch im Gefolge der Verschiebung
der Lehrinhalte an den Gymnasien bei Betonung der Genetik und Molekularbiologie die Tradition der klassischen Biologie abgerissen sei. Eine reali-
stischere Aussage ist die, daß man durch die Verfestigung von Traditionalis-
men und bei strikter Verschanzung hinter sogenanntem bewährtem
Wissen bei unentwegtem Verweis auf die »Ikone« Darwin in Deutschland
die Fortführung der Tradition verhindert und somit den Traditionsbruch
selbst herbeigeführt hat. Korrektur ist hier nur zu erwarten, wenn die
Scientific Community beträchtliche Anstrengungen unternimmt und
eine tiefgreifende Reform der Inhalte von Lehre und Lehrbüchern durch-
setzt.

Die hilfreichen Neuentwicklungen

Gleichsam als Unterstützung für die Konstruktions- und organismisch
zentrierte Evolutionstheorie, die Frankfurter Konzeption, ist zu vermel-
den, daß das Hydraulik-Prinzip inzwischen für begrenzte Organismen-
gruppen, Bakterien, Pilze, erneut entdeckt worden ist (KOCH 1982, 1988,
KOCH, HIGGINS & DOYLE 1982, NANNINGA & WOLDRINGH 1985). Für den
Bereich der Zytologie zeigen BEREITER-HAHN (1991, 1992, 1994a) BEREI-
TER-HAHN & STROH-MEIER (1987) die erklärende und experimentelle Nutz-
barkeit des Hydraulik-Prinzips in der Cytologie.

EIGEN (1987) war gezwungen, seine ursprünglich molekulare Theorie der Hyperzyklen in eine strukturelle abzuwandeln und Evolution der Hyperzyklen als integrale Aspekte von Kompartimenten neu zu begründen. NIESERT, HARNASCH & BRESCH 1981 hatten den zwingenden Nachweis geführt, daß nur die Umschließung durch abgrenzende Kompartimente die Hyperzyklus-Mechanismen in die Lage versetzen können, zu evoluieren. Evolution kann dann nicht mehr als rein molekulares Geschehen, sondern als Interaktion von kompartimenthaften Einheiten sich ereignen. EIGEN (1987) zieht den konsequenten Schluß, daß Evolution von Kompartimenten nicht nach darwinschen Prinzipien verlaufen kann. Natürlich wird von EIGEN die Hydraulik-Natur der Kompartimente nicht zugestanden, denn dann würde die Grundlage der in Deutschland stark dominierenden reduktionistischen Forschung infrage gestellt.

Inzwischen wird im Bereich cytologischer Forschung und molekular-biologischer Analysen deutlich und experimentell wahrscheinlich gemacht, daß molekulare Prozesse sehr stark an Strukturen gebunden sind (HAROLD 1986, 1990). So hat Harold aufgezeigt, in welch hohem Maße die für das Stoffwechselgeschehen in allen seinen komplexen Ausprägungen, aber auch für die chemosynthetische Theorie insgesamt topologische Geschlossenheit der lebenden Einheiten bestimmend ist; eine in sich zurückgeführte Membran konstituiert aber in den meisten Fällen eine hydraulische Einheit. Die Differenzierung von Zellen erfordert vielfach – und hier scheint erst der Anfang gemacht zu sein – die Mitwirkung mechanischer Einflüsse und Auswirkungen der Struktur (RESNIK et. al. 1993, VANDENBURGH et. al. 1991). INGBER (»1993a, b) entwirft eine gut begründete Theorie die zeigt, daß der genetische Apparat unter dem Einfluß der Struktur über mechanische Wirkung (tensegrity) aktiviert wird. ALBRECHT-BUEHLER (1990) macht deutlich, daß molekulare Mechanismen nicht nur eine vieldeutige theoretische Interpretation erfahren können, sondern daß die Wirkung von Struktur eigenständige und zusätzliche Erklärungen verlangt. In allen diesen Feldern tauchen Annahmen, Einsichten und Experimentalbefunde auf, die man als Deduktionen aus der Konstruktionstheorie und damit als Korroboration des Konstruktionsansatzes verstehen kann.

Nimmt man alle diese wenig aufeinander abgestimmten Entwicklungen zusammen, so wird am Horizont ein weiterer Paradigmawechsel im Bereich der Molekularbiologie deutlich; ihn fordern Autoren wie INGBER mit einigem Aplomb ein. Die molekularbiologische Forschung stößt an vielen Forschungsfronten in das komplexere strukturelle Gefüge vor und beginnt, eine, gemessen an der Kohärenzkonzeption zwar unzulängliche, aber den strengen molekularbiologischen Reduktionismus verlassende Begründung von strukturellen Gefügen zu fordern und so organisations- und strukturbezogene Abläufe zu studieren. Nun ist es aus logischen Gründen nicht möglich, in die Struktur und kohärente Organisation von den molekularen Bauelementen her vorzustoßen. Es steht jedoch zu ver- muten, daß sehr bald eine eigenständige Theoriebildung im Bereich der Molekularbiologie einsetzen wird, die möglicherweise, am Hydraulik- und Kohärenzkonzept vorbei, sich entfalten wird, mit neuen Begriffen, die nur noch ihre Entsprechungen in der Konstruktionstheorie haben. Ein Beispiel hierfür stellt die strukturelle »Tensegrity« dar, die INGBER in Zellen am Werk sieht. Sollte die klassische Biologie den modernen Disziplinen das Feld überlassen und die neue Konstruktions- und Strukturmorpholo- gie dort sich in veränderter Form entwickeln lassen, anstatt die eigenen Chancen wahrzunehmen?

Arbeiten aus dem Bereich der Präbiotik haben eine ganze Reihe von Neue- rungen ins Spiel gebracht, die nicht nur einer eigenen Logik folgen, son- dern auch korroborierend in die Konstruktionstheorie einbezogen wer- den können. Weiter vorne wurde schon die große Bedeutung derjenigen Molekularbiologen betont, die wie WHYTE, SCHOFFENIELS, LIMA DE FARIA u.a. herausstellten, daß die molekulare Struktur nicht externe Selektion als bestimmend für die Abwandlung anzunehmen erlaubt, sondern daß das Molekulare aus dem Wechselspiel der Bausteine limitierte Transforma- tionsbahnen festlegt. Es ist das Verdienst von R. Fox, die Notwendigkeit zirkulärer energiegetriebener Prozesse schon für die Frühphase der Lebens- entwicklung gefordert zu haben. S. Fox brachte die Protenoide als geord- nete Eiweißkörper und Mikrosphären als geschlossene Gebilde ins Spiel. Neuere Überlegungen gehen der Frage nach, ob am Anfang bei der Aus- bildung von Vesikeln und Protozellen Lipidblasen oder Proteinvesikel oder aber eine Kombination von beiden stand (YANAGAWA 1992). Wenn man im Rahmen der Hydraulik-Theorie unterstellt, daß die Ausformung der frühen Zellbildungen sehr bald Beweglichkeit ermöglichte, so darf man vermuten, daß schon vor dem Membranschluß in der paläobiochemischen Phase die Möglichkeit zur Bildung fibrillärer oder anders strukturierter

Eiweiße bestand. Aus dieser Perspektive erscheint die Vorstellung passabel, daß die Protozellen eine Membran aus kombiniertem Lipidsystem und eingeschalteten Eiweißen besaßen (YANAGAWA 1992). An den, als Kanalsysteme wirksamen, Proteinkomplexen in der Membran konnten sich Fibrillenstrukturen verankern und so gleichzeitig Formbildung ermöglichen aber auch durch mechanische Aktion transmembrane Transportvorgänge wirksamer gestalten. Im Rahmen der Protozellkonzeptionen verschwimmt dann, wenn man die operationale Geschlossenheit der Hydraulik beachtet, die klare Trennung zwischen molekularem Geschehen und Struktur.

Ganz ins Bild passen die von STRATTEN (1984) erhobenen Befunde, daß abgeschlossene Einheiten sofort Potentialdifferenzen in der Membran aufbauen. Daraus läßt sich für das Hydraulikmodell ableiten, daß mit Ausbildung der hydraulischen Einheiten auch die grundlegenden Membraneigenschaften, Potentialdifferenzen und Stofftransporte sich etablierten. Mit der Verankerung mit Fibrillen, die durch Konformationsänderungen sich zu verkürzen vermochten und Deformationen ermöglichten, kommt Antagonismus der biomechanisch aktiven Einheiten ins Spiel. Denn Verkürzung von Fibrillen hat die Expansion anderer Fibrillen zur Folge; die Restitution der ersten Beziehung läßt sich nur im Antagonismus sichern. In der gesamten weiteren Entwicklung der Motiloide (GRASSHOFF 1993) muß dann als Fortsetzung protozellulärer Eigenheiten die Antagonismusbeziehung zwischen verkürzungsfähigen Fasern und Muskeln erhalten bleiben. Die evolutionäre Transformation von kontraktilen Bewegungsapparaten, Cytoskeletten, glatten Muskeln, schräggestreiften und quergestreiften Muskeln ist nur im geordneten Verband möglich. Die Brücke zwischen der protozellulären Struktur und der später sich aufstaffelnden morphologischen Organisation mit ihren zwingenden Konstruktionsbeziehungen, die die zuverlässige Rekonstruktion der Evolutionsbahnen von tierischen Propulsoren ermöglichen, ist damit hergestellt. Kritisch ist anzumerken, daß die präbiotisch rekonstruierenden Autoren in ihrem Bereich die inneren Zwänge und richtenden Determinanten der molekularen Ordnung sehen. Dies hat zur Folge, daß alle, den Strukturbezug betonende Autoren den Darwinismus explizit ablehnen oder aber in Unkenntnis der darwinschen Banalpositionen sich auf dem Felde einer strukturell begründeten Evolutionistik bewegen, deren revolutionäre Neukonzipierung sie nicht erkennen. Bedauerlich erscheint, daß sich wohl alle genannten Präbiotiker nicht bewußt sind, daß oberhalb der von ihnen bearbeiteten strukturellen Ebene in der morphologischen Organisation ebenfalls strenge Restriktionen und Zwangsbeziehungen als die Evolution richtende Einflüsse gegeben sind. Es scheint hier so zu sein, daß sich, trotz theoretischer Affinitäten, eine Beziehung zwischen post-darwinsistischen Evolutionisten noch nicht hat etablieren können.

Mehrere Autoren, besonders Hsu (1992) betonen die konstruktivistische Vorgehensweise der Präbiotik. Interessant ist, daß einige Autoren (Cavalier-Smith 1992, Bereiter-Hahn 1991, 1992a, b. 1994) den in der Hydraulik-Theorie schon früher geforderten Schluß ziehen, daß die endosymbiontische Entwicklung von Mitochondrien und Chloroplasten sich nur ereignen konnte, wenn die Wirtszelle als Hydraulik mit voll aktivem Fibrillenapparat zur Realisierung der Phagocytose ausgestattet war. Die Frage, ob die Membranen der urtümlichen Mikrosphären aus Lipiden oder Proteinen oder einer Kombination von beiden aufgebaut waren, ist Gegenstand neuer Diskussionen und rationaler Rekonstruktionen (S. Fox 1986). Die Hydrauliktheorie gibt das Ziel der Modelle vor: die Zelle mit Lipidmembram und eingebauten Proteinkörpern. Die präbiotischen Modelle müssen auf diese Situation in den Zellen lebender Organismen hin entwickelt werden. Für die Hydraulik-Theorie ist auch nicht wichtig, wie die Frage, ob »protein first« oder »RNA first« zu gelten habe (S. Fox 1986), entschieden wird. Passender erscheint die Konzeption von »protein first«, die auch nahelegt, daß vor dem genetischen Apparat die Vesikelstruktur etabliert wurde.

Durch diese Arbeiten der Präbiotiker wird der Hiatus, der die naturalistische Evolutionsvorstellung darwinscher Provenienz abgrenzt, immer tiefer und breiter. Der Bereich der klassischen Biologie, der durch immer neue Beschwörung der Synthetischen Theorie im alten Denken verharrt, läuft in Gefahr, ins Abseits zu geraten; aber er ist in Schule und breiter Öffentlichkeit noch stark dominant, da er in seiner naiven Einfachheit im großen Publikum ankommt. Anpassung an die Umwelt, Zufälligkeit der Wandlung, dies scheint jeder begreifen zu können. Dennoch ist eine starke Auflösung der Darwinschen Konzeptionen und der Synthetischen Theorie in viele Stränge des Argumentierens zu beobachten. Die Erosion ist mit Auflösung aller Begriffe weit fortgeschritten. In den Diskussionen in der Zeitschrift »Ethik & Sozialwissenschaften« (1993, 1994) läßt sich angesichts ungeklärter und vielfach widersprüchlicher Theoreme kaum noch ausmachen, was denn Darwinismus und Synthetische Theorie heißen könnte. Der kleinste gemeinsame Nenner scheint zu sein, daß es Evolution mit Selektionswirkung der Umwelt gegeben haben müßte.

Die Weiterführung

Die Arbeiten an der Frankfurter Theorie sind in der Zwischenzeit natürlich nicht zum Stillstand gekommen.

1. Hydraulik- und Konstruktions-Konzepte erlauben die Rekonstruktion von weiterführenden Modellen für die Phylogenese. Seit der ersten Auflage hat GRASSHOFF (1992a, b) Modelle für die Evolution der Schwämme vorgelegt und dabei die totale Unhaltbarkeit der Haeckelschen Vorstellungen gezeigt, in denen die Schwämme eine große Rolle als Zwischenstadien spielen. Wie in vielen anderen Bereichen wird die Organisationsfolge von einfach zu komplex umgekehrt. GRASSHOFF (1991a, b, 1992a, b, 1993) hat weiterhin das Modell der Cnidarier stark detailliert. Auch dieser Zweig der Metazoen ist bis in die »mittlere« Systematik aufgeklärt. Weitere Modellentwürfe entstehen für den Bereich der Crustaceen (M. GUTMANN 1995) und liegen für die Plathelminthen und für weitere Mollusken-Konstruktionen inklusive Ontogenese (EDLINGER 1988a, b, 1989, 1991a, b, 1994) zur Publikation bereit.

2. Damit wird ein konstruktivistisches Prozedere verfolgt. Die Vertiefung der konstruktivistischen Vorgehensweise, die K. EDLINGER (Wien) im Sinne des Wiener Konstruktivismus (F. WALLNER) vorgenommen hat und die Arbeiten von M. GUTMANN mit einer operationalen Begründung von Morphologie (bei P. JANICH), sichern die neuen methodologischen Grundlagen ab und erweitern sie.

3. Nach der größeren Präzisierung der Konstruktionsprinzipien lebender Einheiten, u.a. durch die Mitarbeit von M. GUTMANN & HERKNER (1992), kann nun auch die Frage der Wirkung molekularer Mechanismen mit größerer Strenge behandelt werden. Wenn alle molekularen und physiologischen Prozesse an Struktur und Organisation gebunden sind, dann kann molekulares Geschehen, besonders dasjenige, das unter dem Einfluß der Gene steht, nur als Materialzulieferung für Aufbau, Reparatur und Reproduktion sowie als Bereitstellung energiereicher Verbindungen für den Betrieb der lebenden Struktur verstanden werden.

Wie Material in der Organisation und Struktur genutzt wird und wie die aus dem Stoffwechsel bereitgestellte Energie biologische Leistung bewirkt, muß dann in aller Eindeutigkeit auf die strukturelle und organisatorische Ordnung, bzw. die sie bestimmenden Prinzipien, begründet werden.

4. Der Bezug zu Genwirkungen ist ebenfalls klarer zu fassen. Zu wiederholen ist, daß Richtung, Bandbreite, Irreversiblität und Aufspaltung von Evoluitonslinien alleine durch organisatorische und strukturelle Eigenheiten bestimmt werden; das Molekulare und der genetische Apparat liefern die varianzerzeugenden Anstöße. Wenn Evolution nach Maßgabe der Konstruktionseigenheiten abläuft, dann kann das Molekulare nur als limitiert und determiniert im Rahmen des konstruktiv Möglichen aufgefaßt und begründet werden. Nicht die Gene erzeugen den Organismus in seiner Ordnung, sondern die Organisation schneidet sich in der Generationenfolge nach Maßgabe der sie bestimmenden Gesetzmäßigkeiten und Prinzipien den genetischen Apparat zurecht. Grundsätzlich neue Begrifflichkeit in einem wichtigen, theoretisch erst zu erschließenden, Aspekt wird derzeit entwickelt.

5. Die Behandlung der naturphilosophischen Fragen von Autonomie, Individualität, Determinismus und Indeterminismus in organismischer Erklärung wird in den nächsten Jahren erlauben, den theoretischen Rahmen der Frankfurter Theorie klarer herauszuarbeiten. Das begriffliche Inventar bedarf einer viel tiefer greifenden Neubestimmung als bisher erwartet wurde. Die Problematik der Priorität von Zusammenhang vor den Elementen taucht als Konstruktionsprinzip abseits von Ganzheitsbeschwörungen auf. Nach Begründung der Subjektnatur der Organismen (WEINGARTEN 1993) ist eine profunde Kritik des Atomismus in der Biologie zu entfalten.

Als Grundlage der Neuformulierung bieten sich die Arbeiten von MATSUNO (1984), HSU (1984), S. Fox (1984) an. Hier ist in einer klaren Begrifflichkeit, abseits vom naturalistischen Traditionsbereich, die Abgrenzung von intern determinierter Evolution, darwinscher Zufallsunterstellung und externer Selektionswirkung vollzogen. Die Frage nach Begründung von Determinismus und Evolution, die Konstitution von Individualität ist für den molekularen Bereich in einer Weise angerissen, die zur naturphilosophischen Fragestellung überleitet und das begriffliche »Om mani padme um« der leeren Autonomie- und Autopoiesebegriffe in den Vorstellungen von MATURANA, Varela und ihren Nachfolgern weit hinter sich läßt. Weder in die neuen Versionen der Systemtheorien (WIESER 1994) noch in die modernistischen Organismuskonzeptionen (ROTH 1994) fanden die Konstruktionserklärungen eingang.

6. In einem für didaktische Zwecke entworfenen Schema hat M. GRASSHOFF (1993) gezeigt, daß, ausgehend von Gallertoid-Konstruktionen, alle denkbaren Optionen der Weiterentwicklung im Bereich der Metazoen durchlaufen wurden. Auf der Grundlage seiner Modelle aufbauend, zeigte GRASSHOFF, daß von der Gallertoid-Organisation aus alle konstruktiven Optionen genutzt werden und die Metazoen dafür die Belege bieten. Von Gallertoidsystemen aus sind Poriferen, Ctenophoren, Coelomaten-Konstruktionen mit Längenkonstanz (Chordaten), Coelomaten mit peristaltisch arbeitender Konstruktion (Anneliden), Protozoen bei Verminderung der Kernzahl und Cnidarier bei Ausbildung der Gastralhydraulik als Realisierung des ganzen Spektrums der konstruktiven Möglichkeiten zu verstehen. Es wird so ein starker Determinismus in der Ausgestaltung der Konstruktionstypen der Lebewelt deutlich.

7. Es kann nun in strikt konstruktivistischer Manier die Frage angegangen werden, ob der Ablauf der Evolution stark determiniert ist oder auch anders hätte verlaufen können (SCHARF & GUTMANN 1993). Es ist aus den bisherigen noch unpublizierten Überlegungen absehbar, daß Leben anders als auf hydraulischer Grundlage nicht existieren kann und daß die grundlegenden Bautypen unvermeidliche Realisierungen in bestimmter Abfolge im Evolutionsgeschehen darstellen, die mit der Grundorganisation gegeben sind. Die heute häufig diskutierte These von der Kontingenz in der Evolution der Tiere (GOULD 1989) kann zurückgewiesen werden.

8. Die schon vorhandenen Konstruktionsmodelle können weitaus präziser in ihrer Kontinuität begründet werden. So läßt sich zeigen, daß in der tierischen Evolution eine lückenlose Sequenz von der Phagocytose über Nahrungsaufnahme in Kanäle die Umgestaltung von Kanälen als Hohlsysteme in Relation zum muskulären Verspannungssystem begründbar wird. Die parallelgeführte Rekonstruktion des Verspannungs- und Bewegungsapparates macht deutlich, daß und wie Muskulatur nur bei Vorgabe von inneren Kanalsystemen, aufgrund der kurzen Diffusionswege, sich entwickeln kann. Die Gliederung des Muskelapparates, die in jedem Stadium für die Formbildung verantwortlich ist, kann anfangs nur in räumlicher Verspannung vorgelegen haben; Kanäle und innere Hohlsysteme mußten sich den strengen Verspannungsanforderungen fügen und konnten nur aus engen Kanälen, integrierten Därmen und verspannungskonformen kleinen Räumen in großer Vielfalt bestehen. Die weitere hydrau-

lische Expansion der Flüssigkeitesräume als Polster sicherte erst die Differenzierung und Gliederung der Muskulatur, die von sich aus keine strukturelle Ordnung jenseits des molekularen Bereichs ausformen kann. Sie bedarf der passiven Dehnung über Höhlen und der von anderen Hohlsystemen bewirkten Freihaltung von Räumen, wodurch die Muskulatur in enge Lagen gedrängt oder in differenzierte räumliche Verspannungsgefüge gezwungen wird.

9. Eine erneute Bearbeitung und Begründung auf Hydraulik und hydraulisch bestimmte Formbildungsmechanismen ist für Ontogeneseprozesse angesagt. Es muß hier gegenüber den unhaltbaren Ansprüchen der Morphogeneseforschung, die Form- und Strukturbildung auf Genwirkung zurückführen möchte, eine Front eröffnet werden (TAUTZ 1991, NÜSSLEIN-VOLLHARD 1990, NÜSSLEIN-VOLLHARD et al. 1980, 1987, Science 1994: 561–614). Die Zurückweisung der Ansprüche der Morphogeneseforschung und die Begründung von ontogenetischer Formbildung auf Hydraulik können nur im Zusammenhang mit der Bestimmung molekularer Mechanismen im Konstruktionszusammenhang gelingen.

10. Vom Konstruktionsverständnis der Organismen aus, das es erlaubt, die Abfolge der Konstruktionstransformationen in sich aufzweigenden Bahnen zu rekonstruieren und die Bauplantypen zu erklären, ergibt sich die Möglichkeit, den Ablauf der Nutzung von Lebensräumen in der Geschichte des Lebens zu begründen. Mit der konstruktionsbestimmten Transformation erobern sich die Organismen die verschiedenen Räume in der Erde und utilisieren jeweils neue Materie- und Energie-Inputs. Eine Modellrekonstruktion (in Zusammenarbeit mit K. EDLINGER) die zeigt, daß die Ökobezüge vom Konstruktionsverständnis aus konsequent begründbar sind, und eine Lebensgeschichte der Erdgeschichte parallel zu entfalten ist, liegt vor. Die Radikalisierung der Theorie einer Evolution ohne Anpassung (EDLINGER, GUTMANN & WEINGARTEN 1991) trägt so in der Anwendung Früchte.

Schriften

ALBRECHT-BUEHLER, G. (1990): In defence of »nonmolecular« biology. — Int. Rev. Cytol. 120: 191–241.

BEREITER-HAHN, J. (1991): Cytomechanics and Biochemistry. In: SCHMIDT-KITTLER, N. & VOGEL, K. (eds.) Constructional Morphology and Evolution: 81–90. Springer-Verlag Berlin, Heidelberg, New York, London, Paris, Tokyo, Hong Kong, Barcelona, Budapest.

BEREITER-HAHN, J. (1992): Standortbestimmung der heutigen Morphologie. — Verh. Dtsch. Zoolog. Ges. 85, 2: 329–338.

BEREITER-HAHN, J. (1994a): Mechanical basis of cell-shape and differentiation. — Verh. dtsch. zool. Ges.: 129–145.

BEREITER-HAHN, J. (1994b): Zellorganisation und Evolution. — Strukturelle und physiologische Voraussetzungen und Konsequenzen der endosymbiotischen Mitochondrienentstehung. — In: GUTMANN, W. F., MOLLENHAUER, D. & PETERS, D. S.: Morphologie und Evolution. 443–454. Senckenberg-Buch 70 (W. Kramer) Frankfurt am Main.

BEREITER-HAHN, J. & STROHMEIER, R. (1987): Hydrostatic pressure in metazoan cells in culture: its involvement in locomotion and shape generation. — In: BEREITER-HAHN, J., ANDERSON, O., & REIF, W.-E. (eds.): Cytomechanis. — : 261–272; (Springer) Berlin, Heidelberg, New York.

CAVALIER-SMITH (1992): Origin of the Cytoskeleton. — In: HARTMANN, H. & MATSUNO, K. The origin and evolution of the cell. 79–105. World Acientif. Publ. Co.. Singapore.

EDLINGER, K. (1991): The Mechanical Constraints in Mollusc Constructions — the Function of the Shell, the Musculature, and the Connective Tissue. — In: N. SCHMIDT-KITTLER and K. VOGEL (eds.): Constructional Morphology and Evolution. 359–373; (Springer) Berlin, Heidelberg.

EDLINGER, K. (1988a): Beiträge zur Torsion und Frühevolution der Gastropoden. — Z. zool. Syst. Evolutionsforschung 26: 27–50.

EDLINGER, K. (1988b): Torsion in Gastropods — a phylogenetical model. — Malacol. rev. Suppl. 4: 239–248.

EDLINGER, K. (1989): Sekundäre Wurmkonstruktionen bei amphineuren Mollusken. — In: EDLINGER, K. (Hrsg.): Form und Funktion — Ihre stammesgeschichtlichen Grundlagen. 35–54 (Wiener Universitätsverlag, Wien).

EDLINGER, K. (1991a): Zur Evolution der Scaphopoden-Konstruktion. — Natur u. Museum 121: 116–122.

EDLINGER, K. (1991b): The mechanical constraints in Mollusc constructions, the function of the shell, the musculature, and the connective tissue. — In: SCHMIDT-KITTLER, N. & VOGEL, K. (Hrsg.) Constructional morphology and evolution. (Springer) Berlin.

EDLINGER, K. (1994): Ontogenetische Mechanismen in Beziehung zur Evolution. — In: GUTMANN, W. F., MOLLENHAUER, D. & PETERS, D. S.: Morphologie und Evolution. 365–384. Senckenberg-Buch (W. Kramer) Frankfurt am Main.

EDLINGER, K. GUTMANN, W. & WEINGARTEN, M. (1991): Evolution ohne Anpassung. — Aufsätze u. Reden d. Senckenb. Naturf. Ges. 37 (W. Kramer) Frankfurt am Main.

Ethik & Sozialwissenschaften (1943): 4; Heft 1. (Sammlung von Aufsätzen und Kritiken).

Ethik und Sozialwissenschaften (1994): 5; Heft 2. (Sammlung von Aufsätzen und Kritiken).

Fox, R. F. (1988): Energy and the Evolution of Life. — 182 S.; (W. H. Freeman & Comp.) New York.

Fox, R. F. (1984): The Uroboros. — In: MATSUNO, K., DOSE, K., HARADA, K. & ROHLFING, D. L. (eds.): Molecular evolution and protobiology. — : 413–420; (Plenum Press) New York, London.

Fox, S. (1986): Molecular selection and natural selection. Quarterl. Rev. Biol. 61: 375–386.

GOULD S. J. (1989): Wonderful life — (Norton) New York, London.

GRASSHOFF, M. (1991a): Die Evolution der Cnidaria. I. Die Entwicklung zur Anthozoen-Konstruktion. — Natur u. Museum 121: 225–236.

GRASSHOFF, M. (1991a): Die Evolution der Cnidaria. I. Die Entwicklung zur Anthozoen-Konstruktion. — Natur u. Museum 121: 225–236.

GRASSHOFF, M. (1991b): Die Evolution der Cnidaria. II. Solitäre und koloniale Anthozoen. — Natur u. Museum 121: 269–282.

GRASSHOFF, M. (1992): Die Evolution der Schwämme. I. Die Entwicklung des Kanalfiltersystems. — Natur und Museum 122: 201–210.

GRASSHOFF, M. (1992): Die Evolution der Schwämme. II. Bautypen und Vereinfachungen. — Natur und Museum 122: 237–247.

GRASSHOFF, M. (1993): Die Evolution der Tiere in neuer Darstellung. — Natur Museum 123: 204–215.

GUTMANN, M. (1995): Konstruktion und Evolution von Langschwanzkrebsen. — Natur und Museum 125: 41–53.

GUTMANN, M. HERKNER, B. (1992a): Konstruktion und Energie oder: der vermittelte Widerspruch: — In: GUTMANN, W. F. Die Konstruktion der Organismen I. Kohärenz, Energie und simultane Kausalität. — Aufsätze Reden Senckenberg. naturf. Ges. 38: 69–79. Frankfurt am Main.

GUTMANN, M. & HERKNER, B. (1992b): Konstruktion und Energie oder: der vermittelte Widerspruch. — In: GUTMANN, W. F. Die Konstruktion der Organismen I. Kohärenz, Energie und simultane Kausalität. — Aufsätze Reden Senckenberg. naturf. Ges. 38: 69–79. Frankfurt am Main.

HAROLD, F. M. (1986): The Vital Force. — (W. H. Freemann and Comp.) New York.

HAROLD, F. M. (1990): To Shape a Cell: an Inquiry into the Causes of Morphogenesis of Microorganisms. — Microbiol. Rev. 54, 381–392.

HSU, L. H.-N. (1992): Concepts of protobiological evolution: Their implications on natural selection and time-course of evolution. In: MATSUNO, K., DOSE, K., HARADA, K. & ROHLFING, D. L. (Hrsg.): Molecular Evolution and Protobiology. — : 397–411; (Plenum Press) New York, London.

INGBER, D. D. (1993a): The Riddle of Morphogenesis: A Question of Solution Chemistry or Molecular Cell Engineering? — Cell 75, 1249–1264.

INGBER, D. D. (1993b): Cellular Tensegrity: defining new rules of biological design that govern the cytoskeleton, J. Cell Science 104, 613–627.

KOCH, A. L. (1982): The Shape of the Hyphal Tips of Fungi. — J. General Microbiol. **128**: 947–951.

KOCH, A. L. (1988): Biophysics of Bacterial Walls Viewed as Stress-Bearing Fabric. — Microbiol. Rev. **52**: 337–353.

KOCH, A. L., HIGGINS, M. L. & DOYLE, R. J. (1982): The Role of Surface Stress in the Morphology of Microbes. — J. General Microbiol. **128**: 927–945.

MATSUNO, K. (1984a): Protobiology: A theorectical synthesis. — In: MATSUNO, K., DOSE, K., HARADA, K. & ROHLFING, D. L. (eds.): Molecular evolution and protobiology. — : 433–464; (Plenum Press) New York.

MATSUNO, K. (1984b): Open Systems and the Origin of Protoreproductive Units. — In: HO, M.-W. & SAUNDERS, P. T. (eds.): Beyond Neo-Darwinism. — : 61–88; (Acad. Press) London, New York, Sydney, Tokyo.

MATSUNO, K. (1984a): Determinism and freedom in early evolution. — In: Fox, S. W. (ed.): Individuality and determinism. — : 203–215; (Plenum Press) New York, London.

MATSUNO, K., DOSE, K., HARADA, K. & ROHLFING, D. L. (1984): Molecular Evolution and Protobiology. — (Plenum Press) Neq York, London.

NANNINGA, N. & WOLDRINGTON, C. L. (1985): Cell growth, genome duplication, and cell division. — In: NANNINGA, N. & WOLDRINGH, C. L. (Hrsg.) Molecular Cytology of Escherischia coli.: 259–318. (Academ Press) London.

NIESERT, U., HARNASCH, D. & BRESCH, C. (1981): Origin of life between Scylla and Chrarybdis. — J. Molec. Evol. 17: 348–353.

NÜSSLEIN-VOLLHARDT, C. (1990): Determination der embryonalen Achse bei *Drosophila*. — Verh. Dtsch. Zool. ges. 83: 179–195.

NÜSSLEIN-VOLLHARDT, C., FROHNHÖFER, H. G. & LEHMANN, R. (1987): Determination of anteroposterior polarity in Drosophila. — Science 238: 1675–1681.

NÜSSLEIN-VOLLHARDT, C. & WIESCHAUS, E. (1980): Mutants affecting segment number and polarity in *Drosophila*. — Nature 287: 795–801.

188

PREUSCHOFT, H., WITTE, H., CHRISTIAN, A. & RECKNAGEL, S. (1994): Körpergestalt und Lokomotion bei großen Säugetieren. — Verh. dtsch. zool. Ges.: 147–163.

RESNICK, N. COLLINS, T. C., ATKINSON, W., BONTHORN, D. T., DEWEY, C. F. & GIMBRONE, M. A. (1993): Paltelet-derived growth factor B chain promoter contains a cis-acting fluid shear-stress-responsive element. — Proc. Natl. Acad. Sci. USA 90, 4591–4598.

ROTH, G. (1994): Das Gehirn und seine Wirklichkeit. — (Surkamp) Frankfurt.

SCHARF, K.-H. & GUTMANN, W. F. (Hrsg.) (1993): Evolution von Organismen. — Praxis der Naturwissenschaften 42 (8).

SCHMIDT-KITTLER, N. (Hrsg.) (1992): Paläontologische Forschung: Stand und Ausblick. — DFG-Mitteilungen XXI der Senatskommission für geowissenschaftliche Gemeinschaftsforschung. (VCH) Weinheim.

SCHMIDT-KITTLER, N. & VOGEL, K. (Hrsg.) (1991): Constructional Morphology and Evolution. — (Springer) Berlin, Heidelberg, New York, London, Paris, Tokyo, Hong Kong, Barcelona, Budapest.

Science. 1994: 561–614; 1994.

STRATTEN, W. P. (1984): Protocell Action Potentials: A New Perspective of Bio-Excitation. — In: MATSUNO, K., DOSE, K., HARADA, K. & ROHLFING, D. L. (eds.): Molecular Evolution and Protobiology. — : 233–255; (Plenum Press) New York, London.

TAUTZ, V. (1991): Genetic and Molecular Analysis of Pattern Formation Process in *Drosophila.* — In: SCHMIDT-KITTLER, N. and K. VOGEL (Eds.): Constructional Morphology and Evolution. 273–282. (Springer) Berlin, Heidelberg, New York, London, Paris, Tokyo, Hong Kong, Barcelona, Budapest 273–282.

VANDENBURGH, H. H., SWASDISON, S. & KARLISCH, P. (1991): Computer-aided mechanogenesis of skeletal muscle organs from single cells in vitro. — The FASEB Journal 5: 2860–2867.

VOGEL, K. (1991): Concepts of Constructional Morphology. — In: SCHMIDT-KITTLER, N. & VOGEL, K. (eds.): Constructional Morphology and Evolution. — : 55–68; (Springer) Berlin, Heidelberg, New York, London, Paris, Tokyo, Hong Kong, Barcelona, Budapest.

WEINGARTEN, M. (1993): Organismen — Objekte oder Subjekte der Evolution? Wibu, Darmstadt.

WIESER, W. (1994): Die Evolution der Evolutionstheorie: Von Darwin zu DNA. Spektrum, Akademieverlag Heidelberg.

YANAGAWA, H. (1992): The origin of possible protocellular structure units. — In: HARTMAN, H. & MATSUNO, K. The origin and evolution of the cell. 394–417. World Acientif. Publ. Co., Singapore.

Abbildungen 34–37

34. Synopsis der Entstehung lebender Organisation. A: Etablierung molekularer Mechanismen (Feld der präbiotischen Modellbildung). B: Ausbildung der hydraulischen Einheiten (Feld der Mikrosphären und Vesikelbegründung). C: Motiloidkonstruktionen mit innerer Verspannung als Grundlage der Formbewegung, des Antriebs und der »sexuellen« Fusion und Unterteilung. D: Ausbildung der Prokaryonten durch Ausbildung einer äußeren stabilisierenden und formgebenden Hülle. Wegfall von Faserverspannung und Sexualität. E: Motiloide mit ihrer hydraulischen Motorik können Prokaryonten als Beute aufnehmen und zu Endosymbionten domestizieren. F: Entwicklung der Fibrillenverspannung in der Abfolge der Tierkonstruktionen.

35. Alternativen der Membran-Etablierung (Abbildung in Anlehnung an YANAGAWA.) Dicke, dunkle Konturen: Protein-Gebilde, dünne Linien: Lipide in der Membran. Mikrosphären lassen sich aus Proteinoiden und aus Lipiden herstellen. Es könnte auch Verkoppelung von Lipid-Protein- und Protein-Lipidhüllen geben. Für die weitere Entwicklung ist eine Lipid-Doppellage mit Protein-Einschlüssen zu fordern. Zerlegung und Neufusion ist früh in Ansatz zu bringen. Die Hyperzyklen-Mechanismen von EIGEN können nur innerhalb von geschlossenen hydraulischen Einheiten, Stoffe aus der Umgebung aufzunehmen, entwickeln. Das Angebot der Proteine, die die Nutzung der Umgebung bestimmen, erfolgt durch genetische Einflüsse. In der Hyperzyklentheorie werden die Kompartimente nicht als hydraulische Einheiten erkannt.

36. Etablierung der Grundeigenheiten lebender Gebilde. A: Vesikelbildung. B: Mit der Vesikelbildung gegebene Eigenheiten. 1) Selektive Stofftransporte durch die Membran, 2) Aufbau elektrischer und osmotischer Potentiale, 3) Verankerung der Fibrillen in der Membran. C: Mit der Protozelle ist die antagonistische Faserwirkung etabliert, weil Kontraktion nur bei partieller Expansion anderer Fibrillen möglich ist. D, E, F: In der Entwicklung der Tierkonstruktionen können alle Stadien nur so organisiert sein, daß die Antagonismusbeziehungen gesichert sind (starker Zwang zu intern determinierter Ordnung). G: Experimentell läßt sich an Zellen nachweisen (BEREITER-HAHN & STROHMEIER 1958), daß osmotische Mechanismen und mechanische Wirkung der Fibrillen gegeneinanderarbeiten.

37. Die Kontinuität der Nahrungsaufnahme-Leistung der Motiloide ist schematisch dargestellt. A: Die Fibrillen-Ausstattung der Hydraulik gestattet die phagocytotische Aufnahme von körperlichen Gebilden (Nahrung vor allem in Form von Prokaryonten). B: Die Verlagerungen der aufgenommenen Partikel wird bei der Ausbildung der Mikrotubuli, die im Fibrillennetz hängen, verbessert. C: Die Mikrotubuli ermöglichen die Ausbildung von Spindelapparaten und Cilien als Antriebssysteme. D: Vergrößerung der Konstruktionen ist durch Gallerteinlagerung zu erreichen. In der Gallerteversteifung können Kanäle eingefaltet werden. So erfolgt eine intensivere Durchströmung bei Antrieb und infolge davon verstärktem Nahrungsfang. Bei Lokomotion wird ein größeres Wasservolumen ausgefiltert; festsitzende Tiere pumpen das nahrungshaltige Wasser an sich vorbei. Die Aufnahme der Nahrung in die Zelle erfolgt weiterhin auf der zellulären Ebene durch die invariante Phagozytose.

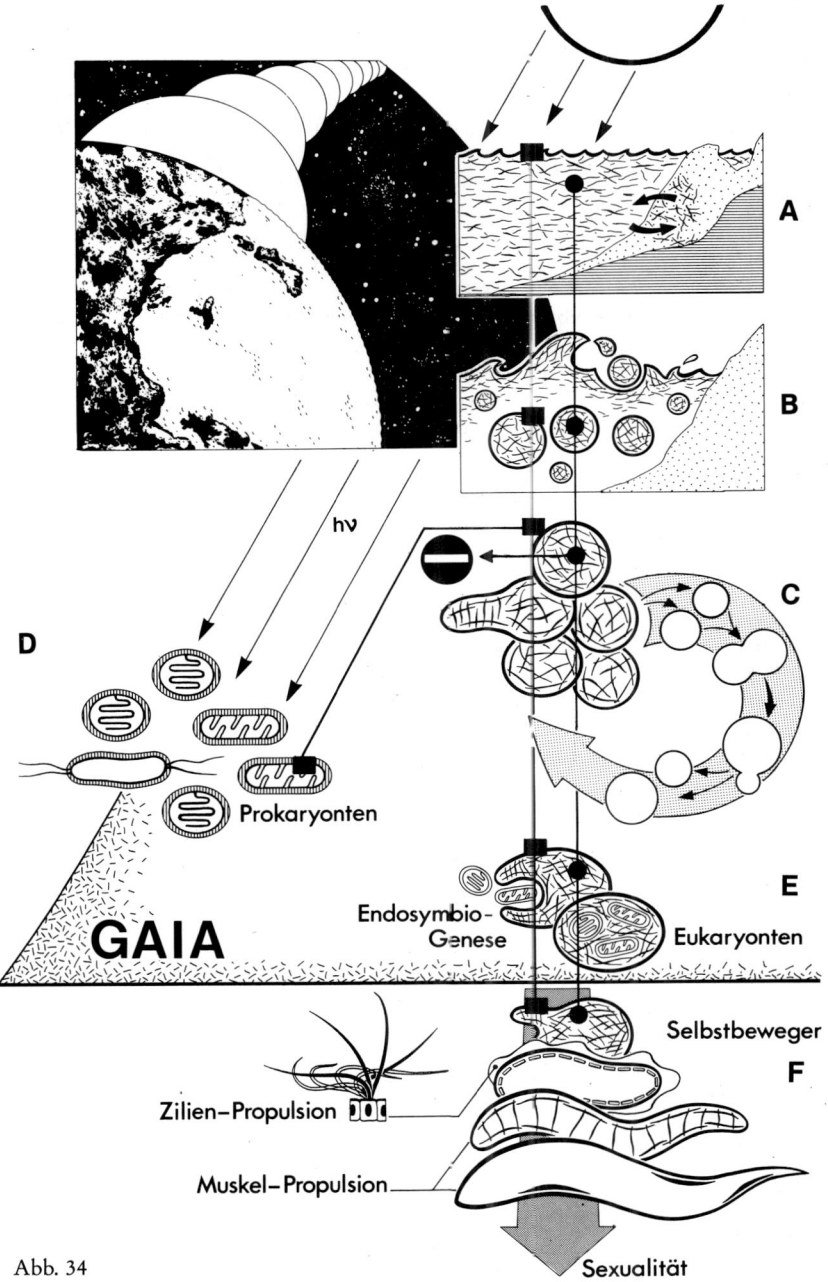

hν

A

B

C

D

Prokaryonten

GAIA

Endosymbio-
Genese

Eukaryonten

E

Selbstbeweger

F

Zilien-Propulsion

Muskel-Propulsion

Sexualität

Abb. 34

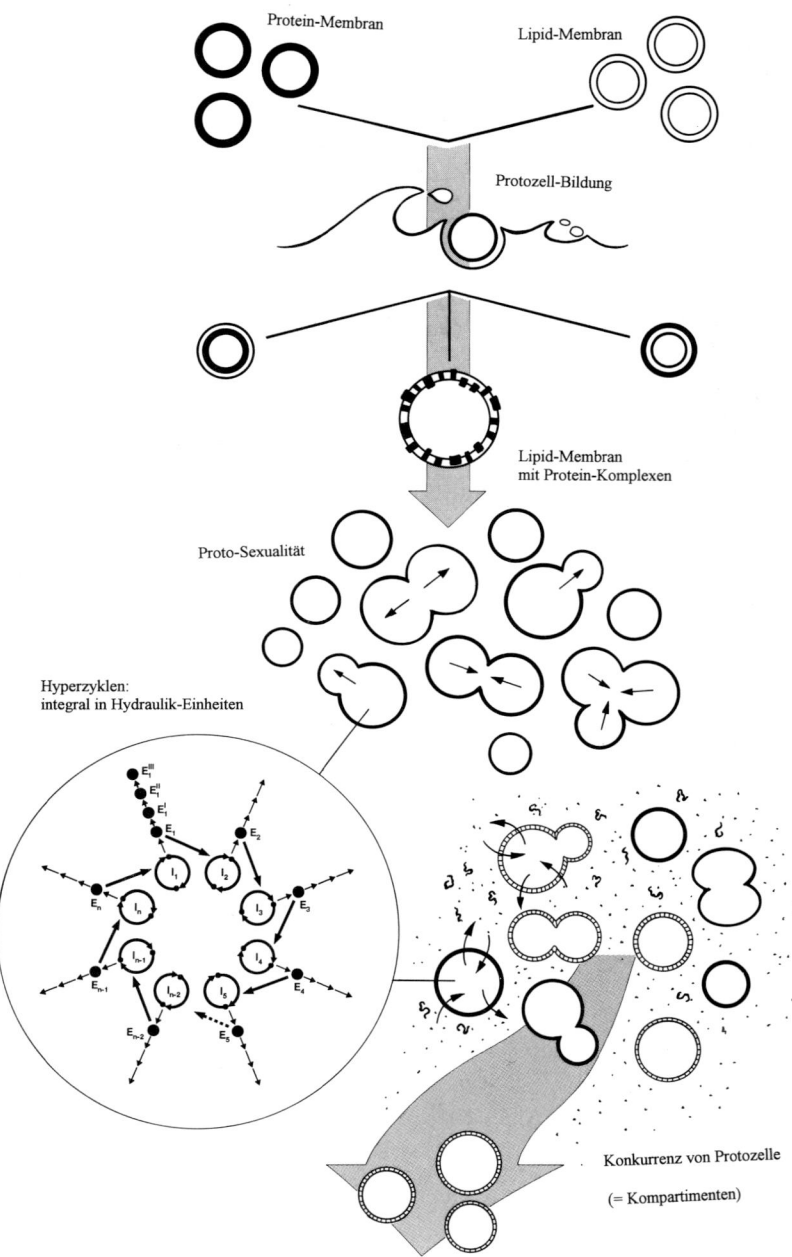

Protein-Membran

Lipid-Membran

Protozell-Bildung

Lipid-Membran
mit Protein-Komplexen

Proto-Sexualität

Hyperzyklen:
integral in Hydraulik-Einheiten

Konkurrenz von Protozelle

(= Kompartimenten)

Abb. 35

Evolution nach Innenbedingungen

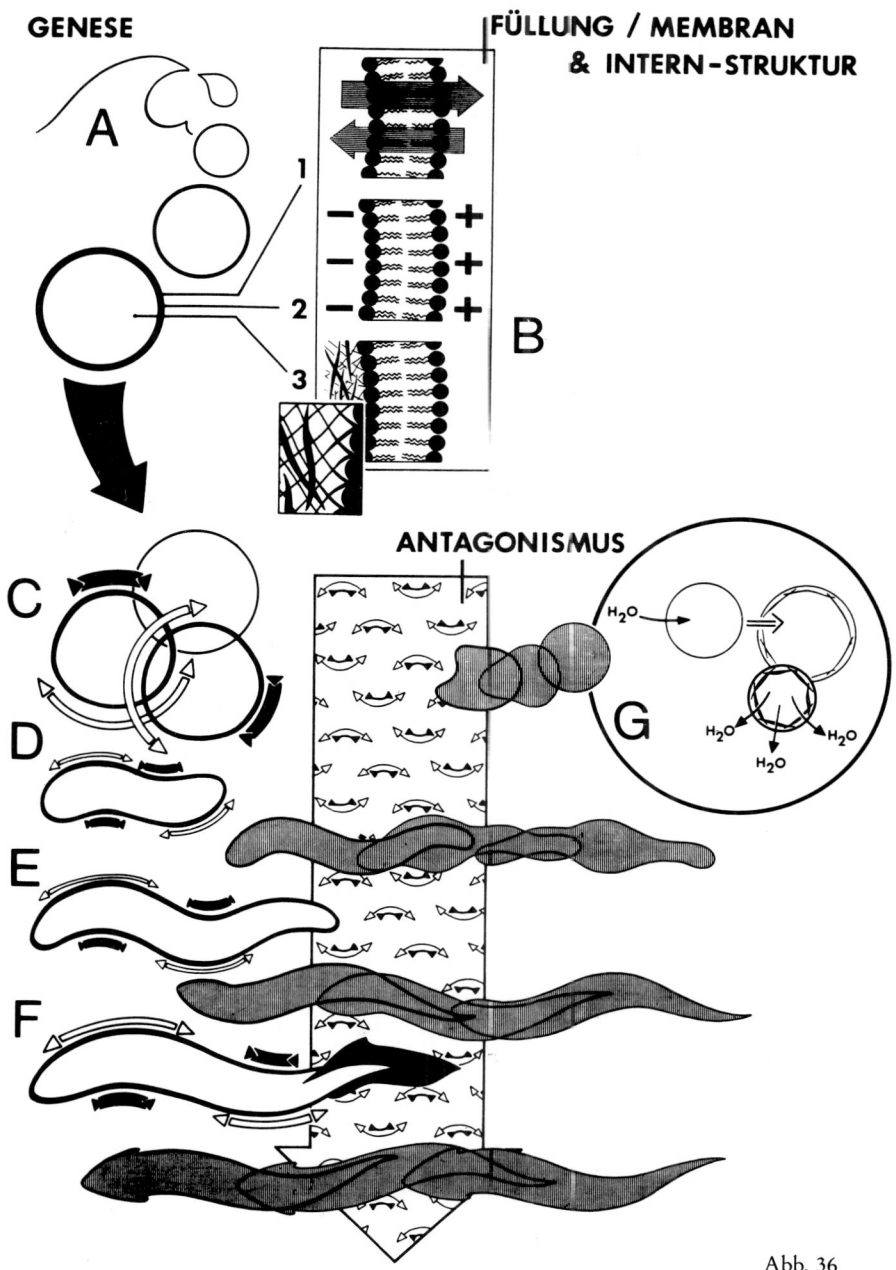

GENESE

A

FÜLLUNG / MEMBRAN
& INTERN-STRUKTUR

1

2

3

B

ANTAGONISMUS

C

D

E

F

G

H₂O

H₂O H₂O
H₂O

Abb. 36

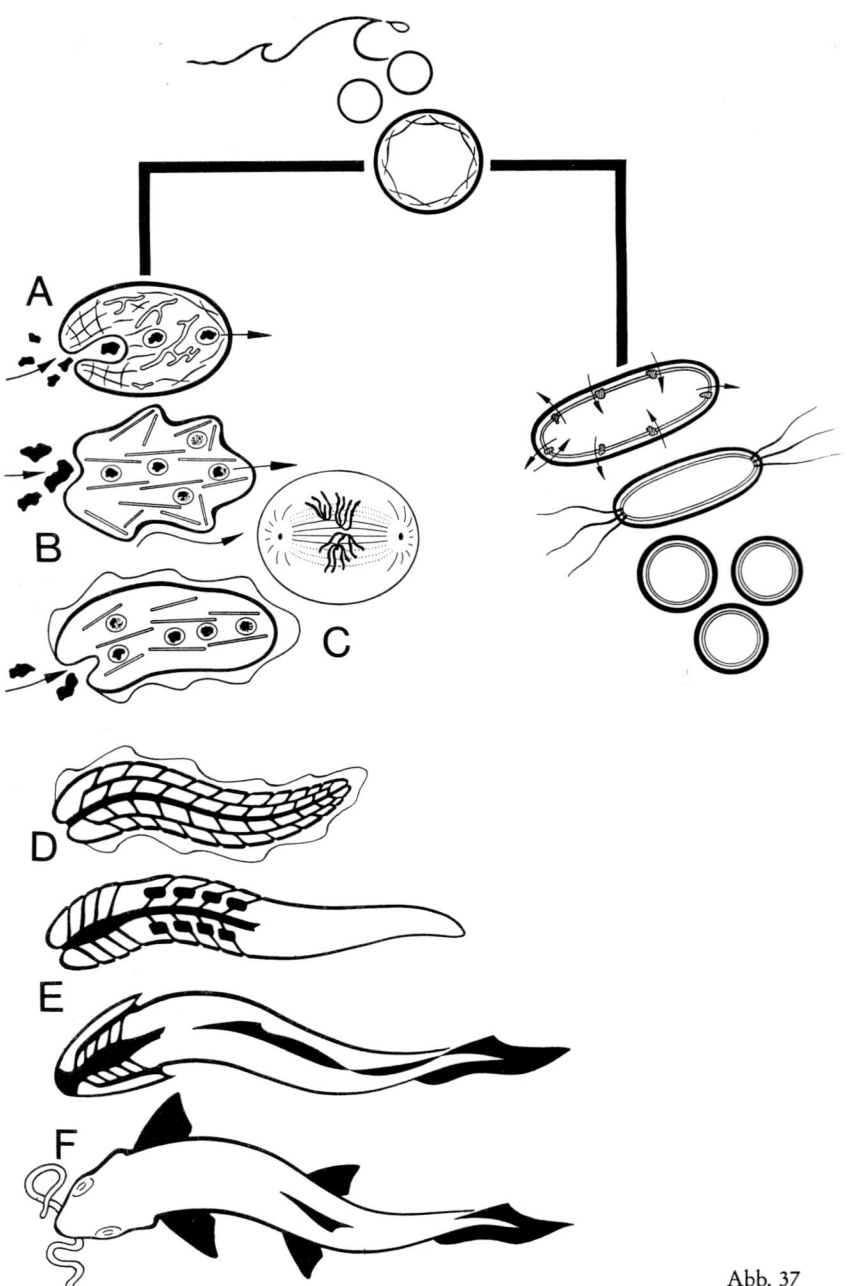

Abb. 37

12. Anmerkungen

[1] MAIER, W. (1982) Dialektik **5**: 10-13.

[2] PETERS, D. S. & GUTMANN, W. F. (1971) Z. zool. Syst. Evolutionsforsch. **9**: 237-263

[3] REMANE, J. (1983) Paläont. Z. **57** (3/4): 267-269.

AX, P. (1976) Verh. Dtsch. Zool. Ges. 69. Jahresvers. : 227.

REMANE, A. (1956): Die Grundlagen des natürlichen Systems, der Vergleichenden Anatomie und der Phylogenetik. — 364. S.; (Akad. Verlagsges. Geest & Portig KG) Leipzig.

BOECKH, J. & PFANNENSTIEL, H.-D. (Hrsg.) (1986): Zoologie 1985. Bilanz und Perspektiven. — Dtsch. Zool. Ges. 56. S.; (G. Fischer) Stuttgart.

[4] HADORN, E. & WEHNER, R. (1972): Allgemeine Zoologie. — (Begr. von. A. KUHN) 18. Aufl.; (G. Thieme) Stuttgart.

[6] REMANE, A., STORCH, V. & WELSCH, U. (1976): Systematische Zoologie, Stämme des Tierreiches. — (G. Fischer) Stuttgart.

[5] GRUNER, H.-E. (1980) Hrsg. Lehrbuch der speziellen Zoologie I. Wirbellose Tiere, 468 S. VEB. G. Finder Verlag Jena.

[7] LÖW, R. (1980) Philosophie des Lebendigen Suhrkamp Verlag, Frankfurt (Main), 357 S.

Spaemann, R. & LÖW, R. (1981) Die Frage wozu?. R. Piper Verlag, München, Zürich. 306. S.

[8] SANDER, K. (1982) Verh. naturwiss. Ver. Hamburg (NF) **25**: 33-50.

[9] AX, P. (1984): Das phylogenetische System. — 349 S.; (G. Fischer) Stuttgart, New York.

[10] ERBEN, H. K. (1979) Verh. Dtsch. Zool. Ges. 72. Jahresvers. : 114-122.

[11] MARKL, H. (1986): Natur als Kulturaufgabe. —: (Deutsche Verlagsanstalt) Stuttgart.

[12] ROTH, G. (1987) Dialektik **13**: 235-239.

GUTMANN, W. F. & WEINGARTEN, M. (1987) Dialektik **13**: 226-234.

[13] MAYR, E. (1982) Dialektik **12**: 44-57.

[14] REMANE, J. (1983) Paläont. Z. **57**: 205-212.

[15] WUKETITS, F. M. (1985) Paläont. Z. **59**: 35-41.

WUKETITS, F. M. (1988): Evolutionstheorien — Historische Voraussetzungen, Positionen, Kritik. — 197 S.; (Wiss. Buchges.) Darmstadt.

195

[16] KASPAR, R. (1981) Biologie in unserer Zeit. 11: 191-192.

[17] SCHÄFER, W. (1964): Naturwissenschaftliche Museen als Forschungsstätten. — Aufsätze u. Reden, Verlag Waldemar Kramer, Frankfurt am Main.

[18] MORSE, E. S. (1872/73): The Systematic Position of the Brachiopoda. — Proc. Boston Soc. Nat. Hist. **15**: 315-373.

[19] BOECKH, J. & PFANNENSTIEL, H.-D. (Hrsg.) (1985) Zoologie 1985. Bilanz und Perspektiven (G. Fischer) Stuttgart.

[20] — Eine übergreifende Theorie der Skelettentstehung ist im Druck.

VOGEL, K. & GUTMANN, W. F. (im Druck): Protist skeletons: biomechanical preconditions and constructional utilization. — Senckenbergiana leth..

GUTMANN, W. F. & VOGEL, K. (im Druck): Konstruktive Vorbedingungen für die Entstehung von Innen- und Außenskeletten bei Coelomaten. — CFS, Gedenkschrift für W. Schäfer.

13. Literatur

Wissenschaftstheorie

Es sind wichtige (vielleicht die wichtigsten) Darstellungen und Übersichten angeführt. Die Vielfalt der Ansichten ist für methodische Belange nicht interessant, weil
nur das Grundprinzip der nicht-induktivistischen Theoriendynamik zählt. Die
Schriften, die im deutschen Bereich den Induktivismus untermauern NACHTIGALL,
HÖLDER, MOHR (auch oft in hypothetiko-deduktiver Verbrämung) sind ebenfalls
aufgeführt.

FEYERABEND, P. K. (1972): Über die Interpretation wissenschaftlicher Theorien. —
   In: ALBERT, H. (Hrsg.): Theorie und Realität. — : 59-66; (J. C. B. Mohr
   (Paul Siebeck)) Tübingen.

GUTMANN, W. F. (1981): Die praktische Bedeutung von Theorien in der Wissenschaft. — In: STARCK, D., FIEDLER, K., HARTH, P. & RICHTER, J. (Hrsg.):
   Biologie. — : 27-38; (Verlag Chemie) Weinheim.

GUTMANN, W. F., MOLLENHAUER, D. & PETERS, D. S. (1975): Wie entstehen wissenschaftliche Einsichten? — Natur u. Museum 105 (11 u. 12): 335-340,
   368-374.

HARTMANN, M. (1948): Die philosophischen Grundlagen der Naturwissenschaften.
   — 238 S.; (G. Fischer) Jena.

HÖLDER, H. (1985): Paläontologie als historische Wissenschaft zwischen Geologie
   und Biologie. — Natur u. Museum 115 (10): 320-334.

KUHN, T. (1967): Die Struktur wissenschaftlicher Revolutionen. — Theorie 2, 227
   S.; (Suhrkamp) Frankfurt/M.

LAKATOS, I. & MUSGRAVE, A. (Eds.) (1970): Criticism and the Growth of Knowledge.
   — 282 pp.; (Univ. Press) Cambridge.

MEDAWAR, P. B. (1972): Die Kunst des Lösbaren. — Kleine Vandenhoeck-Reihe 365,
   147 S.; (Vandenhoeck & Ruprecht) Göttingen.

MOHR, H. (1987): Natur und Moral. Ethik in der Biologie. Wissenschaftliche
   Buchgesellschaft, Darmstadt. Reihe Dimension der modernen Biologie
   Band 4.

MOHR, H. (1977): Lectures on Structure and Significance of Science. — 227 pp.;
   (Springer) New York, Heidelberg, Berlin.

NACHTIGALL, W. (1972): Biologische Forschung, Aspekte, Argumente, Aussagen. —
   (Quelle & Meyer) Heidelberg.

POPPER, K. R. (1968): The Logic of Scientific Discovery. — 480 pp.; (Hutchinson)
   London.

POPPER, K. R. (1969): Conjectures and Refutations. — 431 pp.; (Routledge & Kegan Paul) London.

STEGMÜLLER, W. (1969): Hauptströmungen der Gegenwartsphilosophie. — 4. Aufl., 742 S.; (Kröner) Stuttgart.

STEGMÜLLER, W. (1979): Neue Wege der Wissenschaftsphilosophie. — 240 S.; (Springer) Berlin, Heidelberg, New York.

Geschichte der Evolutionstheorie

Die Geschichtsdarstellung von JAHN, LÖTHER & SENGLAUB ist weitgehend unkritisch. Eine theoriegerechte Darstellung der Biologiegeschichte stellt das Werk von NOWIKOFF (1949) dar.

Den Schriften von LANG und KÜHN ist zu entnehmen, daß die ganze Palette der Homologienvergleiche und der Formenreihungen um 1900 schon ausgeschöpft war. Dieser Punkt ist wichtig, weil die Anhänger der Homologien-Forschung den Eindruck erwecken, es habe eine strikte und schlüssige Forschung und ein Fortschreiten der Erkenntnis gegeben. Um 1900 war schon sicher, daß man nach Homologienkriterien eine beliebige vielfältige Reihung von Formen zu Stammbäumen vornehmen kann.

HAECKEL, E. (1906): Prinzipien der Generellen Morphologie der Organismen. — Wörtl. Teilabdruck von 1866, 447 S.; (G. Reimer) Berlin.

JAHN, I., LÖTHER, R. & SENGLAUB, K. (Hrsg.) (1982): Geschichte der Biologie. — 859 S.; (VEB G. Fischer) Jena.

KÜHN, A. (1950): Anton DOHRN und die Zoologie seiner Zeit. — Pubbl. Staz. Zool. Napoli, Suppl. 1950, 205 S.

LANG, A. (1903): Beiträge zu einer Trophocöltheorie. — Abdruck Jena. Z. Naturwiss. **38**, N. F. 31, 373 S.; (G. Fischer) Jena.

MAYR, E. & PROVINE, W. B. (Eds.) (1980): The Evolutionary Synthesis. (Havard Univ. Press) Cambridge, Mas., London.

NOWIKOFF, M. (1949): Grundzüge der Geschichte der biologischen Theorien. — 222 S.; (C. Hanser) München.

STARCK, D. (1977): Tendenzen und Strömungen in der Vergleichenden Anatomie der Wirbeltiere im 19. und 20. Jahrhundert. — Natur u. Museum 107 (4): 93-102.

Philosophische Kritik ohne Fundamentalismus

Locker, A. (Hrsg.) (1983): Evolution — kritisch gesehen. — 179 S.; (A. Pustet) Salzburg, München.

Löw, R. (1985): Leben aus dem Labor. Gentechnologie und Verantwortung — Biologie und Moral. — 251 S.; (C. Bertelsmann) München.

Löw, R., Koslowski, P. & Kreuzer, P. (Hrsg.) (1981): Fortschritt ohne Mass? — Ser. Piper **235**, 284 S.; (R. Piper & Co.) München.

Spaemann, R., Koslowski, P. & Löw, R. (Hrsg.) (1984): Evolutionstheorie und menschliches Selbstverständnis. — Civitas Resultate **6**, 104 S.; (Acta humaniora d. Verlag Chemie GmbH) Weinheim.

Vollmert, B. (1985): Das Molekül und das Leben (Rowohlt) Reinbek b. Hamburg.

Organismische Evolutionstheorie

Das Literaturverzeichnis ist weit gefaßt und zeigt, daß die Grundlagen der neuen Evolutionssicht zusammen mit J. Lorenz Franzen, Manfred Grasshoff, Dieter Mollenhauer und D. Stefan Peters seit den frühen 70er Jahren erarbeitet wurden. Die Mitarbeit von K. Bonik hat beträchtliche Klärungen von Problemen gebracht. Ausdruck seiner Mitarbeit ist die Darstellung der »Kritischen Evolutionstheorie«, die die meisten und wichtigsten Punkte auch des hier entwickelten Ansatzes enthält.

In das Literaturverzeichnis sind Arbeiten von befreundeten Kollegen und von Autoren hereingenommen, mit denen zumindest grundlegende Übereinstimmung besteht. Ihnen sollte vor allem dann voller Kredit zukommen, wenn sich die vorgelegte Konzeption als haltbar erweist. Eine eigenständige Anforderung von organismischer Evolutions- und Lesrichtungsbegründung gibt W. Maier (1982).

Alberch, P. (1982): The Generative and Regulatory Roles of Development in Evolution. — In: Mossakowski, D. & Roth, G. (Eds.): Environmental Adaptation and Evolution. — 19-36; (G. Fischer) Stuttgart, New York.

Bock, W. J. (1977): Adaptation and the Comparative Method. — In: Hecht, M. K., Goody, P. C. & Hecht, B. M. (Eds.): Major Patterns in Vertebrate Evolution. — 57-82; (Plenum Press) New York, London.

Bock, W. J. (1978): Towards an ecological morphology. — Vogelwarte **29** (Sonderheft): 128-135.

Bock, W. J. (1979): The synthetic explanation of macroevolutionary change — a reductionistic approach. — Bull. Carnegie Mus. Nat. Hist. **13**: 20-69.

Bock, W. J. (1980): The Definition and Recognition of Biological Adaptation. — Amer. Zool. **20**: 217-227.

Bock, W. J. (1988): The nature of explanations in morphology. — Amer. Zool. **28** (1): 205-215.

BOCK, W. J. & WAHLERT, G. v. (1965): Adaptation and the form-function-complex. — Evolution **19**: 269-299.

BONIK, K. (1981): Evolutionsbiologie und Systematik: Versuch einer Synthese. — Aufsätze u. Reden senckenb. naturforsch. Ges. **30**, 106 S.; (W. Kramer) Frankfurt/M.

BONIK, K. GRASSHOFF, M. & GUTMANN, W. F. (1971): Funktion bestimmt Evolution. — Umschau **77** (20): 657-668.

BONIK, K., GRASSHOFF, M., GUTMANN, W. F. & PETERS, D. S. (1984): Die Revision des Evolutionsdenkens. — Paläont. Z. **58** (3/4): 177-184.

BONIK, K., GUTMANN, W. F. & PETERS, D. S. (1977): Optimierung und Ökonomisierung im Kontext der Evolutionstheorie und phylogenetischer Rekonstruktionen. — Acta biotheoretica **26** (2): 75-119.

FRANZEN, J. L., BONIK, K., GUTMANN, W. F., GRASSHOFF, M., MOLLENHAUER, D. & PETERS, D. S. (1981): Muß DARWINS Theorie erweitert werden? — Kosmos **1981** (4): 75-85.

FRANZEN, J. L., GUTMANN, W. F., MOLLENHAUER, D. & PETERS, D. S. (1974): Evolutionstheorie und Rekonstruktion des stammesgeschichtlichen Ablaufs. — Umschau **74** (16): 501-506.

GUTMANN, W. F. (1972): Die Hydroskelett-Theorie. — Aufsätze u. Reden senckenb. naturforsch. Ges. **21**, 91 S.; (W. Kramer) Frankfurt/M.

GUTMANN, W. F. (1977): Phylogenetic Reconstruction: Theory, Methodology, and Application to Chordate Evolution. — In: HECHT, M. K., GOODY, P. C. & HECHT, B. M. (Eds.): Major Patterns in Vertebrate Evolution. — : 645-669; (Plenum Press) New York, London.

GUTMANN, W. F. (1978): Veränderungen im Evolutionsverständnis — Zum Stand der Evolutionsforschung. — Universitas **33** (12): 1297-1304.

GUTMANN, W. F. (1979): Entwickelt sich ein neues Evolutionsverständnis? Das Analogie-Denken DARWINS und die physikalistische Evolutionstheorie. — Biol. Rundschau **17**: 84-99.

GUTMANN, W. F. (1981): Relationships between invertebrate phyla based on functional-mechanical analysis of the hydrostatic skeleton. — Amer. Zool. **21**: 63-81.

GUTMANN, W. F. (1988): The hydraulic principle. — Amer. Zool. **28**: 257-266.

GUTMANN, W. F. & BONIK, K. (1980): Die Biomechanik beherrscht die Strukturierung des Zentralnervensystems. Argumente für eine Systembetrachtung von Morphologie und Physiologie. — Zool. Anz. Jena **207** (5/6): 238-259.

GUTMANN, W. F. & BONIK, K. (1981): Kritische Evolutionstheorie — Ein Beitrag zur Überwindung altdarwinistischer Dogmen. — 227 S.; (Gerstenberg) Hildesheim.

GUTMANN, W. F. & PETERS, D. S. (1973a): Konstruktion und Selektion: Argumente gegen einen morphologisch verkürzten Selektionismus. — Acta biotheoretica **22** (4): 151-180.

GUTMANN, W. F. & PETERS, D. S. (1973b): Das Grundprinzip des wissenschaftlichen Procedere und die Widerlegung der phylogenetisch verbrämten Morphologie. — In: SCHÄFER, W. (Hrsg.): Phylogenetische Rekonstruktionen — Theorie und Praxis. — Aufsätze u. Reden senckenb. naturforsch. Ges. **24:** 7-25; (W. Kramer) Frankfurt/M.

GUTMANN, W. F. & WEINGARTEN, M. (1987): Autonomie der organismischen Biologie und der Versklavungsversuch der Biologie durch Synergetik und Thermodynamik von Ungleichgewichtsprozessen. — Dialektik **13:** 227-234; (Pahl-Rugenstein) Köln.

HO, M.-W. & SAUNDERS, P. T. (1984): Pluralism und Convergence in Evolutionary Theory. — In: HO, M.-W. & SAUNDERS, P. T. (Eds.): Beyond Neo-Darwinism. — : 3-11; (Acad. Press) London, New York, Sydney, Tokyo.

HOMBERGER, D. G. (1988): Models and Tests in functional Morphology: The Significance of Description and Integration. — Amer. Zool. **28** (1): 217-229.

LIMA-DE-FARIA, A. (1962): Selection at the Molecular Level. — J. Theoret. Biol. **2:** 7-15.

MAIER, W. (1982): Perspektiven der Evolutionstheorie. — In: HOLZ, H. H. & SANDKÜHLER, H. J. (Hrsg.): Darwin und die Evolutionstheorie. — Dialektik **5:** 10-13; (Pahl-Rugenstein Verlag) Köln.

MOLLENHAUER, D. (1970): Betrachtungen über Bau und Leistung der Organismen. I. — Aufsätze und Reden senckenb. naturforsch. Ges. **19, 55** S.; (W. Kramer) Frankfurt/M.

PETERS, D. S. (1970): Über den Zusammenhang von biologischem Artbegriff und phylogenetischer Systematik. — In: SCHÄFER, W. (Hrsg.): Aufsätze u. Reden senckenb. naturforsch. Ges. **18:** 1-39; (W. Kramer) Frankfurt/M.

PETERS, D. S. (1972): Das Problem konvergent entstandener Strukturen in der anagenetischen und genealogischen Systematik. — Z. f. zool. Syst. Evolutionsforsch. **10** (3): 161-173.

PETERS, D. S. (1983): Evolutionary theory and its consequences for the concept of adaptation. — In: GREENE, M. (Ed.): Dimensions of Darwinism. — : 315-327; (Univ. Press) Cambridge.

PETERS, D. S. & GUTMANN, W. F. (1971): Über die Lesrichtung von Merkmals- und Konstruktions-Reihen. — Z. zool. Syst. Evolutionforsch. **9** (4): 237-263.

ROTH, G. (1982): Conditions of Evolution and Adaptation in Organisms as Autopoietic Systems. — In: MOSSAKOWSKI, D. & ROTH, G. (Eds.): Environmental Adaptation and Evolution. — : 37-48; (G. Fischer) Stuttgart, New York.

ROTH, G. (1987): Was bedeuten die Theorien der Selbstorganisation und der Autopoiese für das Verständnis der Lebewesen? — Dialektik **13:** 235-239.

SAUNDERS, P. T. (1984): Development and Evolution. — In: HO, M.-W. & SAUNDERS, P. T. (Eds.): Beyond Neo-Darwinism. — : 243-263; (Acad. Press) London, New York, Sydney, Tokyo.

SCHÄFER, W. (Hrsg.) (1973): Phylogenetische Rekonstruktionen — Theorie und Praxis. — Aufsätze u. Reden senckenb. naturforsch. Ges. **24**, 179 S.; (W. Kramer) Frankfurt am Main.

SCHÄFER, W. (Hrsg.) (1975): Ontogenetische und konstruktive Gesichtspunkte bei phylogenetischen Rekonstruktionen. — Aufsätze u. Reden senckenb. naturforsch. Ges. **27**, 125 S.; (W. Kramer) Frankfurt am Main.

SCHÄFER, W. (Hrsg.) (1976): Evoluierende Systeme I und II. — Aufsätze u. Reden senckenb. naturforsch. Ges. **28**, 202 S.; (W. Kramer) Frankfurt am Main.

SCHÄFER, W. (Hrsg.) (1978): Evoluierende Systeme III. — Aufsätze u. Reden senckenb. naturforsch. Ges. **29**, 186 S.; (W. Kramer) Frankfurt am Main.

STARCK, D. (1978, 1979, 1982): Vergleichende Anatomie der Wirbeltiere auf evolutionsbiologischer Grundlage. — **1**, 274 S.; **2**, 776 S.; **3**, 1110 S.; (Springer) Berlin, Heidelberg, New York.

VOGEL, K. (1975): Funktionsmorphologie als Hilfsmittel paläontologischer Evolutionsforschung. — 16 S.; (F. Steiner) Wiesbaden.

VOGEL, K. (1979): Efficiency of biological constructions and its relation to selection and rate of evolution (general remarks). — Palaeogeogr., Palaeoclimatol., Palaeoecol. **28**: 315-319.

VOGEL, K. (1983): Zur gegenwärtigen Diskussion um die Makroevolution (punctuated equilibria). — Paläont. Z. **57** (3/4): 199-203.

VOGEL, K. (1984): Lebensweise und Umwelt fossiler Tiere. — Biol. Arbeitsbücher **39**, 171 S.; (Quelle & Meyer) Heidelberg.

WAKE, D. B. (1982): Functional and Developmental Constraints and Opportunities in the Evolution of Feeding Systems in Urodeles. — In: MOSSAKOWSKI, D. & ROTH, G. (Eds.): Environmental Adaptation and Evolution. — : 51-66; (G. Fischer) Stuttgart, New York.

WHITEHEAD, A. N. (1960): Process and Reality. — 544 pp.; (Harper & Row) New York.

WHITEHEAD, A. N. (1966): Adventures of Ideas. — 7. Aufl., 391 S.; (Macmillan Comp.) New York.

WHYTE, L. L. (1965): Internal factors in evolution. — (G. Braziller) New York.

WHYTE, L. L. (1967): Directive agencies in organic evolution. — J. Theoret. Biol. **17**: 312-314.

ZIEGLER, W. (Hrsg.) (1982): Biologie für den Menschen. — Aufsätze u. Reden senckenb. naturforsch. Ges. **31**, 220 S.; (W. Kramer) Frankfurt am Main.

ZIEGLER, W. (Hrsg.) (1982): Organismus und Anpassung. — Aufsätze u. Reden senckenb. naturf. Ges. **33**, 121 S.; (W. Kramer) Frankfurt am Main.

Neue Ansätze zum Evolutionsdenken

Es sind nur neuere kritische Schriften aufgeführt, die interne Aspekte von Selektion anführen, die Stichhaltigkeit und den zureichenden Erklärungswert der synthetischen Theorie und die Zulänglichkeit des Adaptationismus bezweifeln. Bei den meisten Autoren ist kein konsequenter organismischer Ansatz ausgeführt. Wo organismische Vorstellungen vorgetragen werden (ROTH, WAKE u.a.) ist keine Begründung auf das Hydraulikprinzip gegeben, Geschlossenheit der Organismen nur neurophysiologisch begründet.

ALBERCH, P. (1982): The Generative and Regulatory Roles of Development in Evolution. — In: MOSSAKOWSKI, D. & ROTH, G. (Eds.): Environmental Adaptation and Evolution. — : 19-36; (G. Fischer) Stuttgart, New York.

ČÍŽEK, F. & HODÁŇOVÁ, D. (1971): Evolution als Selbstregulation. — 316 S.; (VEB G. Fischer) Jena.

DULLEMEIJER, P. (1980): Functional Morphology and Evolutionary Biology. — Acta biotheoretica 29: 151-250.

DULLEMEIJER, P. & BAREL, C. D. N. (1977): Functional Morphology and Evolution. — In: HECHT, M. K., GOODY, P. C. & HECHT, B. M. (Eds.): Major Patterns in Vertebrate Evolution. — Nato Advance Study Inst. Series, Series A, Life Sciences 14: 83-117; (Plenum Press) New York, London.

ERBEN, H. K. (1981): Leben heißt Sterben. Der Tod des Einzelnen und das Aussterben der Arten. — (Hoffmann & Campe) Hamburg.

FRAZZETTA, T. H. (1975): Complex Adaptations in Evolving Populations. — 267 S.; (Sinauer Assoc., Inc.) Sundland, Mass.

GOULD, S. J. (1985): The paradox of the first tier: an agenda for paleobiology. — Paleobiology 11 (1): 2-12.

HECHT, M. K., ELDREDGE, N. & GOULD, S. J. (1974): Morphological transformation, the fossil record, and the mechanism of evolution: A debate. — In: DOBZHANSKY, T., HECHT, M. K. & STEERE, W. (Eds.): Evolutionary biology. — 7: 295-308; (Plenum Press) New York.

AN DER HEIDEN, U., ROTH, G. & SCHWEGLER, H. (1985): Principles of self-generation and self-maintenance. — Acta Biotheor. 34: 125-138.

HO, M.-W. & SAUNDERS, P. T. (1984): Pluralism and Convergence in Evolutionary Theory. — In: HO, M.-W. & SAUNDERS, P. T. (Eds.): Beyond Neo-Darwinism. — 3-11; (Acad. Press) London, New York, Sydney, Tokoyo.

LIEM, K. F. & GREENWOOD, P. H. (1981): A Functional Approach to the Phylogeny of the Pharyngognath Teleosts. — Amer. Zool. 21: 83-101. New York.

LIMA-DE-FARIA, A. (1962): Selection at the Molecular Level. — J. Theoret. Biol. 2: 7-15.

MATSUNO, K. (1984): Open Systems and the Origin of Protoreproductive Units. — In: HO, M.-W. & SAUNDERS, P. T. (Eds.): Beyond Neo-Darwinism. — : 61-88; (Acad. Press) London, New York, Sydney, Tokyo.

MOSSAKOWSKI, D. & ROTH, G. (Eds.) (1982): Environmental Adaptation and Evolution. — 302 S.; (G. Fischer) Stuttgart, New York.

REGELMANN, J.-P. (1982): Historische und funktionale Biologie: Die Unzulänglichkeit einer Systemtheorie der Evolution. — Acta biotheoretica **31 A:** 205-235.

REIF, W.-E. (1975): Lenkende und limitierende Faktoren in der Evolution. — Acta biotheor. 24 (3/4): 136-162.

REIF, W.-E. (1983): HILGENDORFS (1863) dissertation on the Steinheim planorbids (Gastropoda; Miocene): The development of a phylogenetic research program for Paleontology. — Paläont. Z. **57** (1/2): 7-20.

REIF, W.-E., THOMAS, R. D. K. & FISCHER, M. S. (1985): Constructional morphology: The analysis of constraints in evolution dedicated to S. SEILACHER in honour of his 60. birthday. — Acta Biotheor. **34:** 233-248.

RENSCH, B. (1959): Evolution above the Species Level. — 419 pp.; London.

RIEDL, R. (1975): Die Ordnung des Lebendigen. — 372 S.; (P. Parey) Hamburg, Berlin.

ROTH, G. (1982): Conditions of Evolution and Adaptation in Organism as Autopoietic Systems. — In: MOSSAKOWSKI, D. & ROTH, G. (Eds.): Environmental Adaption and Evolution. — : 37-48; (G. Fischer) Stuttgart, New York.

SAUNDERS, P. T. (1984): Development and Evolution. — In: HO, M.-W. & SAUNDERS, P. T. (Eds.): Beyond Neo-Darwinism. — : 243-263; (Acad. Press) London, New York, Sydney, Tokyo.

STARCK, D. (1978): Vergleichende Anatomie der Wirbeltiere. — 1, 274 S.; (Springer) Berlin, Heidelberg, New York.

STARCK, D. (1979): Vergleichende Anatomie der Wirbeltiere. — 2, 776 S.; (Springer) Berlin, Heidelberg, New York.

WAGNER, G. P. (1981): Feedback Selection and the Evolution of Modifiers. — Acta biotheoretica **30:** 79-102.

WAGNER, G. P. (1985): Über die populationsgenetischen Grundlagen einer Systemtheorie der Evolution. — In: OTT, J., WAGNER, G. P. & WUKETITS, F. M. (Hrsg.): Evolution, Ordnung und Erkenntnis. — : 97-111; (PAREY) Hamburg, Berlin.

WAKE, D. B. (1982): Functional and Developmental Constraints and Opportunities in the Evolution of Feeding Systems in Urodeles. — In: MOSSAKOWSKI, D. & ROTH, G. (Eds.): Environmental Adaptation and Evolution. — : 51-66; (G. Fischer) Stuttgart, New York.

WHYTE, L. L. (1965): Internal factors in evolution. — (G. Braziller) New York.

WHYTE, L. L. (1967): Directive agencies in organic evolution. — J. Theoret. Biol. **17**: 312-314.

WUKETITS, F. M. (1982): Grundriß der Evolutionstheorie. — 217 S.; (Wiss. Buchges.) Darmstadt.

WUKETITS, F. M. (1979): Die Bedeutung des Systemdenkens in der Biologie. — Biologie in unserer Zeit 9. Jg. (3): 73-79.

WUKETITS, F. M. (1985): Zum Konzept der »inneren« Selektion: Stellungnahme zu einer evolutionstheoretischen Kontroverse. — Paläont. Z. **59** (1/2): 35-41.

WUKETITS, F. M. (1988): Evolutionstheorien — Historische Voraussetzungen, Positionen, Kritik. — 197 S.; (Wiss. Buchges.) Darmstadt.

ZWEERS, G. A. (1979): Explanation of structure by optimization and systemization. — Netherl. J. Zool. **29** (3): 418-440.

Altdarwinismus

Die Literaturzusammenstellung enthält umfassende Darstellungen des traditionellen Evolutionsdenkens. Nirgends ist Evolution als Wandel von mechanisch kohärenten Systemen und Energiewandlern beschrieben und begründet. Kritisch mit der organismisch-konstruktiven Evolutionstheorie setzen sich J. REMANE und E. MAYR (1982) aber auch WUKETITS und KASPAR auseinander. DULLEMEIJER versucht den Eindruck zu erwecken, die im Senckenberg entwickelte Theorie sei mit einer Reihe von älteren Ansätzen vereinbar. Dies ist nicht der Fall, da keine Theorie vom Hydraulik-System und vom Energiewandler ausgeht. Wuketits (1988) stellt Evolution organismischer Konstruktionen als gesonderte Evolutionstheorie dar.

AYALA, F. J. (1978): The Mechanisms of Evolution. — Scientific American **239** (3): 48-61.

DOBZHANSKY, T., AYALA, F. J., STEBBINS, G. L. & VALENTINE, J. W. (1977): Evolution. — (Freeman & Co.) San Francisco.

DULLEMEIJER, P. (1980): Functional Morphology and Evolutionary Biology. — Acta biotheoretica **29**: 151-250.

DZWILLO, M. (1978): Prinzipien der Evolution. — 152 S.; (B. G. Teubner) Stuttgart.

ERBEN, H. K. (1978): Über das Aussterben in der Evolution. — mannheimer forum 78/79, : 73-122; (Boehringer GmbH) Mannheim.

ERBEN, H. K. (1979): Regressive Evolution aus paläobiologischer Sicht. — Verh. Dtsch. Zool. Ges. 1979, : 114-122; (G. Fischer) Stuttgart.

GRANT, V. (1963): The Origin of Adaptations. — (Columbia Univ. Press) New York.

HEBERER, G. (Hrsg.) (1967—1969): Die Evolution der Organismen. — 3. Aufl., 3. Bd.; (G. Fischer) Stuttgart.

HEBERER, G. (1968): Der gerechtfertigte Haeckel. — 588 S.; (G. Fischer) Stuttgart.

HÖLDER, H. (1983a): Vorwort des Schriftleiters. — Paläont. Z. **57** (3/4): 175-176;
— (1983b): Zur gegenwärtigen Problematik der Evolutionsforschung. —
Paläont. Z. **57** (3/4): 177-188; Stuttgart.

HUXLEY, J. (1963): Evolution. The Modern Synthesis. — 652 pp.; (G. Allen & Unwin
Ltd.) London.

KÄMPFE, L. (Hrsg.) (1980): Evolution und Stammesgeschichte der Organismen. —
411 S.; (G. Fischer) Stuttgart, New York.

KASPAR, R. (1981): Rezension: GUTMANN, W. F. & BONIK, K. (1981): Kritische Evolutionstheorie. Ein Beitrag zur Überwindung altdarwinistischer Dogmen.
— Biologie in unserer Zeit 11. Jg. (6): 191-192.

LORENZ, K. (1973): Die Rückseite des Spiegels. — 338 S.; (Piper & Co.) München,
Zürich.

MARKL, H. (1986): Natur als Kulturaufgabe. (Deutsche Verlagsanstalt) Stuttgart.

MAYR, E. (1978): Evolution. — Scientific Amer. **239** (3): 38-47.

MAYR, E. (1979): Evolution und die Vielfalt des Lebens. — 275 S.; (Springer) Berlin,
Heidelberg, New York.

MAYR, E. (1982): Darwinistische Mißverständnisse. — Dialektik **5:** 44-57; (Pahl-
Rugenstein) Köln.

OSCHE, G. (1966): Grundzüge der allgemeinen Phylogenetik. — In: BERTALANFFY,
L. v. (Hrsg.): Handbuch der Biologie, **3:** 817-906; (Akad. Verlagsges.)
Frankfurt/M.

OSCHE, G. (1979): Evolution. — 10. Aufl., 116 S.; (Herder) Freiburg.

RENSCH, B. (1972): Neuere Probleme der Abstammungslehre. — 3. Aufl., 468 S.;
(F. Enke) Stuttgart.

REMANE, J. (1983): Selektion und Evolutionstheorie: Müssen »altdarwinistische
Dogmen« durch eine kritische Evolutionstheorie ersetzt werden? — Paläont. Z. **57** (3/4): 205-212.

SANDER, K. (1982): Rekapitulation aus der Sicht eines Entwicklungsphysiologen:
Die konservierende Rolle funktioneller Verknüpfungen in der Ontogenese. — Verh. naturwiss. Ver. Hamburg (NF) **25:** 33-50. Hamburg.

VOLLMER, G. (1987): Was Evolutionäre Erkenntnistheorie nicht ist. In: Riedl, R.,
Wuketits, F. (Hrs.) Die Evolutionäre Erkenntnistheorie. S. 140-166, Verlag Paul Parey, Berlin und Hamburg.

WUKETITS, F. M. (1988): Evolutionstheorien — Historische Voraussetzungen, Positionen, Kritik. — 197 S.; (Wiss. Buchges.) Darmstadt.

Kritische Stellungnahmen

Gegen die neu begründete Phylogenetik haben seit 1970 praktisch alle führenden Morphologen Stellung genommen. Die kritischen Schriften sind im folgenden aufgeführt. Die kritischen Stellungnahmen zur Methode und Theorie sind getrennt unter Altdarwinismus und Homologienforschung aufgeführt.

Die Literaturliste dokumentiert die Arbeiten, die zeigen, daß die gängige Morphologie systematisch die Beachtung der Formbildungsmechanismen ausschließt, biomechanische Begründungen für Ableitungen nicht beachtet, gar nicht versucht, für vorgeschlagene Formenreihen konstruktive Begründungen zu geben. Subjektive Gestalterfassung wird der biomechanisch-konstruktiven Erklärung vorgeordnet.

Es ist zu beachten, daß keine Kritik die konstruktionsmorphologischen Begründungen des Hydroskelett-, Hydraulik- und Gallertoid-Modells in Frage gestellt hat. Die Homologien-Argumente von RIEGER betreffen nur cytologische und elektronen-mikroskopische Befunde.

GRUNER, H.-E. (Hrsg.) (1980): Lehrbuch der Speziellen Zoologie. I. Wirbellose Tiere. — (Beg. v. A. KAESTNER) 1. Teil, 4. Aufl., 318 S.; (VEB G. Fischer) Jena.

GRUNER, H.-E. (Hrsg.) (1982): Lehrbuch der Speziellen Zoologie. I. Wirbellose Tiere. — (Beg. v. A. KAESTNER) 3. Teil, 4. Aufl., 608 S.; (VEB G. Fischer) Jena.

KUHN-SCHNYDER, E. & RIEBER, H. (1984): Paläozoologie. Morphologie und Systematik der ausgestorbenen Tiere. — 390 S.; (Thieme Verlag) Stuttgart, New York.

REISINGER, E. (1970): Zur Problematik der Evolution der Coelomaten. — Z. zool. Syst. u. Evolutionsforsch. 8 (2): 81-109.

REISINGER, E. (1972): Die Evolution des Orthogons der Spiralier und das Archicoelomatenproblem. — Z. zool. Syst. u. Evolutionsforsch. 10: 1-43.

REISINGER, E. (1973): Schlußwort. — In: SCHÄFER, W. (Hrsg.): Das Archicoelomaten-Problem. — Aufsätze u. Red. senckenberg. naturf. Ges. 22: 109-111; (W. Kramer) Fankfurt am Main.

REMANE, A. (1956): Die Grundlagen des natürlichen Systems, der vergleichenden Anatomie und der Phylogenetik. — 2. Aufl.; (Akad. Verl. Ges.) Leipzig.

REMANE, A. (1973): Stellungnahme. — In: SCHÄFER, W. (Hrsg.): Das Archicoelomaten-Problem. — Aufsätze u. Red. senckenberg. naturf. Ges. 22: 105-108; (W. Kramer) Frankfurt am Main.

RIEGER, R. M. (1986): Über den Ursprung der Bilateria: die Bedeutung der Ultrastrukturforschung für ein neues Verstehen der Metazoenevolution. — Verh. Dtsch. Ges. 79: 31-50.

SIEWING, R. (1972): Zur Deszendenz der Chordaten. — Erwiderung und Versuch einer Geschichte der Archicoelomaten. — Z. zool. Syst. u. Evolutionsforsch. 10: 267-291.

Siewing, R. (1973): Morphologische Untersuchungen zum Archicoelomaten-Problem. — Z. Morph. Tiere **74**: 17-36.

Siewing, R. (1978): Bewegungsmechanismen bei niederen Wirbellosen. — Zool. Jb. Anat. **99**: 40-53.

Siewing, R. (Hrsg.) (1978): Evolution. — UTB 748, 450 S.; (Fischer) Stuttgart, New York.

Homologienforschung

Die wichtigsten Darstellungen der Homologisierungsmethode und der Merkmals-Analytik sind genannt. Eine differenzierte Bezugnahme besteht vom Text her nicht, weil Merkmals-Analyse und Formvergleich als Grundlage von phylogenetischen Aussagen grundsätzlich abgelehnt werden.

Ax, P. (1976): Entscheidungsprozesse der phylogenetischen Systematik bei Merkmalen ohne erkennbaren Anpassungswert. — Verh. Dtsch. Zool. Ges. **69** Jahresvers. : 227.

Ax, P. (1984): Das phylogenetische System. — 349 S.; (Fischer) Stuttgart, New York.

Boeckh, J. & Pfannenstiel, H.-D. (Hrsg.) (1986): Zoologie 1985 — Bilanz und Perspektiven. — 56 S.; (Fischer) Stuttgart.

Hennig, W. (1950): Grundzüge einer Theorie der phylogenetischen Systematik. — (Deutscher Zentralverlag) Berlin.

Kaspar, R. (1977): Der Typus — Idee und Realität. — Acta biotheoretica **26** (3): 181-195.

Kaspar, R. (1981): Rezension: Gutmann, W. F. & Bonik, K. (1981): Kritische Evolutionstheorie. Ein Beitrag zur Überwindung altdarwinistischer Dogmen. — Biologie in unserer Zeit 11. Jg. (6): 191-192.

Osche, G. (1973): Das Homologisieren als eine grundlegende Methode der Phylogenetik. — In: Schäfer, W. (Hrsg.): Phylogenetische Rekonstruktionen — Theorie und Praxis. — Aufsätze u. Red. senckenb. naturf. Ges. **24**: 155-165; (W. Kramer) Frankfurt/M.

Osche, G. (1975): Die vergleichende Biologie und die Beherrschung der Mannigfaltigkeit. — Biologie in unserer Zeit Jg. 5 (5): 139-146.

Remane, A. (1956): Die Grundlagen des natürlichen Systems. — 364 S.; (Akad. Verlagsges. Geest & Portig) Leipzig.

Remane, A., Storch, V. & Welsch, U. (1976): Systematische Zoologie, Stämme des Tierreiches (G. Fischer) Stuttgart.

Remane, J. (1983): The concept of homology in phylogenetic research — its meaning and possible applications. — Paläont. Z. **57** (3/4): 267-269.

Salvini-Plawen, L. v. (1969): Solenogastres und Caudofoveata (Mollusca, Aculifera): Organisation und phylogenetische Bedeutung. — Malacologia **9**: 191-216.

Salvini-Plawen, L. v. (1980): Phylogenetischer Status und die Bedeutung der Mesenchymaten Bilateria. — Zool. Jb. Anat. **103**: 354-373.

Präbiotik und Paläobiochemie

Wichtige Darstellungen und Zusammenfassungen, in denen Modelle und Rekonstruktionen für die Entstehung der frühen Phasen des Lebens entwickelt werden. Den Autoren ist durchweg nicht bewußt, daß es ein entsprechendes Rekonstruieren im Bereich der eigentlichen Biologie nicht gibt. Auch bemerken sie meist nicht, daß sie gar nicht darwinistisch argumentieren, indem sie die intern kanalisierten Bedingungen der Entwicklung rekonstruieren.

Cech, T. R. & Blass, B. L. (1986): Biological catalysis by RNA. — Ann. Rev. Biochem. **55**: 599-629.

Dose, K. & Rauchfuss, H. (1975): Chemische Evolution und der Ursprung lebender Systeme. — 217 S.; (Wiss. Verlagsges. mbH) Stuttgart.

Eigen, M. (1971): Selforganization of matter and the evolution of biological macromolecules. — Naturwiss. **58**: 465-522.

Eigen, M., Gardiner, W., Schuster, P. & Winkler-Oswatitsch, R. (1981): The Origin of Genetic Information. — Scientific Amer. **244** (4): 78-94.

Fox, S. W. (1973): Origin of the Cell: Experiments and Premises. — Die Naturwiss. 60 Jg. (8): 359-368.

Fox, S. W., Harada, K. & Kendrick, J. (1959): Production of Spherules from Synthetic Proteinoid and Hot Water. — Science **129**: 1221-1222.

Kaplan, R. (1972): Der Ursprung des Lebens. — dtv. WR **4106**, 278 S.; (Deutscher Taschenbuch Verlag & Thieme Verlag) Stuttgart.

Kaplan, R. (1985): Natur des Lebens und sein Ursprung. — Königsteiner Forum »Gesundheit, des Menschen höchstes Gut« 10. Juni 1985, 22 S..

Kuhn, H. (1976): Model consideration for the origin of life. — Naturwiss. **63**: 68-80.

Margulis, L. (1970): Origin of Eukaryotic Cells. — (Yale Univ. Press) New Haven, London.

Margulis, L. (1984): Early Life. — 160 pp.; (Jones & Bartlett Publ., Inc.) Boston, Portola Valley.

Mills, D. R., Peterson, R. L. & Spiegelman, S. (1967): An extracellular darwinian experiment with a selfduplicating nucleic acid molecule. — Proc. Nat. Acad. Sci. **58**: 217-224.

MÜLLER-HEROLD, U. (1986): Protozellen. Das Ende der präbiotischen Evolution. — Neue Zürcher Zeitung, 8. Januar 1986 (5): 51-54.

MÜLLER-HEROLD, U. (1988): Szenarien für die späte präbiotische Evolution. — Natur u. Museum *118* (3): 74-83.

OPARIN, A. I. (1924): Der Ursprung des Lebens. — 1. Ausgabe (russ. Proiskhozdenic Zhizny). — Moskowskiy, Rabochii, Moskau.

OPARIN, A. I. (1938): The Origin of Life. — (MacMillan) New York.

OPARIN, A. I. (1953): Origin of Life. — Dover, New York.

OPARIN, A. I. (1957): The Origin of Life on Earth. — 3. Ausgabe; (Academic Press) New York.

OPARIN, A. I. (1965): The Origins of Prebiological Systems. — In: Fox, S. W. (Ed.). — (Academic Press) New York, London.

OPARIN, A. I. (1968): Genesis and evolutionary development of life. — (Academic Press) New York.

VOLLMERT, B. (1985): Das Molekül und das Leben. — 256 S.; (Rowohlt) Reinbek b. Hamburg.

Rekonstruktion der Stammesgeschichte

Es sind neben Theorien zur biochemischen Frühphase der Evolution die Modellrekonstruktionen aufgeführt die sich auf die organismisch-konstruktive Evolutionstheorie stützen.

Homologiengestützte Reihungen werden wegen der theoretischen Inadäquatheit und wegen der totalen Defizienz der Methode übergangen.

BONIK, K. (1978): Quantitative Betrachtung zur Gallertoid-Hydroskelett-Theorie. — In: SCHÄFER, W. (Hrsg.): Evoluierende Systeme III. — Aufsätze u. Red. senckenb. naturf. Ges. **29**: 22-38; (W. Kramer) Frankfurt am Main.

BONIK, K. (1978): Die Entstehung der Kieselalgen — Ein stammesgeschichtliches Modell. I. — Natur u. Museum **108** (9): 267-273.

BONIK, K. (1979): Die Entstehung der Kieselalgen — Ein stammesgeschichtliches Modell. II. — Natur u. Museum **109** (1): 1-9.

BONIK, K., GRASSHOFF, M. & GUTMANN, W. F. (1976): Die Evolution der Tierkonstruktionen I-IV. — Natur u. Museum **106** (5, 6, 10): 129-143, 178-188, 303-316.

BONIK, K., GRASSHOFF, M. & GUTMANN, W. F. (1977): Die Evolution der Tierkonstruktionen VI. — Natur u. Museum **107** (5): 131-140.

BONIK, K., GRASSHOFF, M. & GUTMANN, W. F. (1977): Funktion bestimmt Evolution. — Umschau **77** (20): 657-668.

BONIK, K., GRASSHOFF, M. & GUTMANN, W. F. (1977): Die Evolution der Tierkonstruktionen V. Die Entwicklung des Zentral-Nerven-Systems in Abhängigkeit von der Biomechanik der Rahmen-Konstruktion (Bauplan). — Cour. Forsch.-Inst. Senckenberg **22**: 1-66.

BONIK, K., GRASSHOFF, M. & GUTMANN, W. F. (1978): Warum die Gastraea-Theorie Haeckels abgelöst werden muß. — Natur u. Museum **108** (4): 106-117.

BONIK, K., GRASSHOFF, M., GUTMANN, W. F. & MAIER, W. (1978): Hydraulik als Grundlage der Morphologie aller tierischen Lebewesen. — Natur u. Museum **108** (6): 162-174.

CLARK, R. B. (1977): Phylogenetic reconstruction. — Verhdl. dt. zool. Ges. **1977**: 175-183; (G. Fischer) Suttgart.

CLARK, R. B. (1980): Natur und Entstehung der metameren Segmentierung. — Zool. Jb. Anat. **103**: 169-195.

DOSE, K. & RAUCHFUSS, H. (1975): Chemische Evolution und der Ursprung lebender Systeme. — (Wiss. Verlagsges.) Stuttgart.

DYSON, R. D. (1978): Cell Biology: A Molecular Approach. — 2th Ed., 616 pp.; (Allyn & Bacon) Boston, London.

EDLINGER, K. (1988): Beiträge zur Torsion und Frühevolution der Gastropoden. — Z. zool. Syst. Evolut.-forsch. **26**: 27-50.

EDLINGER, K. (1988): Torsion in Gastropods: A phylogenetic Model. — Malacological Rev. Suppl. **4**: 239-248.

EIGEN, M. (1971): Selforganization of matter and the evolution of biological macromolecules. — Naturwiss. **58**: 465-522.

EIGEN, M., GARDINER, W., SCHUSTER, P. & WINKLER-OSWATITSCH, R. (1981): Origin of Genetic Information. — Scientific Amer. **244** (4): 78-94.

FRANZEN, J. L. (1972): Wie kam es zum aufrechten Gang des Menschen? — Natur u. Museum **102** (5): 161-172.

FRANZEN, J. L. (1973): Versuch einer Rekonstruktion der Evolution des Menschen. — In: Schäfer, W. (Hrsg.): Phylogenetische Rekonstruktionen — Theorie und Praxis. — Aufsätze u. Reden senckenberg. naturf. Ges. **24**: 113-127; (Kramer) Frankfurt/M.

FRANZEN, J. L. (1974): Die Ausbreitung des Menschen über die Erde. — In: SCHÄFER, W. (Hrsg.): Theoretische Aspekte der Menschwerdung. — Aufsätze u. Reden senckenberg. naturf. Ges. **25**: 41-59; (Kramer) Frankfurt/M.

FRANZEN, J. L. (1975a): Menschenaffen und der aufrechte Gang (Hypothesen zur Phylogenese des Menschen und »neue Phylogenetik«). — In: SCHÄFER, W. (Hrsg.): Ontogenetische und konstruktive Gesichtspunkte bei phylogenetischen Rekonstruktionen. — Aufsätze u. Reden senckenberg. naturf. Ges. **27**: 85-96; (Kramer) Frankfurt/M.

FRANZEN, J. L. (1975b): Konstruktion statt Funktion — Menschenaffen — statt Brachiatoren- oder Knuckle-Walker-Hypothese. — In: SCHÄFER, W. (Hrsg.): Ontogenetische und konstruktive Gesichtspunkte bei phylogenetischen Rekonstruktionen. — Aufsätze u. Reden senckenberg. naturf. Ges. **27**: 105-106; (Kramer) Frankfurt/M.

FRANZEN, J. L. (1976): Überaugenwülste und Rekonstruktion der Stammesgeschichte des Menschen. — Natur u. Museum **107** (11): 317-322.

FRANZEN, J. L. (1982): Die Primaten als stammesgeschichtliche Basis des Menschen. — In: WENDT, H. (Hrsg.): Der Mensch. — Kindlers Enzyklopädie **1**: 557-597; (Kindler) München, Zürich.

FRANZEN, J. L. (1984): Die Stammesgeschichte der Pferde in ihrer wissenschaftshistorischen Entwicklung. — Natur u. Museum **114** (6): 149-162.

GOLDMANN, R., POLLARD, T. & ROSENBAUM, J. (Eds.) (1976): Cell Motility. — Books A, B, C. Cold Spring Harbor Conferences on Cell Proliferation; (Cold Spring Harbor Laboratory).

GRASSHOFF, M. (1978): A Model of the Evolution of the Main Chelicerate Groups. — Symp. zool. Soc. London **42**: 273-284.

GRASSHOFF, M. (1981): Arthropodisierung als biomechanischer Prozeß und die Entstehung der Trilobiten-Konstruktion. — Paläont. Z. **55** (3/4): 219-235.

GRASSHOFF, M. (1985): On the reconstruction of phylogenetic transformations. The origin of the arthropods. — Acta Biotheoretica **34**: 149-156.

GRASSHOFF, M. (198): Cnidarian phylogeny — a biomechanical approach. — Palaeontographica Amer. **54**: 127-135.

GUTMANN, W. F. (1967): Die Entstehung des Coeloms und seine phylogenetische Abwandlung im Deuterostomier-Stamm. — Zool. Anz. **179** (1-2): 109-131.

GUTMANN, W. F. (1972): Die Hydroskelett-Theorie. — Aufsätze u. Red. senckenb. naturf. Ges. **21,** 91 S.; (W. Kramer) Frankfurt/M.

GUTMANN, W. F. (1974): Die Evolution der Mollusken-Konstruktion: Ein phylogenetisches Modell. — Aufsätze u. Red. senckenb. naturf. Ges. **25,** 84 S.; (W. Kramer) Frankfurt/M.

GUTMANN, W. F. (1975): Das Tunicaten-Modell. — Zool. Beitr. N. F. **21** (2): 279-303.

GUTMANN, W. F. (1977): Phylogenetic Reconstruction: Theory, Methodology, and Application to Chordate Evolution. — In: HECHT, M. K., GOODY, P. C. & HECHT, B. M. (Eds.): Major Patterns in Vertebrate Evolution. — Nato Adv. Study Inst. Series, Series A: Life Sciences **14:** 645-669; (Plenum Press) New York, London.

GUTMANN, W. F. & BONIK, K. (1979): Detaillierung des Acranier-Enteropneusten-Modells. — Senckenbergiana biol. **59** (5/6): 325-363.

GUTMANN, W. F. & BONIK, K. (1980): Die Grundkonstruktion der Manteltiere. — Natur u. Museum **110** (12): 368-380.

GUTMANN, W. F. & VOGEL, K. (im Druck): Konstruktive Vorbedingungen für die Entstehung von Innen- und Außenskeletten bei Coelomaten. CFS, Gedenkschrift W. Schäfer.

GUTMANN, W. F., VOGEL, K. & ZORN, H. (1976): Die Evolution der Tentakulaten. — Natur u. Museum **106** (10): 316-317.

GUTMANN, W. F., VOGEL, K. & ZORN, H. (1978): Brachiopods: Biomechanical Interdependences Governing Their Origin and Phylogeny. — Science **199:** 890-893.

HAGEMANN, W. (1982): Vergleichende Morphologie und Anatomie — Organismus und Zelle, ist eine Synthese möglich? — Ber. Deutsch. Bot. Ges. **95:** 45-56.

KAPLAN, R. (1972): Der Ursprung des Lebens. — dtvWR **4106,** 278 S.; (Deutscher Taschenbuch Verlag & Thieme Verlag) Stuttgart.

KAPLAN, R. (1985): Natur des Lebens und sein Ursprung. — Königsteiner Forum »Gesundheit, des Menschen höchstes Gut« 10. Juni 1985, 22. S.

KUHN, H. (1976): Model consideration for the origin of life. — Naturwiss. **63:** 68-80.

LAZARIDES, E. & REVEL, J. P. (1979): Molekulare Grundlagen der Zellbewegung. — Spektrum der Wissenschaft **1979** (7): 22-31.

MARGULIS, L. (1970): Origin of Eukaryotic Cells. — (Yale Univ. Press) New Haven, London.

MARGULIS, L. (1984): Early Life, — 160 pp.; (Jones & Bartlett Publ., Inc.) Boston, Portola Valley.

SALVINI-PLAWEN, L. v. (1982): A paedomorphic origin of the oligomerous animals? — Zool. Scripta **11** (2): 77-81.

SCHWEMMLER, W. (1979): Mechanismen der Zellevolution. — 275 S.; (W. de Gruyter) Berlin, New York.

STARCK, D. (1978, 1979, 1982): Vergleichende Anatomie der Wirbeltiere auf evolutionsbiologischer Grundlage. — **1,** 274 S.; **2,** 776 S.; **3,** 1110 S.; (Springer) Berlin, Heidelberg, New York.

VOGEL, K. & GUTMANN, W. F. (1980): The derivation of pelecypods: rôle of biomechanics, physiology and environment. — Lethaia, Vol. 13, S. 269-275, Oslo.

VOGEL, K. & GUTMANN, W. F. (1981): Zur Entstehung von Metazoen-Skeletten an der Wende vom Präkambrium zum Kambrium. — Festschr. wiss. Ges. J.-W.-Goethe-Univ. Frankfurt/M.

VOGEL, K. & GUTMANN, W. F. (im Druck): Protist skeletons: biomechanical preconditions and constructional utilization. — Senckenbergiana lethaea.

Biomechanik

Das Hydroskelett-Prinzip hat ältere Wurzeln, wurde aber vor allem von angelsächsischen Autoren für die Erklärung von Bewegungsleistungen von Evertebraten genutzt. Diesen Ansätzen fehlt aber die Einsicht, daß schon die Form vor aller Bewegung hydraulisch erzeugt wird.

Im Hinblick auf die Formbildungsmechanismen hat die Gruppe um F. OTTO wichtige Vorarbeit geleistet, allerdings ohne Formbildung als Prozeß zu begreifen und als energetischer Betrieb einer kraftschlüssigen Konstruktion zu erklären.

Die Verweise auf die Hydroskelett-Arbeiten von BONIK, GRASSHOFF und GUTMANN zeigen, wie ausgehend von einem Hydroskelettverständnis à la CLARK und CHAPMAN schrittweise der Konstruktionsverband, die hydraulische Formbestimmung und der energetische Betrieb der mechanisch kohärenten Apparatur explizit erarbeitet wurden. Anteil an dieser Präzisierung haben außer K. BONIK meine ehemaligen Studenten Franz BADEK und Günter BENDEROTH.

Die traditionelle Biomechanik geht von Bauelementen aus und setzt komplexere Gefüge zusammen. Sie kann von ihrem Zugang her hydraulische Systeme und die Kraftschlüssigkeit von Skelett-Muskel-Systemen nicht erfassen. Neuerdings betont NACHTIGALL (1987), daß das Hydraulik-(Pneu-)Prinzip eine selbstverständliche Einsicht sei, die gar nicht der Beachtung bedürfe. NACHTIGALL hält die Turgeszenz von Zellen für das Hydraulikprinzip, versteht den Kraftschluß und die dreidimensionale Formfestlegung nicht, bemerkt nicht, daß die Baupläne der Tiere und Pflanzen in völlig anderer Form und total neu in ihrer phylogenetischen Entstehung entfaltet werden müßten.

BATHAM, E. J. & PANTIN, C. F. A. (1950): Muscular and hydrostatic action in the sea-anemone Metridium sessile (L.) — J. exp. Biol. **27**: 264-289.

BEREITER-HAHN, J. (1977): Die Zelle ein Pneu? — In: Institut f. leichte Flächentragwerke Stuttgart (Hrsg.): IL 9, Pneus in Natur und Technik. — : 152-157; Stuttgart.

BEREITER-HAHN, J., ANDERSON, O. R. & REIF, W.-E. (Eds.) (1987): Cytomechanics. The Mechanical Basis of Cell Form and Structure. — 294 pp.; (Springer) Berlin, Heidelberg, New York, London, Paris, Tokyo.

BONIK, K. (1977): Quantitative Aspekte hydraulischer Systeme in Metazoen-Konstruktionen. I. Die Statik von Hydroskelett-Konstruktionen. — Cour. Forsch.-Inst. Senckenberg, **23**: 1-79; Frankfurt am Main.

BONIK, K. (1978): Quantitative Aspekte hydraulischer Systeme in Metazoen-Konstruktionen. II. Die Evolution des Chorda-Wirbelsäulen-Myomeren-Apparates als Ergebnis der Interaktion zweier verkoppelter hydraulischer Systeme. — Cour. Forsch.-Inst. Senckenberg, **32**: 1-57; Frankfurt am Main.

CHAPMAN, G. (1958): The hydrostatic skeleton in invertebrates. — Biol. Rev. **33**: 338-354.

CHAPMAN, G. (1975): Versatility of Hydraulic Systems. — J. Exp. Zool. **194:** 249-270.

CLARK, R. B. (1964): Dynamics in Metazoen Evolution. — 313 pp.; (Clarendon Press) Oxford.

CLARK, R. B. (1980): Natur und Entstehung der metameren Segmentierung. — Zool. Jb. Anat. **103:** 169-195.

GUTMANN, W. F. (1960): Funktionelle Morphologie von Balanus balanoides. — Abh. senckenb. naturf. Ges. **500,** 43 S.

GUTMANN, W. F. (1966): Zu Bau und Leistung von Tierkonstruktionen (4-6). — Abh. senckenb. naturf. Ges. **510,** 106 S.; (W. Kramer) Frankfurt/M.

HOPPE, W., LOHMANN, W., MARKL, H. & ZIEGLER, H. (Hrsg.) (1977): Biophysik. — 720 S.; (Springer) Berlin, Heidelberg, New York.

KUMMER, B. (1959): Bauprinzipien des Säugetierskelettes. — (G. Thieme) Stuttgart.

KUMMER, B. (1975): Biomechanik fossiler und rezenter Wirbeltiere. — Natur u. Museum **105:** 156-167.

NACHTIGALL, W. (1971): Biotechnik. — 127 S.; (Quelle & Meyer) Heidelberg.

NACHTIGALL, W. (1985/86): Der Pneu-Begriff in der Botanik des 19. und beginnenden 20. Jahrhunderts. — Wissenschaftskolleg, Inst. Advanced Study Berlin, : 313-327; (Siedler Verlag) Berlin.

OTTO, F. (1977): Das Konstruktionssystem Pneu. — In: Institut f. leichte Flächentragwerke Stuttgart (Hrsg.): IL 9 Pneus in Natur und Technik. — : 23-47; Stuttgart.

OTTO F. (1978): Der Pneu — Bauprinzip des Lebens. — bild der wissenschaft Jg. **15** (10): 124-135.

OTTO, F. (1979): Wachsende und sich teilende Pneus. — In: Institut f. leichte Flächentragwerke Stuttgart (Hrsg.): IL 19 Wachsende und sich teilende Pneus. — : 22-97; Stuttgart.

PAUWELS, F. (1965): Gesammelte Abhandlungen zur funktionellen Anatomie des Bewegungsapparates. — 543 S.; (Springer) Heidelberg, Berlin, New York.

PREUSCHOFT, H. (1969): The mechanical basis of the morphological differences in the skeletons of apes and man. — Proc. 2nd. int. Congr. Primat. Atlanta, Ga. 1968, **2:** 160-170; (Karger) Basel, New York.

SCHÄFER, W. (1980): Fossilien und über die Palaeontologie. — (W. Kramer) Frankfurt am Main.

TRUEMAN, E. R. (1975): The Locomotion of Soft-Bodied Animals. — 200 pp.; (Arnold) London.

WURMBACH, H. (1954): Untersuchungen zur Dynamik des Extremitätenwachstums. — In: Mitt. Steuerung von Wachstum und Formbildung durch Wirkstoffe. — Zool. Jb. Anat. **73:** 520-614.

Wurmbach, H. (1967): Wirksame Kräfte beim Wachstum, der Formgestaltung und der Gewebedifferenzierung. — Acta Anat. **66**: 520-602.

Wurmbach, H. (1970): Lehrbuch der Zoologie. — 2. Aufl. 1080 S.; (G. Fischer) Stuttgart.

Pseudoorganismik auf physikalistischer Grundlage

Eine große Anzahl von Schriften befaßt sich mit der Bildung von dissipativen Strukturen, Mustern, morphologischen Feldern und komplexen Strukturen. Von der Konstruktionssicht der Organismen her handelt es sich um verfehlte Versuche, von der Thermodynamik aus den Horizont von Lebewesen und ihrer Komplexität zu erreichen. Die Literatur ist insgesamt der Beleg dafür, daß die Fragen der Konstruktion, der mechanischen Kohärenz, der lebenden arbeitenden Maschine in der modernen Biotheorie nicht existierten.

Bonner, J. T. (Ed.) (1982): Evolution and Development. — 356 S.; (Springer) Berlin, Heidelberg, New York.

Braitenberg, V. (1973): Gehirngespinste. — 137 S.; (Springer) Berlin, Heidelberg, New York.

Braitenberg, V. (1986): Künstliche Wesen. — 147 pp.; (Vieweg) Braunschweig, Wiesbaden.

Gierer, A. (1986): Physik der biologischen Gestaltbildung. — In: Dress, A., Hendrichs, H. & Küppers, G. (Hrsg.): Selbstorganisation: Die Entstehung von Ordnung in Natur und Gesellschaft. — : 103-120; (R. Piper GmbH & Co.) München.

Gierer, A. & Meinhardt, H. (1972): A theory of biological pattern formation. — Kybernetik **12**: 30-39.

Hadorn, E. (1955): Letalfaktoren in ihrer Bedeutung für Erbpathologie und Genphysiologie der Entwicklung. — Stuttgart.

Haken, H. (1981): Erfolgsgeheimnisse der Natur. — 225 S.; (Dtsch. Verlagsanstalt) Stuttgart.

Haken, H. (Hrsg.) (1981): Chaos and Order in Nature. — Springer Series in Synergetics **11**; Berlin, Heidelberg, New York.

Haken, H. (Hrsg.) (1981): Evolution of Order and Chaos in Physics, Chemistry and Biology. — Springer Series in Synergetics **17**; Berlin, Heidelberg, New York.

Haken, H. & Graham, R. (1971): Synergetik — die Lehre vom Zusammenwirken. — Umschau 1971 (6): 191-195.

an der Heiden, U. (1986): Ordnung und Chaos, — Dialektik **12**: 154-167; (Pahl-Rugenstein) Köln.

HESS, B. & MARKUS, M. (1987): Ordnung und Chaos in chemischen Uhren. — In: KÜPPERS, B.-O. (Hrsg.): Ordnung aus dem Chaos. — Serie Piper **743**: 157-174; (Piper) München, Zürich.

KÜPPERS, B.-O. (1982): Die evolutionäre Entstehung von Information. — Tagung Ev. Akad. Hofgeismar, März 1982, Anthropologie nach DARWIN, : 29-49; (Evang. Akad.) Hofgeismar.

KÜPPERS, B.-O. (Hrsg.) (1987): Ordnung aus dem Chaos. — Serie Piper **743**, 284 S.; (Piper) München, Zürich.

LAMPRECHT, I. & ZOTIN, A. I. (Eds.) (1985): Thermodynamics and Regulation of Biological Processes. — 573 pp.; (W. de Gruyter) Berlin, New York.

MATURANA, H. R. (1975): The Organization of the Living: A Theory of the Living Organization. — Int. J. Man-Machine Studies **7**: 313-332.

MATURANA, H. R. (1982): Erkennen: Die Organisation und Verkörperung von Wirklichkeit. — Braunschweig, Wiesbaden.

MATURANA, H. R. & VARELA, F. (1980): Autopoiesis and Cognition. — Boston Studies Phil. Sci.; (Reidel) Boston.

MEINHARDT, H. (1978): Models for the ontogenetic development of higher organims. — Rev. Physiol. Biochem. Pharmacol. **80**: 48-104.

MEINHARDT, H. (1982): Models of Biological Pattern Formation. — (Academic Press) London.

MEINHARDT, H. (1987): Bildung geordneter Strukturen bei der Entwicklung höherer Organismen. — In: KÜPPERS, B.-O. (Hrsg.): Ordnung aus dem Chaos. — Serie Piper **743**: 215-241; (Piper) München, Zürich.

PRIGOGINE, I. (1979): Vom Sein zum Werden. — München, Zürich.

PRIGOGINE, I. (1986): Natur, Wissenschaft und neue Rationalität. — Dialektik **12**: 15-37; (Pahl-Rugenstein) Köln.

PRIGOGINE, I. & STENGERS, I. (1981): Dialog mit der Natur. — München, Zürich.

ROTH, G. (1986): Selbstorganisation und Selbstreferentialität als Prinzipien der Organisation von Lebewesen. — Dialektik **12**: 194-213; (Pahl-Rugenstein) Köln.

THOM, R. (1968): Une Théorie Dynamique de la Morphogenèse. — In: WADDINGTON, C. H. (Ed.): Towards a Theoretical Biology. — **1**: 152-166; (Edinburgh Univ. Press) Edinburgh.

VARELA, F. J. (1978): On Being Autonomous: The Lessons of Natural History for Systems Theory. — In: KLIR, G. J. (Hrsg.): Applied General Systems Research. — New York, London.

VARELA, F. J. (1981): Autonomy and Autopoiesis. — In: ROTH, G. & SCHWEIGER, H. (Eds.): Self-organizing Systems: 14-23; Frankfurt/M., New York (Campus).

VARELA, F. J. & FRENK, S. (1987): The organ of form: towards a theory of biological shape. — J. Social Biol. Struct **10**: 73-83.

WOLPERT, L. (1969): Positional information and the spatial pattern of cellular differentiation. — J. theoret. Biol. **25**: 1-47.

ZELENY, M. (Ed.) (1980): Autopoiesis, Dissipative Structures, and Spontaneous Social Orders. — Amer. Assoc. Advanc. Scie AAAS Selected Symp. Series **55**, 149 pp.; Boulder, Colorado (Publ. Westview Press, Inc.)

Ontogenese

Es ist als Beleg eine Übersicht über gängige Embryologien zusammengestellt. So erscheint eine Prüfung möglich, daß die formbildenden Mechanismen der Hydraulik nicht beachtet wurden, vor allem nicht bei FIORONI, der sich früher schon ablehnend gegen hydraulische Erklärungen gewandt hat und die Bedeutung des biogenetischen Grundgesetzes betonte.

Hydraulische Erklärungsansätze tauchen auch in älterer Literatur auf, neuerdings bei WURMBACH und CHAPMAN, wurden aber nie als durchgehende Formbildungstheorie formuliert, weil der Gedanke des Kraftschlusses und des energetischen Betriebs einer mechanischen Konstruktion nicht existiert. Die Darstellungen von BONIK, GRASSHOFF & GUTMANN versuchen hier eine konsequente Neubegründung.

Zu beachten ist, daß die Darstellungen der Entwicklung von morphogenetischen Feldern, das Fehlen des Konstruktionsaspektes belegt. Von hier aus besteht eine Beziehung zur Synergetik und Thermodynamik offener Systeme (siehe Literatur unter Pseudo-Organismik) wo ebenfalls kraftschlüssige Konstruktionen nicht vorkommen.

Auf die Idee, daß Gene mechanische Mechanismen steuern und das Ergebnis sich nach Maßgabe mechanischer Gesetzmäßigkeiten nur erklären läßt, scheint bisher niemand gekommen zu sein.

BONIK, K. GRASSHOFF, M. & GUTMANN, W. F. (1978): Die funktionelle Bedeutung der Metamerie in der Embryonalentwicklung der Gliedertiere. — Natur u. Museum **108** (11): 334-344.

BONIK, K. GRASSHOFF, M. & GUTMANN, W. F. (1979): Die Evolution der Zellteilung in den frühen Embryonalstadien. — Natur u. Museum **109** (2): 52-59.

BONIK, K., GRASSHOFF, M. & GUTMANN, W. F. (1979): Die Evolution von Larven als Verbreitungsstadien bodenlebender Meerestiere. — Natur u. Museum **109** (3): 70-79.

BONIK, K., GRASSHOFF, M. & GUTMANN, W. F. (1979): Selektionszwänge in der Ontogenese — Die Entwicklung dotterreicher Eier. — Natur u. Museum **109** (8): 268-278.

EDLINGER, K. (1986): Hat das »biogenetische Grundgesetz« ausgedient? Mitteilungen Inst. f. Wissenschaft u. Kunst **2**: 59-63, Wien.

FIORONI, P. (1980): Ontogenie — Phylogenie. Eine Stellungnahme zu einigen neuen entwicklungsgeschichtlichen Theorien. — Z. zool. Syst. Evolutionsforsch. **18**: 90-103.

FIORONI, P. (1987): Allgemeine und vergleichende Embryologie der Tiere. — 429 S.; (Springer Verlag) Berlin, Heidelberg, New York, London, Paris, Tokyo.

FRANZEN, J. L. (1975): Biogenetisches Grundgesetz, Froterogenese und die Phylogenese des Menschen. — Aufsätze u Red. senckenb. naturf. Ges. **27**: 33-39; (W. Kramer) Frankfurt/M.

GOERTTLER, K. (1978): Ursachen menschlicher Mißbildungen. — Umschau **78** (13): 416-417.

GOSS, R. J. (1978): The Physiology of Growth. — 441 pp.; (Academic Press) New York, San Francisco, London.

GOULD, S. J. (1977): Ontogeny and Phylogeny. — 501 pp.; (Belknap Press) Cambridge/Mass., London.

GOULD, S. J. (1983): The Meaning of Punctuated Equilibrium and Its Role in Validating a Hierarchical Approach to Macroevolution. — Scientia **118**: 135-157.

GRÜNEBERG, H. (1963): The Pathology of Development. — 309 pp.; (Blackwell) Oxford.

GUTMANN, W. F. (1978): Wie werden Muskeln beim Wachstum verlängert? Natur u. Museum **108** (9): 249-258.

GUTMANN, W. F. (1980): Wirbeltierevolution. — Medizin in unserer Zeit 4. Jg., (3): 66-76.

GUTMANN, W. F. & BONIK, K. (1979): Biomechanik in der Embryonalentwicklung. — In: Institut für leichte Flächentragwerke (IL) Stuttgart (Hrsg.): IL 19 — Wachsende und sich teilende Pneus. — : 100-113; Stuttgart.

GUTMANN, W. F. & BONIK, K. (1980): Die Grundkonstruktion der Manteltiere. — Natur u. Museum **110** (12): 368-380.

GUTMANN, W. F. & BONIK, K. (1980): Der embryonale Anpassungswert der Deuterostomie. — Natur u. Museum **110** (4): 116-120.

KOLLMANN, J. (1907): Handatlas der Entwicklungsgeschichte des Menschen. 2 Bände. — (G. Fischer) Jena.

OSCHE, G. (1966): Grundzüge der allgemeinen Phylogenetik. — In: BERTALANFFY, L. v. (Hrsg.): Handbuch der Biologie. — 3 (2): 817-906; (Akad. Verlagsges. Athenaion) Konstanz.

OSCHE, G. (1982): Rekapitulationsentwicklung und ihre Bedeutung für die Phylogenetik — Wann gilt die »Biogenetische Grundregel«? — Verh. naturwiss. Ver. Hamburg (NF) **25**: 5-31.

Peters, D. S. (1975): Braucht man das »biogenetische Grundgesetz«? — In: Schäfer, W. (Hrsg.): Ontogenetische und konstruktive Gesichtspunkte bei phylogenetischen Rekonstruktionen. — Aufsätze u. Red. senckenb, naturf. Ges. **27**: 16-24; (W. Kramer) Frankfurt/M.

Peters, D. S. (1980): Das Biogenetische Grundgesetz — Vorgeschichte und Folgerungen. — Medizinhist. J. **15** (1/2): 57-69.

Pflugfelder, O. (1962): Lehrbuch der Entwicklungsgeschichte und Entwicklungsphysiologie der Tiere. — 347 S.; (Fischer) Jena.

Reif, W.-E. (1975): Lenkende und limitierende Faktoren in der Evolution. — Acta biotheor. **24** (3/4): 136-162.

Rosenbauer, K. A. (Hrsg.) (1969): Entwicklung, Wachstum, Missbildungen und Altern bei Mensch und Tier. — 365 S.; (Wiss. Verlagsges. mbH) Stuttgart.

Schmidt, G. A. (1966): Evolutionäre Ontogenie der Tiere. — 364 S.; (Akademie Verlag) Berlin.

Starck, D. (1955): Embryologie. — 688 S.; (G. Thieme) Stuttgart.

Starck, D. (1975): Embryologie. — 3. Auflage., (Thieme) Stuttgart.

Wurmbach, H. (1967): Wirksame Kräfte beim Wachstum, der Formgestaltung und der Gewebsdifferenzierung. — Acta anat. **66**: 520-602.

Wurmbach, H. (1970): Lehrbuch der Zoologie I. — 2. Aufl., 1080 S.; (G. Fischer) Stuttgart.

Weitere Senckenberg–Bücher aus dem Verlag Waldemar Kramer:

Blüten und Fledermäuse

Bestäubung durch Fledermäuse und Flughunde (Chiropterophilie).
Von Dr. Klaus Dobat in Zusammenarbeit mit Therese Peikert-Holle.
Senckenberg-Buch 60.
370 Seiten mit 108 Abbildungen und 25 Tabellen. 1985. Leinen mit
Schutzumschlag. ISBN 3-7829-1095-8.
Diese erste zusammenfassende Darstellung der Wechselbeziehung zwischen Blütenbestäubung und Fledermäusen. Es ist ein Musterbeispiel
von Co-Evolution und hat gleichzeitig große Bedeutung für den Menschen, da viele wichtige Kulturpflanzen von Fledermäusen bestäubt
werden.

Morphologie & Evolution

Symposien zum 175jährigen Jubiläum der Senckenbergischen Naturforschenden Gesellschaft.
Herausgegeben von der Senckenbergischen Naturforschenden Gesellschaft zu Frankfurt am Main durch Prof. Dr. Willi Ziegler.
Senckenberg-Buch 70.
456 Seiten mit 77 Abbildungen. In Efalin gebunden, mit Schutzumschlag. 1994. ISBN 3-7829-1136-9.

Anläßlich des 175. Jubiläums der Senckenbergischen Naturforschenden Gesellschaft fanden zwei Symposien zu Fragen der Morphologie
und der Evolution statt. Der größte Teil der Vorträge wurde im vorliegenden Band zusammengefaßt. Für die Morphologie werden zum Teil
historische Analysen wie auch neuere Ansätze vorgelegt, so daß sich
abschätzen läßt, wie sehr diese zentrale Wissenschaft der klassischen
Biologie heute vor jeder Erstarrung bewahrt ist. Auch wird im zweiten Teil erkennbar, daß die Evolutionsproblematik durch Entwicklungen der letzten Jahrzehnte, auch aus dem Forschungs-Institut Senckenberg, höchst aktuell geworden ist und sich über die Positionen des lange
dominierenden Darwinismus hinausbewegt hat. Der vorliegende Band
dokumentiert, daß das »Senckenberg« an der schnellen Entwicklung
einen wesentlichen Anteil hat.

Aktuogeologie klastischer Sedimente

Von Prof. Dr. Hans-Erich Reineck. Senckenberg-Buch 61.
348 Seiten mit 250 Abbildungen. 1984. ISBN 3-7829-1096-6.

Ziel dieses Buches ist, dem Geologen und Paläontologen die Erfahrungen an rezenten Sedimenten und Ablagerungsbereichen zur Verfügung zu stellen, um damit zur Interpretation fossiler Ablagerungen beizutragen. – Der Autor arbeitet seit über dreißig Jahren am Forschungsinstitut Senckenberg in Wilhelmshaven an rezenten Sedimenten. Seine Untersuchungen reichen von der Tiefsee bis zu alpinen Gletschern und wurden in den verschiedensten Teilen der Welt vorgenommen. 1974 wurde ihm von der Society of Economic Paleontologists and Mineralogists (SEPM) für Verdienste in der Meeresgeologie die F. P. Shepard Medaille in den USA verliehen.

Mellum – Portrait einer Insel

Herausgegeben von Dr. Gisela Gerdes, Prof. Dr. Wolfgang Krumbein und Prof. Dr. Hans-Erich Reineck. Senckenberg-Buch 63.
344 Seiten mit 125 Abbildungen. 1987. Linson.
ISBN 3-7829-1107-5.

Der I. Teil „Schutz und Bewahrung" ist der Geschichte der Insel und des Naturschutzes gewidmet. Teil II ist „Gestalt und Formenwandel" der Insel gewidmet und behandelt vor allem die Geologie. Teil III beschreibt „Bewohner und Gestalter": Von den Mikroorganismen bis hin zu den Vögeln und Seehunden. Das Buch richtet sich an einen weiten Kreis von Interessenten – Naturwissenschaftler und Lehrer ebenso wie interessierte Laien.

Messel – ein Schaufenster in die Geschichte der Erde und des Lebens

Von Dr. Stephan Schaal und Prof. Dr. Willi Ziegler.
Senckenberg-Buch 64.
320 Seiten mit 206 farbigen und 194 einfarbigen Abbildungen. In Leinen gebunden. 1988. ISBN 3-7829-1111-3.

Hier wird die Geschichte und Geologie der Lagerstätte, Fauna und Flora der Messeler Tonsteine, Erhaltung der Fossilien, Präparation und wissenschaftliche Arbeitsmethoden, Paläobiogeographie und Paläoklima dargestellt.